수학이 쉬워지는 완벽한 솔루션

# 완쏠

## 개념연산

중등수학

## 1-1

| | |
|---|---|
| **발행일** | 2024년 9월 20일 |
| **펴낸곳** | 메가스터디(주) |
| **펴낸이** | 손은진 |
| **개발 책임** | 배경윤 |
| **개발** | 김민, 오성한, 신상희, 성기은, 김건지 |
| **디자인** | 이정숙, 주희연, 신은지, ㈜에딩크 |
| **마케팅** | 엄재욱, 김세정 |
| **제작** | 이성재, 장병미 |
| **주소** | 서울시 서초구 효령로 304(서초동) 국제전자센터 24층 |
| **대표전화** | 1661-5431(내용 문의 02-6984-6901 / 구입 문의 02-6984-6868,9) |
| **홈페이지** | http://www.megastudybooks.com |
| **출판사 신고 번호** | 제 2015-000159호 |
| **출간제안/원고투고** | 메가스터디북스 홈페이지 <투고 문의> 등록 |



**메가스터디BOOKS**

'메가스터디북스'는 메가스터디(주)의 교육, 학습 전문 출판 브랜드입니다.
초중고 참고서는 물론, 어린이/청소년 교양서, 성인 학습서까지 다양한 도서를 출간하고 있습니다.

수학 기본기를 다지는
완쏠 개념연산은
이렇게 만들었습니다!

중등수학 기초 학습을 위한
필수 개념 선별

개념 적용 훈련이 가능한
기초·기본 문제 수록

연산 반복 연습으로
자연스럽게 이해하는
개념과 원리

완쏠

연산 문제에 응용력을 더한
학교 시험 맛보기 문제 수록

내신 기출문제로 구성한
실전 연습 문제 수록

# 이 책의 짜임새



## 개념 01 소수와 합성수

**①**

**(1) 소수와 합성수**

① **소수**: 1보다 큰 자연수 중에서 1과 자기 자신만을 약수로 갖는 수   ← 약수가 2개뿐인 수

  예 2, 3, 5, 7, 11, …

② **합성수**: 1보다 큰 자연수 중에서 소수가 아닌 수

  예 4, 6, 8, 9, 10, …   ← 약수가 3개 이상인 수

**(2) 소수와 합성수의 성질**

① 소수의 약수는 2개이다.

② 1은 소수도 아니고, 합성수도 아니다.

③ 2는 가장 작은 소수이고, 유일하게 짝수인 소수이다.

**②**

**소수와 합성수**

**01** 다음 수가 소수이면 '소', 합성수이면 '합'을 □ 안에 쓰시오.

(1) 17 ➡ ☐      (2) 45 ➡ ☐

(3) 21 ➡ ☐      (4) 13 ➡ ☐

(5) 53 ➡ ☐      (6) 49 ➡ ☐

(7) 55 ➡ ☐      (8) 67 ➡ ☐

(9) 87 ➡ ☐      (10) 79 ➡ ☐

· 정답 및 해설 001쪽

**02** 다음 중 소수와 합성수에 대한 설명으로 옳은 것에는 ○표, 옳지 않은 것에는 ×표를 쓰시오.

(1) 1은 소수이다. ___________

(2) 3의 배수는 모두 합성수이다. ___________

(3) 소수는 약수가 2개이다. ___________

(4) 모든 소수는 홀수이다. ___________

(5) 2는 짝수 중 유일한 소수이다. ___________

**③**

●●●● 학교 시험 **바로** 맛보기

**03** 다음 중 소수의 개수는?

> 1, 2, 9, 15, 29, 37, 51, 71, 89, 97

① 3개      ② 4개      ③ 5개

④ 6개      ⑤ 7개



---

**①** 개념을 쉽게, 가볍게, 체계적으로 정리

**②** 개념 적용 반복 훈련이 가능한 연산 문제로 기초·기본 강화

**③** 연산 문제를 푼 후, 바로 학교 시험 문제를 가볍게 맛보기

## 2 step 내신 기출문제로 실전 연습

### 기본기 탄탄 문제  개념 01~05  ①

· 정답 및 해설 003쪽

**❷ 1** 다음 중 옳은 것은?

① 소수는 모두 홀수이다.
② 짝수는 모두 합성수이다.
③ 가장 작은 소수는 1이다.
④ 3의 배수 중 소수는 1개뿐이다.
⑤ 소수는 자기 자신이 아닌 두 자연수의 곱으로 나타낼 수 있다.

**2** $2^a=32$, $3^3=b$를 만족시키는 자연수 $a$, $b$에 대하여 $b-a$의 값을 구하시오.

**3** 270을 소인수분해하면 $2^a \times 3^b \times c$일 때, $a+b+c$의 값을 구하시오. (단, $a$, $b$는 자연수, $c$는 소수)

**4** 다음 중 소인수가 나머지 넷과 다른 하나는?

① 24  ② 48  ③ 81
④ 96  ⑤ 108

**5** 다음 |보기| 중 $3^2 \times 5^2$의 약수인 것을 모두 고르시오.

| 보기 | | |
|---|---|---|
| ㄱ. 3 | ㄴ. 5 | ㄷ. $3^3$ |
| ㄹ. $5^4$ | ㅁ. $3^2 \times 5$ | ㅂ. $2 \times 5$ |
| ㅅ. $3 \times 5^3$ | ㅇ. $3^4 \times 5^2$ | ㅈ. $3 \times 5 \times 7$ |

**6** 다음 중 약수의 개수가 가장 많은 것은?

① 80  ② 120  ③ $2^3 \times 11$
④ $3^8$  ⑤ $2^2 \times 5^2 \times 7$

**7** 54에 자연수를 곱하여 어떤 자연수의 제곱이 되도록 할 때, 곱할 수 있는 가장 작은 자연수를 구하시오.



❶ 1 step에서 다진 기본기를 더욱 탄탄하게 다지는 실전 연습

❷ 학교 시험에서 자주 출제되지만 어렵지 않은 기본적인 문제들로 실전 감각 UP! 자신감 UP!

# 이 책의 차례


Ⅰ. 수와 연산

**1. 소인수분해** 006
개념 01~10

**2. 정수와 유리수** 028
개념 11~27


Ⅱ. 문자와 식

**3. 문자의 사용과 식** 064
개념 28~34

**4. 일차방정식** 084
개념 35~45


Ⅲ. 좌표평면과 그래프

**5. 좌표와 그래프** 110
개념 46~48

**6. 정비례와 반비례** 120
개념 49~52

# 1. 소인수분해


개념 **01** 소수와 합성수

개념 **02** 거듭제곱

개념 **03** 소인수분해

개념 **04** 소인수분해의 응용(1) - 약수 구하기

개념 **05** 소인수분해의 응용(2) - 제곱인 수 만들기

· **기본기 탄탄 문제**

개념 **06** 최대공약수

개념 **07** 최대공약수 구하기

개념 **08** 최소공배수

개념 **09** 최소공배수 구하기

개념 **10** 최대공약수와 최소공배수의 관계

· **기본기 탄탄 문제**

# 소수와 합성수

**(1) 소수와 합성수**

① **소수**: 1보다 큰 자연수 중에서 1과 자기 자신만을 약수로 갖는 수 ← 약수가 2개뿐인 수

  예 2, 3, 5, 7, 11, …

② **합성수**: 1보다 큰 자연수 중에서 소수가 아닌 수

  예 4, 6, 8, 9, 10, … ← 약수가 3개 이상인 수

**(2) 소수와 합성수의 성질**

① 소수의 약수는 2개이다.

② 1은 소수도 아니고, 합성수도 아니다.

③ 2는 가장 작은 소수이고, 유일하게 짝수인 소수이다.

---

• 정답 및 해설 001쪽

### 소수와 합성수

**01** 다음 수가 소수이면 '소', 합성수이면 '합'을 □ 안에 쓰시오.

(1) 17 ➡ □   (2) 45 ➡ □

(3) 21 ➡ □   (4) 13 ➡ □

(5) 53 ➡ □   (6) 49 ➡ □

(7) 55 ➡ □   (8) 67 ➡ □

(9) 87 ➡ □   (10) 79 ➡ □

**02** 다음 중 소수와 합성수에 대한 설명으로 옳은 것에는 ○표, 옳지 <u>않은</u> 것에는 ×표를 쓰시오.

(1) 1은 소수이다. ________________

(2) 3의 배수는 모두 합성수이다. ________________

(3) 소수는 약수가 2개이다. ________________

(4) 모든 소수는 홀수이다. ________________

(5) 2는 짝수 중 유일한 소수이다. ________________

### 학교 시험 바로 맛보기

**03** 다음 중 소수의 개수는?

> 1, 2, 9, 15, 29, 37, 51, 71, 89, 97

① 3개   ② 4개   ③ 5개

④ 6개   ⑤ 7개

(1) 같은 수나 문자를 여러 번 곱한 것을 거듭제곱으로 간단히 나타낸다.

$$2\times 2 = 2^2 \;\Rightarrow\; 2의\ 제곱 \qquad 2\times 2\times 2 = 2^3 \;\Rightarrow\; 2의\ 세제곱 \qquad 2\times 2\times 2\times 2 = 2^4 \;\Rightarrow\; 2의\ 네제곱$$

과 같이 읽는다.

이때 $2^2$, $2^3$, $2^4$, …을 통틀어 2의 **거듭제곱**이라 한다.

(2) $2^2$, $2^3$, $2^4$, …에서 곱하는 수 2를 거듭제곱의 **밑**이라 하고, 곱해진 횟수 2, 3, 4, …를 **지수**라 한다.

> 예
> $\bullet \underbrace{a\times a\times \cdots \times a}_{m개} = a^m \;\leftarrow 지수$ , 밑
>
> $\bullet \underbrace{a\times a\times \cdots \times a}_{m개} \times \underbrace{b\times b\times \cdots \times b}_{n개} = a^m\times b^n$

· 정답 및 해설 001쪽

### 거듭제곱의 밑과 지수

**01** 다음 거듭제곱의 밑과 지수를 각각 말하시오.

(1) $3^2$

밑: _______________  지수: _______________

(2) $5^4$

밑: _______________  지수: _______________

(3) $x^3$

밑: _______________  지수: _______________

(4) $2^a$

밑: _______________  지수: _______________

(5) $\left(\dfrac{1}{3}\right)^5$

밑: _______________  지수: _______________

### 거듭제곱으로 나타내기

**02** 다음을 거듭제곱으로 나타내시오.

(1) $7\times 7$

_______________

(2) $10\times 10\times 10$

_______________

(3) $9\times 9\times 9\times 9\times 9$

_______________

(4) $x\times x\times x\times x$

_______________

(5) $a\times a\times a\times a\times a\times a$

_______________

**03** 다음을 거듭제곱으로 나타내시오.

(1) $2 \times 2 \times 5 \times 5$

(2) $3 \times 3 \times 3 \times 7 \times 7$

(3) $4 \times 4 \times 4 \times 6 \times 6 \times 6 \times 6$

(4) $2 \times 2 \times 3 \times 3 \times 5$

(5) $3 \times 3 \times 5 \times 5 \times 5 \times 11 \times 11$

(6) $x \times y \times y \times y \times x$

(7) $a \times a \times b \times c \times c \times a \times b$

**04** 다음을 거듭제곱으로 나타내시오.

(1) $\dfrac{1}{2} \times \dfrac{1}{2}$

$$\left(\dfrac{1}{2}\right)^{\square}$$

(2) $\dfrac{1}{10} \times \dfrac{1}{10} \times \dfrac{1}{10} \times \dfrac{1}{10}$

(3) $\dfrac{1}{5} \times \dfrac{1}{5} \times \dfrac{1}{5} \times \dfrac{1}{7} \times \dfrac{1}{7}$

(4) $\dfrac{1}{2 \times 3 \times 3}$

$$\dfrac{1}{2 \times 3^{\square}}$$

(5) $\dfrac{1}{5 \times 5 \times 5 \times 7 \times 7}$

●●●● 학교 시험 **바로** 맛보기

**05** 다음 중 옳은 것은?

① $2 + 2 + 2 = 2^3$

② $3 \times 3 \times 3 \times 3 = 4^3$

③ $x + x + x + x + x = x^5$

④ $2 \times 2 \times 7 \times 7 \times 7 = 2^2 \times 7^3$

⑤ $\dfrac{1}{3 \times 3 \times 5 \times 5} = \dfrac{1}{3^2 + 5^2}$

**(1) 소인수**: 자연수의 인수(약수) 중에서 소수인 것

**(2) 소인수분해**: 1이 아닌 자연수를 그 수의 소인수만의 곱으로 나타내는 것

예 12를 소인수분해하기

방법1

나눈 소수들과 마지막 몫을 곱으로 나타낸다.

방법2

작은 소인수부터 차례로 나눈다. 소수가 아닌 수를 계속 소수로 나눈다. 몫이 소수가 되면 멈춘다.

같은 소인수의 곱은 거듭제곱으로 나타낸다.

[소인수분해 결과]  $12 = 2 \times 2 \times 3 = 2^2 \times 3$

작은 소인수부터 차례로 쓴다.

• 정답 및 해설 001쪽

## 소인수분해

**01** 다음 수의 약수를 모두 구하고, 그중 소인수를 모두 구하시오.

(1) 6

약수: _______________

소인수: _______________

(2) 9

약수: _______________

소인수: _______________

(3) 22

약수: _______________

소인수: _______________

(4) 50

약수: _______________

소인수: _______________

(5) 105

약수: _______________

소인수: _______________

**02** 다음 수를 위의 방법1 과 방법2 로 각각 소인수분해하시오.

(1) 28

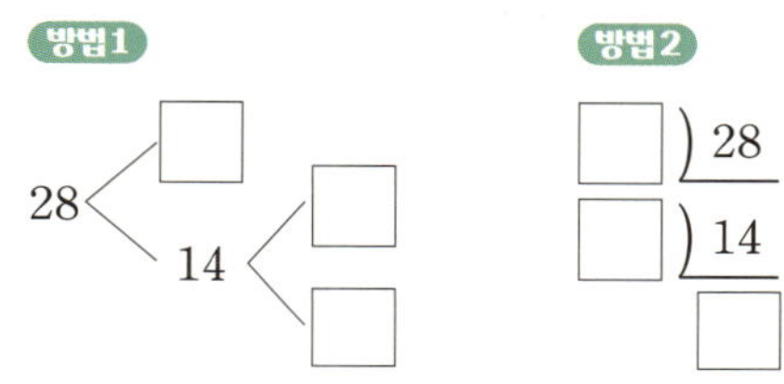

28의 소인수분해 결과 ➡ $28 = 2^{\square} \times \square$

(2) 27

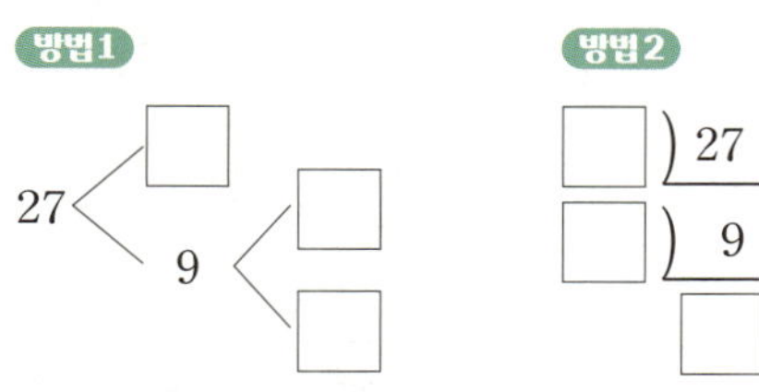

27의 소인수분해 결과 ➡ $27 = \square^{3}$

(3) 30

$\boxed{방법1}$  $\qquad\qquad$ $\boxed{방법2}$

30 $\qquad\qquad\qquad\qquad$ $)\,30$

30의 소인수분해 결과 ➡ 30= _____________

(4) 36

$\boxed{방법1}$  $\qquad\qquad$ $\boxed{방법2}$

36 $\qquad\qquad\qquad\qquad$ $)\,36$

36의 소인수분해 결과 ➡ 36= _____________

(5) 45

$\boxed{방법1}$  $\qquad\qquad$ $\boxed{방법2}$

45 $\qquad\qquad\qquad\qquad$ $)\,45$

45의 소인수분해 결과 ➡ 45= _____________

(6) 60

$\boxed{방법1}$  $\qquad\qquad$ $\boxed{방법2}$

60 $\qquad\qquad\qquad\qquad$ $)\,60$

60의 소인수분해 결과 ➡ 60= _____________

**03** 다음 수를 소인수분해하고, 소인수를 모두 구하시오.

(1) $)\,16$

➡ 16= _____________

소인수: _____________

(2) $)\,18$

➡ 18= _____________

소인수: _____________

(3) $)\,25$

➡ 25= _____________

소인수: _____________

(4) $)\,42$

➡ 42= _____________

소인수: _____________

(5) $)\,48$

➡ 48= _____________

소인수: _____________

(6) $)\,54$

➡ 54= _____________

소인수: _____________

(7)  ) 63

➡ 63＝＿＿＿＿＿＿＿＿＿

소인수: ＿＿＿＿＿＿＿＿＿

(8) ) 81

➡ 81＝＿＿＿＿＿＿＿＿＿

소인수: ＿＿＿＿＿＿＿＿＿

(9) ) 84

➡ 84＝＿＿＿＿＿＿＿＿＿

소인수: ＿＿＿＿＿＿＿＿＿

(10) ) 90

➡ 90＝＿＿＿＿＿＿＿＿＿

소인수: ＿＿＿＿＿＿＿＿＿

(11) ) 108

➡ 108＝＿＿＿＿＿＿＿＿＿

소인수: ＿＿＿＿＿＿＿＿＿

(12) ) 120

➡ 120＝＿＿＿＿＿＿＿＿＿

소인수: ＿＿＿＿＿＿＿＿＿

(13) ) 175

➡ 175＝＿＿＿＿＿＿＿＿＿

소인수: ＿＿＿＿＿＿＿＿＿

(14) ) 198

➡ 198＝＿＿＿＿＿＿＿＿＿

소인수: ＿＿＿＿＿＿＿＿＿

(15) ) 364

➡ 364＝＿＿＿＿＿＿＿＿＿

소인수: ＿＿＿＿＿＿＿＿＿

**학교 시험 바로 맛보기**

**04** 다음 중 소인수분해한 것으로 옳지 <u>않은</u> 것은?

① $15＝3×5$      ② $24＝2^3×3$

③ $64＝8^2$      ④ $80＝2^4×5$

⑤ $126＝2×3^2×7$

# 소인수분해의 응용(1) – 약수 구하기

자연수 $A$가
$$A = a^m \times b^n$$
$\qquad$ ($a$, $b$는 서로 다른 소수, $m$, $n$은 자연수)
으로 소인수분해될 때

① $A$의 약수 ➡ ($a^m$의 약수)×($b^n$의 약수)
② $A$의 약수의 개수 ➡ $(m+1) \times (n+1)$개

**예** 63의 약수와 약수의 개수 구하기

63을 소인수분해하면 $63 = 3^2 \times 7$이므로

① 63의 약수: ($3^2$의 약수)×(7의 약수)의 꼴

❶ $3^2$의 약수를 쓴다.

| × | 1 | 3 | $3^2$ |
|---|---|---|---|
| 1 | $1 \times 1$ | $1 \times 3$ | $1 \times 3^2$ |
| 7 | $7 \times 1$ | $7 \times 3$ | $7 \times 3^2$ |

❷ 7의 약수를 쓴다.
← 약수
❸ 가로와 세로가 만나는 칸에 두 수의 곱을 적는다.

∴ 63의 약수: 1, 3, 7, 9, 21, 63
② 63의 약수의 개수: $(2+1) \times (1+1) = 6$(개)

---

### 소인수분해를 이용하여 약수 구하기

**01** 다음 수의 약수를 모두 구하려고 한다. 물음에 답하시오.

(1) 20

① 20을 소인수분해하시오. ___________
② 다음 표를 완성하시오.

| × | 1 | 2 | $2^2$ |
|---|---|---|---|
| 1 | | | |
| 5 | | | |

③ 20의 약수를 모두 구하시오.

___________

(2) 36

① 36을 소인수분해하시오. ___________
② 다음 표를 완성하시오.

| × | 1 | | $2^2$ |
|---|---|---|---|
| 1 | | | |
| 3 | | | |

③ 36의 약수를 모두 구하시오.

___________

**02** 다음 수를 소인수분해하여 표를 완성하고, 약수를 모두 구하시오.

(1) 28

| × | | | |
|---|---|---|---|
| | | | |

28의 약수: ___________

(2) 40

| × | | | |
|---|---|---|---|
| | | | |
| | | | |

40의 약수: ___________

(3) 72

| × | | | |
|---|---|---|---|
| | | | |
| | | | |

72의 약수: ___________

**03** 다음 수의 약수의 개수를 구하시오.

(1) $3^2$

______________________

> **풀이** $3^2$의 약수의 개수는 $\boxed{\phantom{0}}+1=\boxed{\phantom{0}}$(개)

(2) $2^5$

______________________

(3) $2^3 \times 3^2$

______________________

> **풀이** $2^3 \times 3^2$의 약수의 개수는
> $(\boxed{\phantom{0}}+1) \times (\boxed{\phantom{0}}+1) = \boxed{\phantom{0}}$(개)

(4) $5^2 \times 7$

______________________

(5) $2^2 \times 3 \times 5$

______________________

> **풀이** $2^2 \times 3 \times 5$의 약수의 개수는
> $(\boxed{\phantom{0}}+1) \times (\boxed{\phantom{0}}+1) \times (\boxed{\phantom{0}}+1) = \boxed{\phantom{0}}$(개)

(6) $3^2 \times 5^3 \times 11^2$

______________________

(7) $2^3 \times 3^2 \times 5^3$

______________________

**04** 다음 수의 약수의 개수를 구하시오.

(1) 18

______________________

(2) 24

______________________

(3) 48

______________________

(4) 121

______________________

(5) 225

______________________



**05** 다음 중 56의 약수가 <u>아닌</u> 것은?

① 1  ② $2^2$  ③ $7^2$

④ $2 \times 7$  ⑤ $2^2 \times 7$

# 소인수분해의 응용 (2) - 제곱인 수 만들기

**(1)** 어떤 자연수의 제곱인 수는 소인수분해했을 때, 각 소인수의 지수가 모두 짝수가 된다.

**(2) 제곱인 수 만들기**

주어진 수를 소인수분해하고 적당한 수를 곱하거나 나누어 모든 소인수의 지수를 짝수로 만든다.

예 $24 \times a$가 제곱인 수가 되게 하는 가장 작은 자연수 $a$의 값 구하기

❶ 24를 소인수분해한다.

$$2 \,)\, 24$$
$$2 \,)\, 12$$
$$2 \,)\, 6$$
$$3 \;\Rightarrow\; 24 = 2^3 \times 3^1$$

홀수

❷ 모든 소인수의 지수를 짝수로 만든다.

$$2^3 \times 3 \times 2 \times 3 = 2^4 \times 3^2$$

짝수

❸ $a$의 값을 구한다.

$$24 \times 2 \times 3 = 24 \times 6 = 144 = 12^2$$

$a = 6$, 제곱인 수

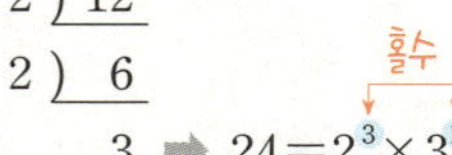

**소인수분해를 이용하여 제곱인 수 만들기**

**01** 다음 수 중 어떤 자연수의 제곱인 수에는 ○표, 아닌 수에는 ×표를 쓰시오.

(1) $2^2 \times 3^2$

_______________

(2) $3^3$

_______________

(3) $2^3 \times 7^2$

_______________

(4) $2^4 \times 3^2 \times 5^2$

_______________

(5) $3^2 \times 5^3 \times 7^2$

_______________

**02** 다음 수에 자연수를 곱하여 어떤 자연수의 제곱이 되게 하려고 한다. 곱할 수 있는 가장 작은 자연수를 구하시오.

(1) $2^2 \times 3$

_______________

(2) $2^3 \times 3^2$

_______________

(3) $2^2 \times 5^3$

_______________

(4) $2 \times 3 \times 5^2$

_______________

(5) $2^3 \times 3^2 \times 7$

_______________

**03** 다음 수에 자연수를 곱하여 어떤 자연수의 제곱이 되게 하려고 한다. 곱할 수 있는 가장 작은 자연수를 구하시오.

(1) 8

(2) 75

(3) 80

(4) 99

(5) 135

(6) 168

(7) 360

**04** 다음 수를 자연수로 나누어 어떤 자연수의 제곱이 되게 하려고 한다. 나눌 수 있는 가장 작은 자연수를 구하시오.

(1) 63

> 풀이 63을 소인수분해하면 $63 = 3^2 \times \boxed{\phantom{0}}$ 이다.
> 제곱인 수가 되기 위해서는 지수가 모두 짝수가 되어야 하므로 나눌 수 있는 가장 작은 자연수는 $\boxed{\phantom{0}}$ 이다.

(2) 27

(3) 50

(4) 108

(5) 250

● 학교 시험 바로 맛보기

**05** 28에 가능한 한 작은 자연수를 곱하여 어떤 자연수의 제곱이 되게 하려고 한다. 다음 물음에 답하시오.

(1) 28을 소인수분해하시오.

(2) 28에 곱할 수 있는 가장 작은 자연수를 구하시오.

# 기본기 탄탄 문제 개념 01~05

**1** 다음 중 옳은 것은?

① 소수는 모두 홀수이다.
② 짝수는 모두 합성수이다.
③ 가장 작은 소수는 1이다.
④ 3의 배수 중 소수는 1개뿐이다.
⑤ 소수는 자기 자신이 아닌 두 자연수의 곱으로 나타낼 수 있다.

**2** $2^a=32$, $3^3=b$를 만족시키는 자연수 $a$, $b$에 대하여 $b-a$의 값을 구하시오.

**3** 270을 소인수분해하면 $2^a \times 3^b \times c$일 때, $a+b+c$의 값을 구하시오. (단, $a$, $b$는 자연수, $c$는 소수)

**4** 다음 중 소인수가 나머지 넷과 <u>다른</u> 하나는?

① 24 　　② 48 　　③ 81
④ 96 　　⑤ 108

**5** 다음 |보기| 중 $3^2 \times 5^2$의 약수인 것을 모두 고르시오.

| 보기 |

ㄱ. 3 　　　ㄴ. 5 　　　ㄷ. $3^3$
ㄹ. $5^4$ 　　ㅁ. $3^2 \times 5$ 　　ㅂ. $2 \times 5$
ㅅ. $3 \times 5^3$ 　ㅇ. $3^4 \times 5^2$ 　ㅈ. $3 \times 5 \times 7$

**6** 다음 중 약수의 개수가 가장 많은 것은?

① 80 　　② 120 　　③ $2^3 \times 11$
④ $3^8$ 　　⑤ $2^2 \times 5^2 \times 7$

**7** 54에 자연수를 곱하여 어떤 자연수의 제곱이 되도록 할 때, 곱할 수 있는 가장 작은 자연수를 구하시오.

**(1) 공약수와 최대공약수**

① 공약수: 두 개 이상의 자연수의 공통인 약수

② 최대공약수: 공약수 중에서 가장 큰 수

예 8의 약수 : 1, 2, 4, 8

　　12의 약수 : 1, 2, 3, 4, 6, 12 　8과 12의 공약수 : 1, 2, 4 ← 최대공약수

**(2) 최대공약수의 성질** : 두 개 이상의 자연수의 공약수는 그 수들의 최대공약수의 약수이다.

예 8과 12의 공약수는 1, 2, 4이고, 8과 12의 최대공약수인 4의 약수도 1, 2, 4이다.

**(3) 서로소** : 최대공약수가 1인 두 자연수　　예 5와 9는 최대공약수가 1이므로 서로소이다.

참고 • 1은 모든 자연수와 서로소이다.

　　• 서로 다른 두 소수는 항상 서로소이다.

• 정답 및 해설 003쪽

## 공약수와 최대공약수

**01** 다음을 구하시오.

(1) 4, 6

① 4의 약수 ＿＿＿＿＿＿＿＿＿＿＿

② 6의 약수 ＿＿＿＿＿＿＿＿＿＿＿

③ 4와 6의 공약수 ＿＿＿＿＿＿＿＿

④ 4와 6의 최대공약수 ＿＿＿＿＿＿

(2) 9, 15

① 9의 약수 ＿＿＿＿＿＿＿＿＿＿＿

② 15의 약수 ＿＿＿＿＿＿＿＿＿＿

③ 9와 15의 공약수 ＿＿＿＿＿＿＿

④ 9와 15의 최대공약수 ＿＿＿＿＿

(3) 18, 27

① 18의 약수 ＿＿＿＿＿＿＿＿＿＿

② 27의 약수 ＿＿＿＿＿＿＿＿＿＿

③ 18과 27의 공약수 ＿＿＿＿＿＿

④ 18과 27의 최대공약수 ＿＿＿＿

## 서로소

**02** 다음 두 자연수가 서로소인 것에는 ○표, 서로소가 **아닌** 것에는 ×표를 쓰시오.

(1) 4, 7 ＿＿＿＿＿＿＿＿

(2) 9, 21 ＿＿＿＿＿＿＿＿

(3) 16, 32 ＿＿＿＿＿＿＿＿

(4) 27, 44 ＿＿＿＿＿＿＿＿

### 학교 시험 바로 맛보기

**03** 다음 중 최대공약수가 20인 두 자연수의 공약수가 **아닌** 것은?

① 2　　② 4　　③ 5

④ 10　　⑤ 15

# 최대공약수 구하기

**소인수분해를 이용하여 최대공약수를 구하는 방법**

❶ 주어진 수를 각각 소인수분해한다.

❷ 공통인 소인수를 모두 곱한다.

이때 지수가 같으면 그대로 곱하고 지수가 다르면 작은 쪽을 택하여 곱한다.

**예**

$$12 = 2^2 \times 3^1$$
$$18 = 2^1 \times 3^2 \quad \leftarrow \text{같은 소인수끼리 줄을 맞춰 쓴다.}$$
$$\text{(최대공약수)} = 2^1 \times 3^1 = 6$$

$$8 = 2^3$$
$$12 = 2^2 \times 3^1$$
$$20 = 2^2 \qquad \times 5$$
$$\text{(최대공약수)} = 2^2 = 4$$

---

### 소인수분해를 이용하여 최대공약수 구하기

**01** 다음 수들의 최대공약수를 소인수분해를 이용하여 구하려고 한다. □ 안에 알맞은 수를 쓰시오.

(1) 6, 28

$$6 = 2 \times 3$$
$$28 = 2^2 \qquad \times 7$$
$$\text{(최대공약수)} = \boxed{\phantom{0}}$$

(2) 8, 10

$$8 = \boxed{\phantom{0}}$$
$$10 = 2 \qquad \times 5$$
$$\text{(최대공약수)} = \boxed{\phantom{0}}$$

(3) 12, 16

$$12 = 2^2 \qquad \times 3$$
$$16 = \boxed{\phantom{0}}$$
$$\text{(최대공약수)} = \boxed{\phantom{0}} = \boxed{\phantom{0}}$$

(4) 18, 27

$$18 = 2 \times 3^2$$
$$27 = \boxed{\phantom{0}}$$
$$\text{(최대공약수)} = \boxed{\phantom{0}} = \boxed{\phantom{0}}$$

(5) 24, 60

$$24 = 2^3 \times 3$$
$$60 = \boxed{\phantom{0}} \times 3 \times 5$$
$$\text{(최대공약수)} = \boxed{\phantom{0}} \times \boxed{\phantom{0}} = \boxed{\phantom{0}}$$

(6) 36, 42

$$36 = \boxed{\phantom{0}} \times 3^2$$
$$42 = 2 \times \boxed{\phantom{0}} \times 7$$
$$\text{(최대공약수)} = \boxed{\phantom{0}} \times \boxed{\phantom{0}} = \boxed{\phantom{0}}$$

(7) 54, 90

$$54 = 2 \times \boxed{\phantom{0}}$$
$$90 = 2 \times \boxed{\phantom{0}} \times 5$$
$$\text{(최대공약수)} = 2 \times \boxed{\phantom{0}} = \boxed{\phantom{0}}$$

(8) 120, 144

$$120 = \boxed{\phantom{0}} \times 3 \times 5$$
$$144 = 2^4 \times \boxed{\phantom{0}}$$
$$\text{(최대공약수)} = \boxed{\phantom{0}} \times \boxed{\phantom{0}} = \boxed{\phantom{0}}$$

(9) 12, 14, 30

$$12 = 2^2 \times \boxed{\phantom{0}}$$
$$14 = 2 \qquad \times 7$$
$$30 = \boxed{\phantom{0}} \times 3 \times 5$$
$$\text{(최대공약수)} = \boxed{\phantom{0}}$$

(10) 12, 18, 24

$$12 = \boxed{\phantom{0}} \times 3$$
$$18 = 2 \times 3^2$$
$$24 = 2^3 \times \boxed{\phantom{0}}$$
$$\text{(최대공약수)} = 2 \times \boxed{\phantom{0}} = \boxed{\phantom{0}}$$

(11) 16, 20, 36

$$16 = \boxed{\phantom{0}}$$
$$20 = \boxed{\phantom{0}} \qquad \times 5$$
$$36 = 2^2 \times \boxed{\phantom{0}}$$
$$\text{(최대공약수)} = \boxed{\phantom{0}} = \boxed{\phantom{0}}$$

(12) 27, 36, 45

$$27 = \boxed{\phantom{0}}$$
$$36 = \boxed{\phantom{0}} \times 3^2$$
$$45 = \boxed{\phantom{0}} \times 5$$
$$\text{(최대공약수)} = \boxed{\phantom{0}} = \boxed{\phantom{0}}$$

(13) 36, 54, 72

$$36 = 2^2 \times \boxed{\phantom{0}}$$
$$54 = 2 \times \boxed{\phantom{0}}$$
$$72 = \boxed{\phantom{0}} \times 3^2$$
$$\text{(최대공약수)} = \boxed{\phantom{0}} \times \boxed{\phantom{0}} = \boxed{\phantom{0}}$$

(14) 48, 72, 96

$$48 = 2^4 \times \boxed{\phantom{0}}$$
$$72 = \boxed{\phantom{0}} \times 3^2$$
$$96 = \boxed{\phantom{0}} \times 3$$
$$\text{(최대공약수)} = \boxed{\phantom{0}} \times \boxed{\phantom{0}} = \boxed{\phantom{0}}$$

## 최대공약수 구하기

**02** 다음 수들의 최대공약수를 구하시오.

(1) 12, 30

(2) 24, 64

(3) 36, 90

(4) 56, 84

(5) 16, 28, 36

(6) 42, 70, 98

(7) 24, 60, 108

**03** 다음 수들의 최대공약수를 소인수의 곱으로 나타내시오.

(1) $2^3$, $2^2 \times 5$

(2) $3 \times 5^2$, $2 \times 3^2 \times 5$

(3) $2^2 \times 3 \times 5$, $2^3 \times 3^2 \times 5^2$

(4) $2^2 \times 3$, $2 \times 3 \times 5$, $2^3 \times 5 \times 7$

(5) $2^2 \times 3^2 \times 7$, $2^2 \times 3 \times 5$, $2^3 \times 3^2 \times 11$

학교 시험 바로 맛보기

**04** 다음 세 수의 최대공약수를 소인수의 곱으로 나타내시오.

$$3^2 \times 5, \qquad 2 \times 3^3, \qquad 126$$

**(1) 공배수와 최소공배수**

① 공배수: 두 개 이상의 자연수의 공통인 배수

② 최소공배수: 공배수 중에서 가장 작은 수

예 4의 배수: 4, 8, 12, 16, 20, 24, …

6의 배수: 6, 12, 18, 24, 30, 36, … → 공배수: **12**, 24, 36, … ← 최소공배수

**(2) 최소공배수의 성질**

① 두 개 이상의 자연수의 공배수는 그 수들의 최소공배수의 배수이다.

예 4와 6의 공배수는 12, 24, 36, …이고, 4와 6의 최소공배수인 12의 배수도 12, 24, 36, …이다.

② 서로소인 두 자연수의 최소공배수는 두 수의 곱과 같다.

예 2와 7은 서로소이므로 두 수의 최소공배수는 $2 \times 7 = 14$이다.

• 정답 및 해설 004쪽

## 공배수와 최소공배수

**01** 다음을 구하시오.

(1) 2, 3

① 2의 배수 _______________________

② 3의 배수 _______________________

③ 2와 3의 공배수 _______________________

④ 2와 3의 최소공배수 _______________________

(2) 8, 10

① 8의 배수 _______________________

② 10의 배수 _______________________

③ 8과 10의 공배수 _______________________

④ 8과 10의 최소공배수 _______________________

(3) 9, 12

① 9의 배수 _______________________

② 12의 배수 _______________________

③ 9와 12의 공배수 _______________________

④ 9와 12의 최소공배수 _______________________

## 최소공배수의 성질

**02** 두 자연수의 최소공배수가 다음과 같을 때, 두 수의 공배수 중 100 이하인 것을 모두 구하시오.

(1) 15

_______________________

풀이 공배수는 최소공배수의 배수이므로

15의 배수 중 100 이하인 것은

15, 30, ☐, ☐, ☐, ☐ 이다.

(2) 24

_______________________

(3) 36

_______________________

### 학교 시험 바로 맛보기

**03** 다음 중 최소공배수가 33인 두 자연수의 공배수가 <u>아닌</u> 것은?

① 33     ② 66     ③ 99

④ 122     ⑤ 165

# 최소공배수 구하기

**소인수분해를 이용하여 최소공배수를 구하는 방법**

❶ 주어진 수를 각각 소인수분해한다.

❷ 공통인 소인수와 공통이 아닌 소인수를 모두 곱한다.

이때 지수가 같으면 그대로 곱하고, 지수가 다르면 큰 쪽을 택하여 곱한다.

예

$$10 = 2 \quad \times 5$$
$$12 = 2^2 \times 3$$
$$(최소공배수) = 2^2 \times 3 \times 5 = 60$$

공통인 소인수는 지수가    공통이 아닌 소인수는
같거나 큰 것을 택한다.    모두 곱한다.

$$4 = 2^2$$
$$8 = 2^3$$
$$10 = 2 \times 5$$
$$(최소공배수) = 2^3 \times 5 = 40$$

### 소인수분해를 이용하여 최소공배수 구하기

**01** 다음 수들의 최소공배수를 소인수분해를 이용하여 구하려고 한다. ☐ 안에 알맞은 수를 쓰시오.

(1) 8, 12

$$8 = 2^3$$
$$12 = 2^2 \times \square$$
$$(최소공배수) = \square \times 3 = \square$$

(2) 14, 35

$$14 = \square \quad \times 7$$
$$35 = \quad 5 \times 7$$
$$(최소공배수) = \square \times 5 \times \square = \square$$

(3) 15, 21

$$15 = 3 \times 5$$
$$21 = 3 \quad \times \square$$
$$(최소공배수) = \square \times 5 \times \square = \square$$

(4) 16, 24

$$16 = \square$$
$$24 = \square \times 3$$
$$(최소공배수) = \square \times 3 = \square$$

(5) 25, 100

$$25 = \square$$
$$100 = 2^2 \times \square$$
$$(최소공배수) = 2^2 \times \square = \square$$

(6) 42, 63

$$42 = 2 \times \square \times 7$$
$$63 = \square \times 7$$
$$(최소공배수) = 2 \times \square \times \square = \square$$

(7) 24, 60

$$24 = \boxed{\phantom{0}} \times 3$$
$$60 = \boxed{\phantom{0}} \times 3 \times \boxed{\phantom{0}}$$
$$(\text{최소공배수}) = \boxed{\phantom{0}} \times \boxed{\phantom{0}} \times \boxed{\phantom{0}} = \boxed{\phantom{0}}$$

(8) 18, 120

$$18 = 2 \times \boxed{\phantom{0}}$$
$$120 = \boxed{\phantom{0}} \times 3 \times \boxed{\phantom{0}}$$
$$(\text{최소공배수}) = \boxed{\phantom{0}} \times \boxed{\phantom{0}} \times \boxed{\phantom{0}} = \boxed{\phantom{0}}$$

(9) 12, 14, 30

$$12 = 2^2 \times \boxed{\phantom{0}}$$
$$14 = 2 \qquad \boxed{\phantom{0}} \times 7$$
$$30 = 2 \times \boxed{\phantom{0}} \times 5$$
$$(\text{최소공배수}) = \boxed{\phantom{0}} \times \boxed{\phantom{0}} \times 5 \times 7 = \boxed{\phantom{0}}$$

(10) 20, 30, 45

$$20 = \boxed{\phantom{0}} \qquad \times 5$$
$$30 = 2 \quad \times 3 \quad \times 5$$
$$45 = \qquad \boxed{\phantom{0}} \times 5$$
$$(\text{최소공배수}) = \boxed{\phantom{0}} \times 3^2 \times \boxed{\phantom{0}} = \boxed{\phantom{0}}$$

(11) 18, 42, 54

$$18 = \boxed{\phantom{0}} \times 3^2$$
$$42 = 2 \times \boxed{\phantom{0}} \times 7$$
$$54 = 2 \times \boxed{\phantom{0}}$$
$$(\text{최소공배수}) = 2 \times \boxed{\phantom{0}} \times \boxed{\phantom{0}} = \boxed{\phantom{0}}$$

(12) 6, 28, 84

$$6 = 2 \times \boxed{\phantom{0}}$$
$$28 = \boxed{\phantom{0}} \qquad \times 7$$
$$84 = 2^2 \times 3 \times \boxed{\phantom{0}}$$
$$(\text{최소공배수}) = \boxed{\phantom{0}} \times \boxed{\phantom{0}} \times \boxed{\phantom{0}} = \boxed{\phantom{0}}$$

(13) 36, 75, 90

$$36 = \boxed{\phantom{0}} \times 3^2$$
$$75 = \qquad 3 \times \boxed{\phantom{0}}$$
$$90 = \boxed{\phantom{0}} \times \boxed{\phantom{0}} \times 5$$
$$(\text{최소공배수}) = \boxed{\phantom{0}} \times \boxed{\phantom{0}} \times \boxed{\phantom{0}} = \boxed{\phantom{0}}$$

(14) 60, 72, 144

$$60 = 2^2 \times \boxed{\phantom{0}} \times \boxed{\phantom{0}}$$
$$72 = \boxed{\phantom{0}} \times 3^2$$
$$144 = \boxed{\phantom{0}} \times \boxed{\phantom{0}}$$
$$(\text{최소공배수}) = \boxed{\phantom{0}} \times \boxed{\phantom{0}} \times \boxed{\phantom{0}} = \boxed{\phantom{0}}$$

## 최소공배수 구하기

**02** 다음 수들의 최소공배수를 구하시오.

(1) 9, 15

(2) 21, 36

(3) 24, 56

(4) 32, 40

(5) 9, 36, 63

(6) 18, 24, 54

(7) 20, 36, 40

**03** 다음 수들의 최소공배수를 소인수의 곱으로 나타내시오.

(1) $2 \times 3$, $2 \times 5$

(2) $2 \times 3$, $2^2 \times 3 \times 5$

(3) $3^2 \times 5$, $2 \times 3^2 \times 5^2$

(4) $2 \times 5$, $2^2 \times 3$, $3^2 \times 7$

(5) $3^2 \times 5$, $2^2 \times 3 \times 7$, $2 \times 5 \times 7$

학교 시험 **바로** 맛보기

**04** 다음 세 수의 최소공배수를 소인수의 곱으로 나타내시오.

$$2 \times 3^2, \quad 3^3, \quad 30$$

# 최대공약수와 최소공배수의 관계  교과서 UP

두 자연수 $A$, $B$의 최대공약수를 $G$, 최소공배수를 $L$이라 하면
① $a$, $b$는 서로소
② $A=G\times a$, $B=G\times b$
③ $L=G\times a\times b$
④ $A\times B=(G\times a)\times(G\times b)=\overset{L}{\overbrace{G\times a\times b}}\times G=L\times G$
➡ (두 수의 곱)=(최대공약수)×(최소공배수)

$$G \,)\, \underline{A \qquad B}$$
$$a \qquad b$$
$$\underset{서로소}{\longleftrightarrow}$$

• 정답 및 해설 004쪽

## 최대공약수와 최소공배수의 관계

**01** 두 자연수 $A$, $B$의 최대공약수와 최소공배수가 다음과 같을 때, $A\times B$의 값을 구하시오.

(1) 최대공약수: 4, 최소공배수: 12

_______________

> **풀이** $A\times B=$(최대공약수)$\times$(최소공배수)
> $=\boxed{\phantom{0}}\times\boxed{\phantom{0}}=\boxed{\phantom{0}}$

(2) 최대공약수: 3, 최소공배수: 18

_______________

(3) 최대공약수: 12, 최소공배수: 36

_______________

(4) 최대공약수: 9, 최소공배수: 72

_______________

(5) 최대공약수: 10, 최소공배수: 60

_______________

**02** 자연수 $A$와 28의 최대공약수는 7이고 최소공배수는 84일 때, $A$의 값을 구하시오.

_______________

> **풀이** $A\times 28=7\times 84$이므로 $A=\boxed{\phantom{0}}$

**03** 20과 자연수 $A$의 최대공약수는 10이고 최소공배수는 140일 때, $A$의 값을 구하시오.

_______________

**04** 두 자연수의 곱이 150이고 최대공약수가 6일 때, 두 자연수의 최소공배수를 구하시오.

_______________

#### ●●●● 학교 시험 바로 맛보기

**05** 두 자연수의 곱이 $2^4\times 3\times 5$이고 최소공배수가 $2^3\times 5$일 때, 두 자연수의 최대공약수를 구하시오.

# 기본기 탄탄 문제 개념 06~10

**1** 다음 중 두 수가 서로소가 <u>아닌</u> 것은?

① 5, 11 ② 9, 16 ③ 12, 21
④ 18, 25 ⑤ 30, 49

**2** 다음 중 두 수 $2^2 \times 3^3$, $2^3 \times 3^2 \times 7$의 공약수가 <u>아닌</u> 것은?

① $2^2$ ② $3^2$ ③ $2^2 \times 3$
④ $2^3 \times 3$ ⑤ $2^2 \times 3^2$

**3** 어떤 두 자연수의 최소공배수가 28일 때, 이 두 수의 공배수 중 두 자리의 자연수의 개수를 구하시오.

**4** 다음 세 수의 최대공약수와 최소공배수를 각각 소인수의 곱으로 나타내시오.

$$2^3 \times 5, \qquad 2^3 \times 3 \times 5^2, \qquad 2^2 \times 5^3 \times 7$$

**5** 두 수 $2^5 \times 3^3$, $2^a \times 3 \times 5$의 최대공약수가 $2^3 \times 3$이고 최소공배수가 $2^5 \times 3^b \times 5$일 때, 자연수 $a$, $b$에 대하여 $a+b$의 값을 구하시오.

**6** 두 자연수의 곱이 $2^3 \times 3^5 \times 5^4$이고 최대공약수가 $2 \times 3^3 \times 5$일 때, 두 자연수의 최소공배수는?

① $2^2 \times 3^2 \times 5$ ② $2^2 \times 3^2 \times 5^2$
③ $2^2 \times 3^2 \times 5^3$ ④ $2^2 \times 3^3 \times 5^2$
⑤ $2^3 \times 3^2 \times 5^2$

# 2. 정수와 유리수


개념 **11** 양수와 음수

개념 **12** 정수와 유리수

개념 **13** 수직선

개념 **14** 절댓값

개념 **15** 수의 대소 관계

개념 **16** 부등호의 사용

• **기본기 탄탄 문제**

개념 **17** 정수와 유리수의 덧셈

개념 **18** 덧셈의 계산 법칙

개념 **19** 정수와 유리수의 뺄셈

개념 **20** 덧셈과 뺄셈의 혼합 계산

개념 **21** 괄호가 없는 식의 계산

• **기본기 탄탄 문제**

개념 **22** 정수와 유리수의 곱셈

개념 **23** 곱셈의 계산 법칙 / 세 수 이상의 곱셈

개념 **24** 거듭제곱의 계산

개념 **25** 분배법칙

개념 **26** 정수와 유리수의 나눗셈

개념 **27** 정수와 유리수의 혼합 계산

• **기본기 탄탄 문제**

**(1)** 서로 반대되는 성질을 가진 두 수량을 나타낼 때, 어떤 기준을 중심으로 한쪽에는 **양의부호 +**를, 다른 한쪽에는 **음의부호 −**를 붙여서 나타낸다.

| 예 | | | | |
|---|---|---|---|---|
| + | 영상 5 ℃ → +5 ℃ | 해발 600 m → +600 m | 500원 이익 → +500원 | 5점 상승 → +5점 |
| − | 영하 3 ℃ → −3 ℃ | 해저 700 m → −700 m | 400원 손해 → −400원 | 2점 하락 → −2점 |

**(2) 양수와 음수**

① **양수**: 0보다 큰 수이며 양의 부호 +를 붙인 수

② **음수**: 0보다 작은 수이며 음의 부호 −를 붙인 수

**참고** 0보다 ■만큼 큰 수: +■,     0보다 ■만큼 작은 수: −■

• 정답 및 해설 005쪽

### 양수와 음수

**01** 다음을 양의 부호 + 또는 음의 부호 −를 사용하여 나타내시오.

(1) 영상 8 ℃ ➡ ＿＿＿＿＿＿＿＿＿

　　 영하 5 ℃ ➡ ＿＿＿＿＿＿＿＿＿

(2) 7점 득점 ➡ ＿＿＿＿＿＿＿＿＿

　　 2점 실점 ➡ ＿＿＿＿＿＿＿＿＿

(3) 5000원 입금 ➡ ＿＿＿＿＿＿＿＿＿

　　 3000원 출금 ➡ ＿＿＿＿＿＿＿＿＿

(4) 10년 후 ➡ ＿＿＿＿＿＿＿＿＿

　　 4년 전 ➡ ＿＿＿＿＿＿＿＿＿

(5) 5 kg 증가 ➡ ＿＿＿＿＿＿＿＿＿

　　 3 kg 감소 ➡ ＿＿＿＿＿＿＿＿＿

**02** 다음을 양의 부호 + 또는 음의 부호 −를 사용하여 나타내고, 양수와 음수로 구분하시오.

(1) 0보다 3만큼 큰 수

＿＿＿＿＿＿＿＿＿

(2) 0보다 4만큼 작은 수

＿＿＿＿＿＿＿＿＿

(3) 0보다 $\dfrac{2}{3}$만큼 큰 수

＿＿＿＿＿＿＿＿＿

(4) 0보다 2.5만큼 작은 수

＿＿＿＿＿＿＿＿＿

**●●●● 학교 시험 바로 맛보기**

**03** 다음 중 양의 부호 + 또는 음의 부호 −를 사용하여 나타낸 것으로 옳은 것은?

① 5분 전 ➡ +5분　　② 4 % 증가 ➡ −4 %

③ 6 m 하강 ➡ +6 m　　④ 지상 3층 ➡ −3층

⑤ 0보다 10만큼 큰 수 ➡ +10

**(1) 정수**: 양의 정수 0, 음의 정수를 통틀어 정수라 한다.
  ① **양의 정수**: 자연수에 양의 부호 $+$를 붙인 수  예 $+1, +2, +3, \cdots$
  ② **음의 정수**: 자연수에 음의 부호 $-$를 붙인 수  예 $-1, -2, -3, \cdots$

**(2) 유리수**: 양의 유리수, 0, 음의 유리수를 통틀어 유리수라 한다.

  ① **양의 유리수**: 분모와 분자가 자연수인 분수에 양의 부호 $+$를 붙인 수  예 $+\dfrac{2}{3}, +\dfrac{5}{4}, \cdots$

  ② **음의 유리수**: 분모와 분자가 자연수인 분수에 음의 부호 $-$를 붙인 수  예 $-\dfrac{4}{3}, -\dfrac{7}{4}, \cdots$

  참고 ・모든 정수는 유리수이다.  예 $+5=+\dfrac{5}{1}$, $-5=-\dfrac{5}{1}$ ← 정수는 분수에 부호를 붙인 수로 나타낼 수 있으므로 정수는 모두 유리수이다.
  ・양의 유리수도 양의 정수와 같이 $+$ 부호를 생략하여 나타낼 수 있다.

**(3) 유리수의 분류**

$$
\text{유리수}
\begin{cases}
\text{정수}
\begin{cases}
\text{양의 정수(자연수)}: +1, +2, +3, \cdots \\
0 \\
\text{음의 정수}: -1, -2, -3, \cdots
\end{cases} \\
\text{정수가 아닌 유리수}: -\dfrac{1}{2}, +\dfrac{2}{3}, -0.7, +2.4, \cdots
\end{cases}
$$

  주의 정수 또는 정수가 아닌 유리수를 찾을 때, 분수는 반드시 약분한 후 판단한다.

• 정답 및 해설 005쪽

### 정수와 유리수

**01** 주어진 수가 각각 양의 정수, 음의 정수, 자연수, 정수에 해당하면 ○표, 해당하지 <u>않으면</u> ×표를 빈칸에 쓰시오.

(1)

| | 양의 정수 | 음의 정수 | 자연수 | 정수 |
|---|---|---|---|---|
| $+2$ | | | | |
| $+3$ | | | | |
| $-5$ | | | | |
| $-\dfrac{6}{3}$ | | | | |

(2)

| | 양의 정수 | 음의 정수 | 자연수 | 정수 |
|---|---|---|---|---|
| $+4$ | | | | |
| $-7$ | | | | |
| $-\dfrac{5}{2}$ | | | | |
| $+\dfrac{8}{4}$ | | | | |

(3)

| | 양의 정수 | 음의 정수 | 자연수 | 정수 |
|---|---|---|---|---|
| $-9$ | | | | |
| $1$ | | | | |
| $0$ | | | | |
| $-\dfrac{6}{2}$ | | | | |

(4)

| | 양의 정수 | 음의 정수 | 자연수 | 정수 |
|---|---|---|---|---|
| $-4$ | | | | |
| $7$ | | | | |
| $1.5$ | | | | |
| $-\dfrac{1}{3}$ | | | | |

**02** 다음에 해당하는 수를 |보기|에서 모두 고르시오.

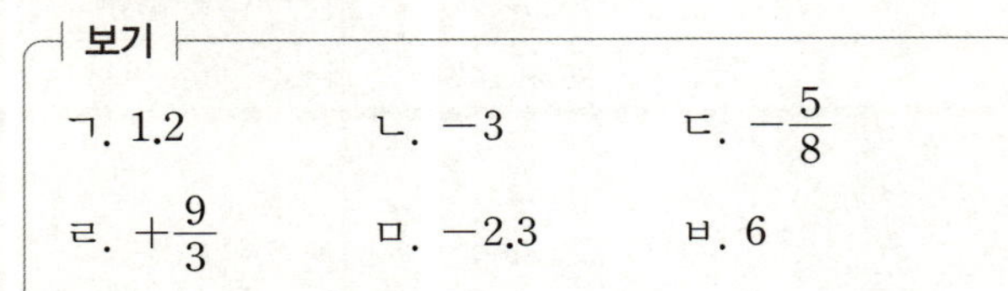

보기

ㄱ. 1.2　　　ㄴ. −3　　　ㄷ. −$\dfrac{5}{8}$

ㄹ. +$\dfrac{9}{3}$　　　ㅁ. −2.3　　　ㅂ. 6

(1) 양의 정수

(2) 음의 정수

(3) 정수

(4) 양의 유리수

(5) 음의 유리수

(6) 정수가 아닌 유리수

**03** 다음 중 옳은 것은 ○표, 옳지 않은 것은 ×표를 쓰시오.

(1) 0은 유리수이다.

(2) −3은 분모와 분자가 정수인 분수로 나타낼 수 없다.

(3) 모든 정수는 유리수이다.

(4) 유리수는 정수와 정수가 아닌 유리수로 이루어져 있다.

(5) 0과 1 사이에는 무수히 많은 유리수가 있다.

■■■■ 학교 시험 **바로** 맛보기

**04** 다음 중 정수가 아닌 유리수를 모두 고르면? (정답 2개)

① −8　　　② +2.5　　　③ 0

④ $\dfrac{4}{2}$　　　⑤ −$\dfrac{1}{4}$

직선 위에 0을 나타내는 것을 정한 후, 좌우에 일정한 간격으로 점을 잡아 그 점의 오른쪽에 양수를 나타내고,
왼쪽에 음수를 나타낸 것을 **수직선**이라 한다.

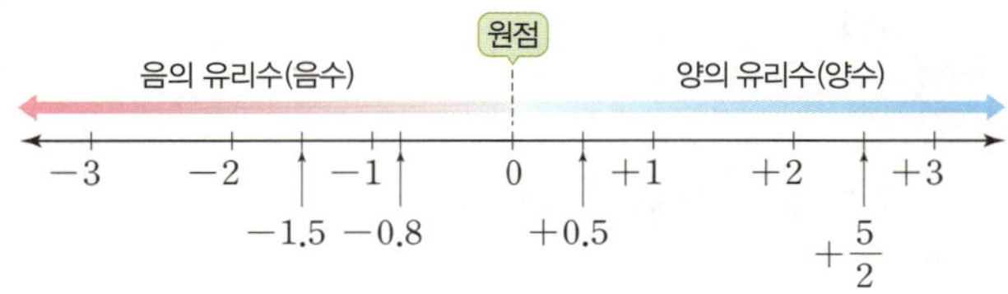


➡ 모든 유리수는 수직선 위의 점에 대응시킬 수 있다.

**참고** 수직선에서 0에 대응하는 기준이 되는 점을 원점이라 한다.

• 정답 및 해설 006쪽

### 수직선 위의 점에 대응하는 수

**01** 다음 수직선 위의 두 점 A, B에 대응하는 수를 각각 구하시오.

(1)
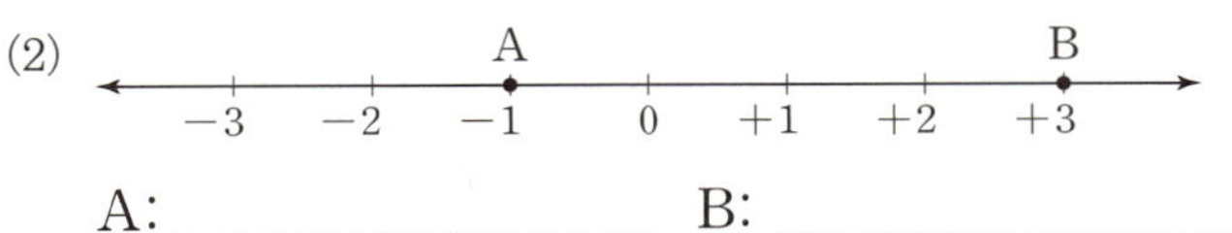

A: _______________  B: _______________

(2)

A: _______________  B: _______________

(3)
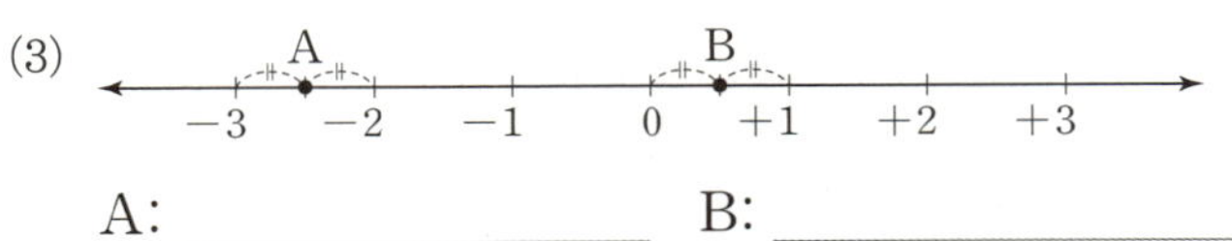

A: _______________  B: _______________

(4)
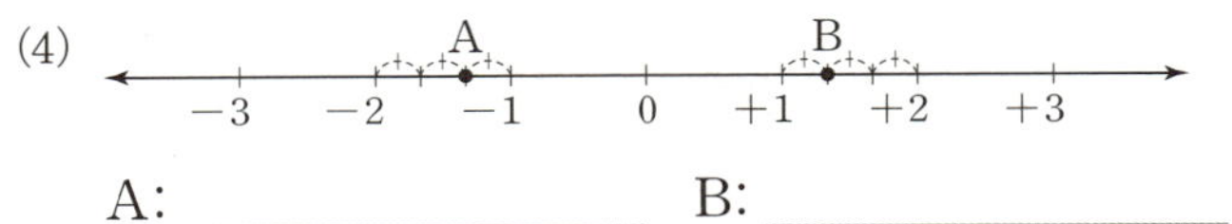

A: _______________  B: _______________

### 수를 수직선 위에 나타내기

**02** 다음 수 A, B에 대응하는 점을 각각 수직선 위에 나타내시오.

(1) A: $-3$, B: $+2$

(2) A: $-\dfrac{1}{2}$, B: $+\dfrac{3}{2}$

### 학교 시험 **바로** 맛보기

**03** 다음 수직선 위의 다섯 개의 점 A, B, C, D, E에 대응하는 수로 옳지 <u>않은</u> 것은?

① A: $-4$   ② B: $-2$   ③ C: $-\dfrac{1}{3}$

④ D: $+\dfrac{1}{2}$   ⑤ E: $+3$

수직선 위에서 원점으로부터 어떤 수를 나타내는 점까지의 거리를 그 수의 **절댓값**이라 한다.

➡ 유리수 $a$의 절댓값은 기호로 $|a|$와 같이 나타낸다.

예 $|+2|=2,\ \left|-\dfrac{1}{3}\right|=\dfrac{1}{3}$ ← 수의 부호를 떼어 낸다.

참고 0의 절댓값은 $|0|=0$이고, 절댓값이 $a\,(a>0)$인 수는 $+a$와 $-a$의 2개이다.
└→ $|a|=3$일 때, $a=-3$ 또는 $a=+3$

항상 0 또는 양수 ←

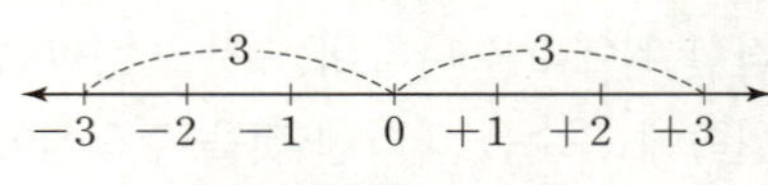

−3의 절댓값: $|-3|=3$
+3의 절댓값: $|+3|=3$

---

## 절댓값

**01** 다음 수의 절댓값을 구하시오.

(1) $+3$

(2) $-8$

(3) $0$

(4) $+1.7$

(5) $-3.5$

(6) $-\dfrac{2}{9}$

**02** 다음을 모두 구하시오.

(1) 절댓값이 0인 수

(2) 절댓값이 5인 수

(3) 절댓값이 1.6인 수

(4) 절댓값이 $\dfrac{8}{5}$인 수

(5) 절댓값이 4인 양수

(6) 절댓값이 $\dfrac{4}{7}$인 음수

**03** 수직선 위에서 원점과의 거리가 다음과 같은 점을 나타내는 두 수를 구하시오.

(1) 3

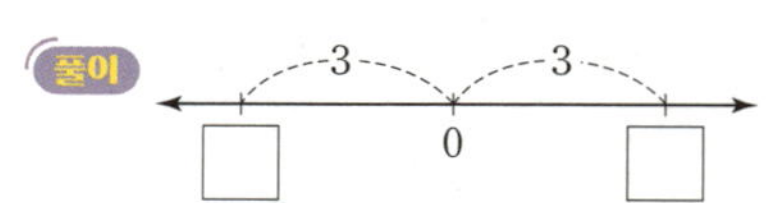

원점과의 거리가 3인 점에 대응하는 두 수는

□, □이다.

(2) 5

(3) 10

(4) 1.5

(5) 6.3

(6) $\dfrac{5}{6}$

(7) $\dfrac{11}{3}$

## 절댓값이 같고 부호가 반대인 두 수

**04** 절댓값이 같고 부호가 서로 반대인 두 수를 수직선 위에 나타내면 그 거리가 다음과 같을 때, 두 수를 구하시오.

(1) 4

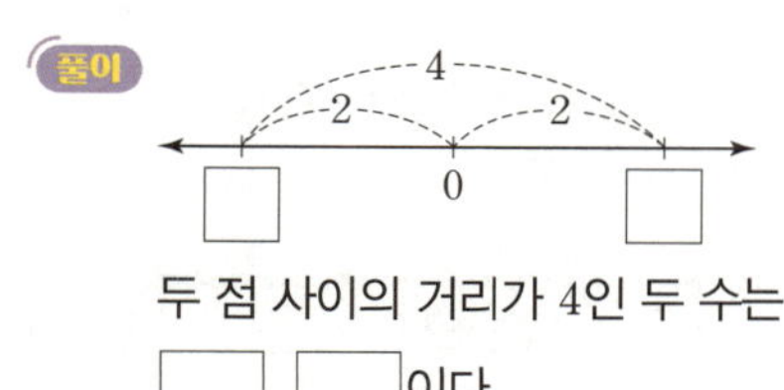

두 점 사이의 거리가 4인 두 수는

□, □이다.

(2) 10

(3) 5

(4) 2.4

(5) $\dfrac{4}{5}$

## 학교 시험 바로 맛보기

**05** 다음 중 절댓값이 가장 작은 수는?

① $-3$　　　② $+4$　　　③ $+\dfrac{11}{2}$

④ $-2.5$　　　⑤ $-7$

① 양수는 0보다 크고, 음수는 0보다 작다. ➡ (음수)$<0<$(양수)

② 양수는 음수보다 크다.

③ 양수끼리는 절댓값이 큰 수가 더 크다.

예 $|+6|>|+3|$ ➡ $+6>+3$

④ 음수끼리는 절댓값이 큰 수가 더 작다.

예 $|-5|>|-2|$ ➡ $-5<-2$

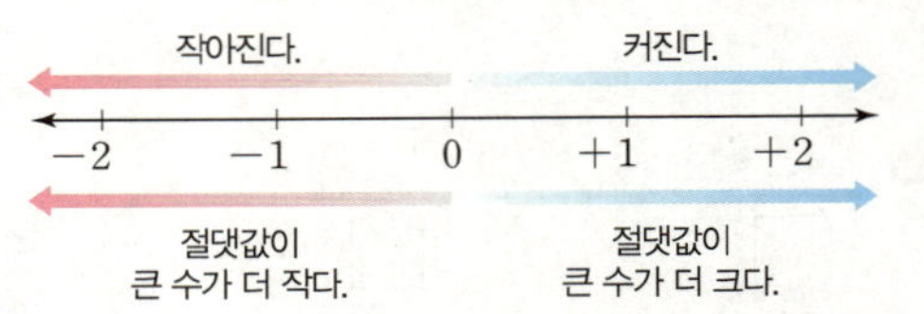


· 정답 및 해설 006쪽

**수의 대소 관계**

**01** 다음 ○ 안에 $>$, $<$ 중 알맞은 것을 쓰시오.

(1) $+3$ ○ $0$

(2) $0$ ○ $-5$

(3) $+2$ ○ $-6$

(4) $-4$ ○ $-3$

(5) $-\dfrac{4}{7}$ ○ $-\dfrac{11}{7}$

(6) $-0.9$ ○ $1.2$

(7) $+\dfrac{12}{5}$ ○ $+1.8$

**02** 다음 수 중에서 가장 큰 수와 가장 작은 수를 찾아 차례로 쓰시오.

(1) $-2,\ +5,\ 0,\ -10,\ +3$

(2) $-3,\ +\dfrac{1}{2},\ 0,\ +\dfrac{8}{3},\ -2.5$

(3) $+\dfrac{7}{5},\ -6,\ +2.4,\ -\dfrac{3}{4},\ -2$



**03** 다음 중 대소 관계가 옳지 <u>않은</u> 것은?

① $-\dfrac{1}{3}<\dfrac{1}{4}$      ② $-1<0$

③ $-\dfrac{3}{2}>-1.4$      ④ $3.5>\dfrac{5}{2}$

⑤ $-5>-8$

| $a<3$ | $a>3$ | $a \leq 3$ | $a \geq 3$ |
|---|---|---|---|
| $a$는 3보다 작다. <br> $a$는 3 미만이다. | $a$는 3보다 크다. <br> $a$는 3 초과이다. | $a$는 3보다 작거나 같다. <br> $a$는 3보다 크지 않다. <br> $a$는 3 이하이다. | $a$는 3보다 크거나 같다. <br> $a$는 3보다 작지 않다. <br> $a$는 3 이상이다. |

**참고** 세 수 이상의 대소 관계도 부등호를 사용하여 나타낼 수 있다.

**예** $x$는 $-7$보다 크고 3보다 작거나 같다. ➡ $-7 < x \leq 3$

· 정답 및 해설 006쪽

### 부등호를 사용하여 나타내기

**01** 다음을 부등호를 사용하여 나타내려고 한다. ○ 안에 알맞은 부등호를 쓰시오.

(1) $x$는 1 이하이다.

➡ $x$ ◯ 1

(2) $x$는 $-2$보다 작지 않다.

➡ $x$ ◯ $-2$

(3) $x$는 $-5$ 이상이다.

➡ $x$ ◯ $-5$

(4) $x$는 $-3$보다 크고 2보다 크지 않다.

➡ $-3$ ◯ $x$ ◯ 2

(5) $x$는 $-1$ 초과이고 4보다 작거나 같다.

➡ $-1$ ◯ $x$ ◯ 4

**02** 다음을 부등호를 사용하여 나타내시오.

(1) $x$는 $-5$보다 작다.

(2) $x$는 7 이하이다.

(3) $x$는 $-1$보다 크거나 같다.

(4) $x$는 $-\dfrac{3}{2}$보다 크지 않다.

(5) $x$는 $\dfrac{7}{5}$ 초과이다.

(6) $x$는 $-3$보다 작거나 같다.

**03** 다음을 부등호를 사용하여 나타내시오.

(1) $x$는 $-3$ 이상이고 2 미만이다.

(2) $x$는 $-2$보다 크거나 같고 3보다 작거나 같다.

(3) $x$는 $-\dfrac{2}{3}$보다 크고 5보다 크지 않다.

(4) $x$는 $-5$보다 작지 않고 3 이하이다.

(5) $x$는 $-\dfrac{5}{2}$ 이상이고 1보다 크지 않다.

(6) $x$는 0보다 작지 않고 $\dfrac{9}{4}$보다 크지 않다.

(7) $x$는 $-4$ 이상이고 $\dfrac{2}{3}$보다 작다.

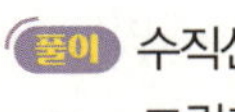 주어진 범위에 속하는 정수 구하기

**04** 다음을 모두 구하시오.

(1) $-2 < x \leq 3$인 정수

 수직선 위에 주어진 범위에 속하는 정수를 표시하면 다음 그림과 같다.

따라서 주어진 범위에 속하는 정수는

□, □, □, □, □이다.

(2) $-1 \leq x < 4$인 정수

(3) $-5 \leq x \leq 0$인 정수

(4) $-1$ 이상이고 2 이하인 정수

(5) $-2.5$보다 크거나 같고 1 미만인 정수

🟢🟢🟢🟢 학교 시험 **바로** 맛보기

**05** 다음 중 '$x$는 $-\dfrac{3}{2}$보다 크고 5보다 작거나 같다.'를 부등호를 사용하여 나타낸 것은?

① $-\dfrac{3}{2} < x < 5$　　② $-\dfrac{3}{2} < x \leq 5$

③ $-\dfrac{3}{2} \leq x < 5$　　④ $-\dfrac{3}{2} \leq x \leq 5$

⑤ $x < -\dfrac{3}{2},\ x \geq 5$

## 기본기 탄탄 문제  개념 11 ~ 16

**1** 다음을 양의 부호 $+$ 또는 음의 부호 $-$를 사용하여 나타낼 때, 부호가 나머지 넷과 다른 하나는?

① 20 % 인하　　　　② 해저 10 m
③ 3 kg 감소　　　　④ 도착 5일 후
⑤ 4000원 지출

**2** 다음 중 옳은 것을 모두 고르면? (정답 2개)

① 모든 자연수는 정수이다.
② 가장 작은 양의 정수는 0이다.
③ 정수가 아닌 유리수도 있다.
④ 유리수는 양의 유리수와 음의 유리수로 이루어져 있다.
⑤ 서로 다른 두 정수 사이에는 무수히 많은 정수가 있다.

**3** 다음 수를 수직선 위의 점에 대응시킬 때, 가장 왼쪽에 있는 것은?

① $+3$　　　　② $-\dfrac{5}{3}$　　　　③ $0$
④ $-2$　　　　⑤ $+\dfrac{3}{2}$

**4** 절댓값이 같고 부호가 반대인 어떤 두 수를 수직선 위에 나타내면 두 수에 대응하는 두 점 사이의 거리가 8이다. 이때 두 수를 구하시오.

**5** 다음 수를 큰 것부터 차례로 나열할 때, 세 번째에 오는 수는?

$$+5, \ -3.8, \ -\dfrac{3}{2}, \ \dfrac{7}{4}, \ -1$$

① $+5$　　　　② $-3.8$　　　　③ $-\dfrac{3}{2}$
④ $\dfrac{7}{4}$　　　　⑤ $-1$

**6** $-2 \leq x < \dfrac{5}{2}$를 만족시키는 정수 $x$의 개수를 구하시오.

**(1) 부호가 같은 두 수의 덧셈**: 두 수의 절댓값의 합에 공통인 부호를 붙여서 계산한다.

예
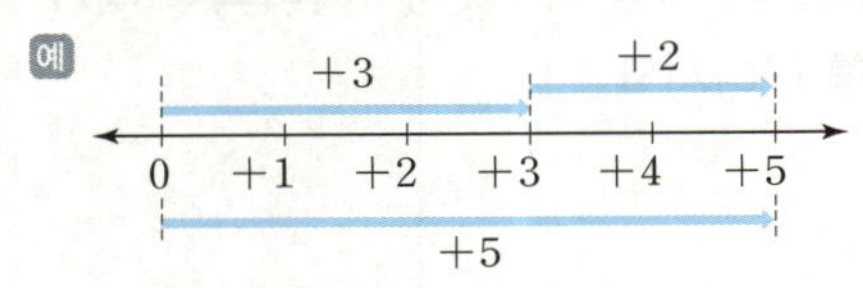
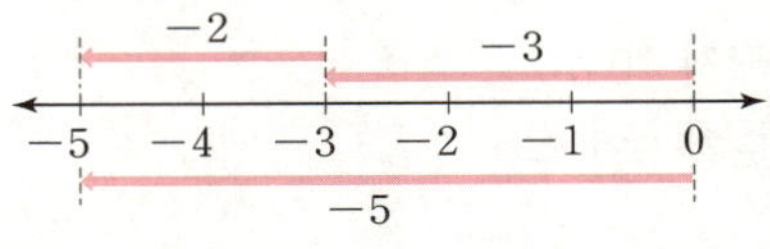

$$(+3)+(+2)=+(3+2)=+5$$
공통인 부호

$$(-3)+(-2)=-(3+2)=-5$$
공통인 부호

**(2) 부호가 다른 두 수의 덧셈**: 두 수의 절댓값의 차에 절댓값이 큰 수의 부호를 붙여서 계산한다.

예
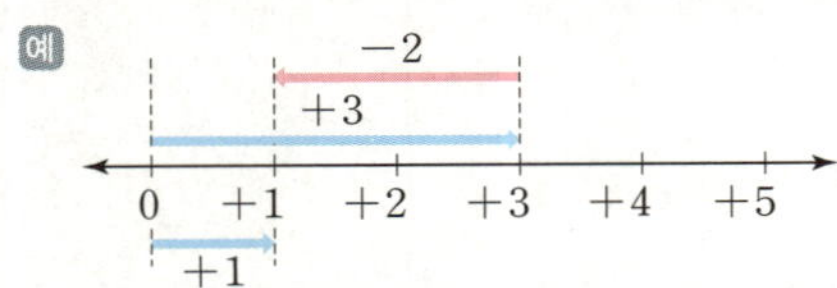
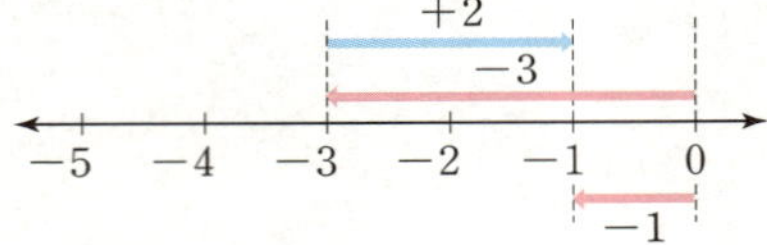

$$(+3)+(-2)=+(3-2)=+1$$
절댓값이 큰 수의 부호

$$(-3)+(+2)=-(3-2)=-1$$
절댓값이 큰 수의 부호

참고 절댓값이 같고 부호가 다른 두 수의 합은 0이다.

---

## 수직선을 이용한 두 수의 덧셈

**01** 다음 수직선을 보고 ☐ 안에 알맞은 수를 쓰시오.

(1)
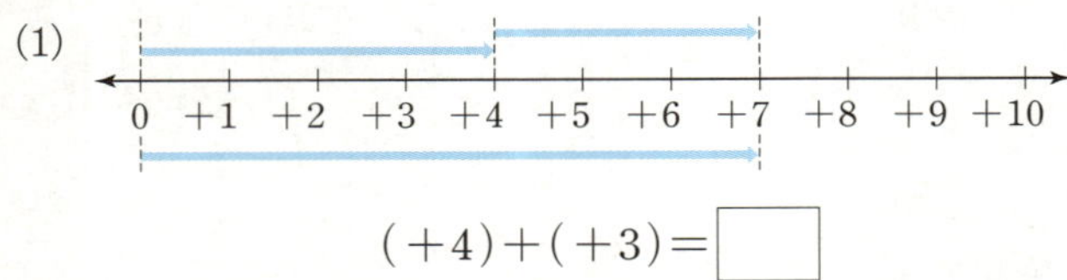

$$(+4)+(+3)=\boxed{\phantom{00}}$$

(2)
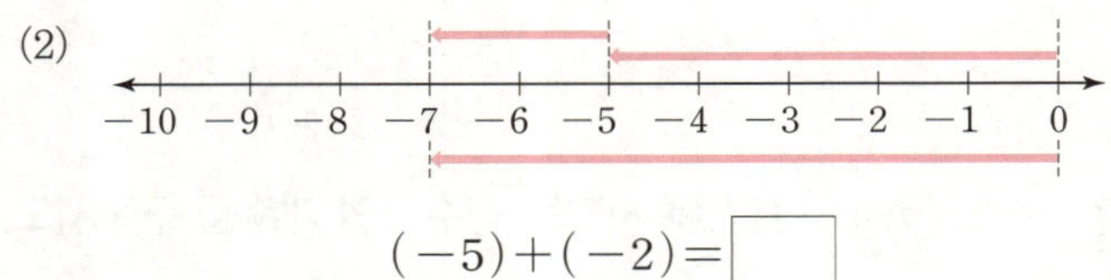

$$(-5)+(-2)=\boxed{\phantom{00}}$$

(3)
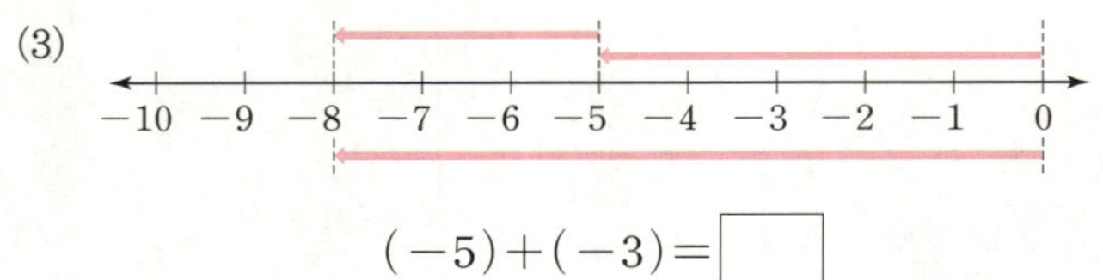

$$(-5)+(-3)=\boxed{\phantom{00}}$$

(4)
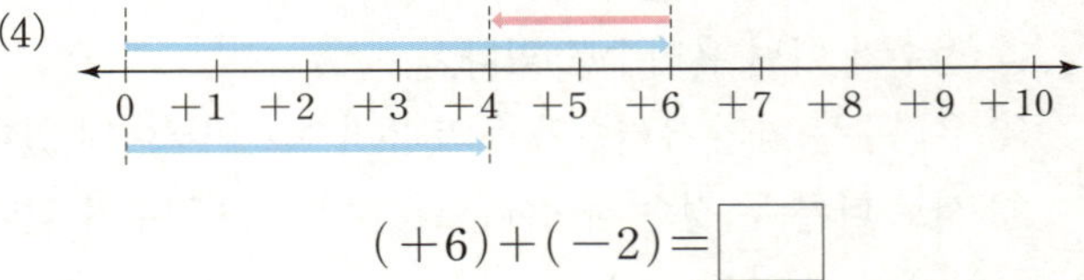

$$(+6)+(-2)=\boxed{\phantom{00}}$$

(5)
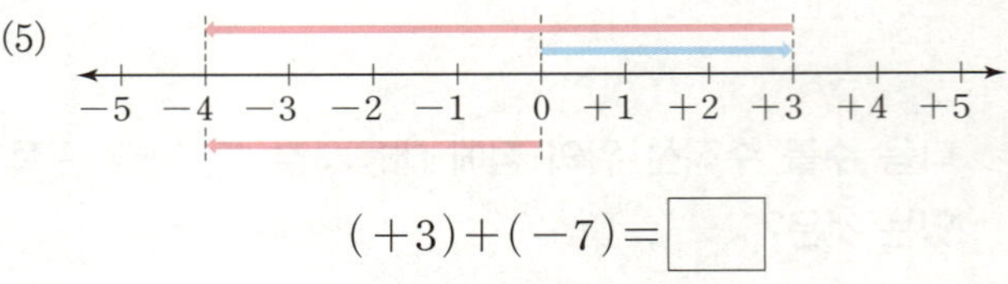

$$(+3)+(-7)=\boxed{\phantom{00}}$$

(6)
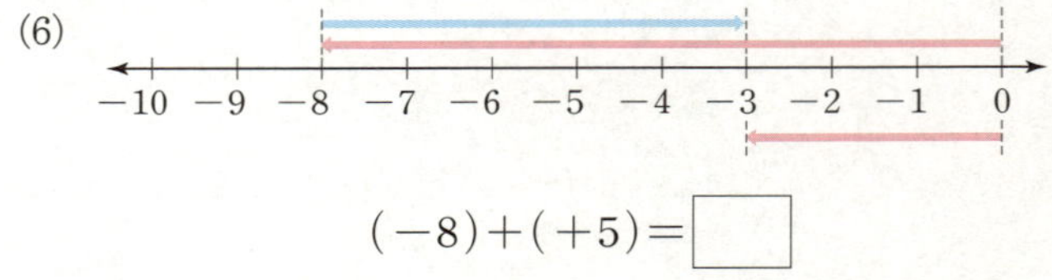

$$(-8)+(+5)=\boxed{\phantom{00}}$$

## 부호가 같은 두 수의 덧셈

**02** 다음을 계산하시오.

(1) $(+7)+(+2)$

___________

> **풀이** $(+7)+(+2)=+(7+\boxed{\phantom{0}})=+\boxed{\phantom{0}}$

(2) $(+9)+(+3)$

___________

(3) $(+15)+(+6)$

___________

(4) $(-6)+(-3)$

___________

> **풀이** $(-6)+(-3)=-(6+\boxed{\phantom{0}})=-\boxed{\phantom{0}}$

(5) $(-8)+(-4)$

___________

(6) $(-10)+(-5)$

___________

(7) $(-17)+(-13)$

___________

**03** 다음을 계산하시오.

(1) $\left(+\dfrac{1}{3}\right)+\left(+\dfrac{4}{3}\right)$

___________

(2) $(+0.9)+(+1.4)$

___________

(3) $\left(+\dfrac{9}{4}\right)+\left(+\dfrac{1}{2}\right)$

___________

(4) $\left(-\dfrac{4}{7}\right)+\left(-\dfrac{9}{7}\right)$

___________

(5) $(-1.3)+(-2.5)$

___________

(6) $\left(-\dfrac{5}{3}\right)+\left(-\dfrac{1}{6}\right)$

___________

(7) $\left(-\dfrac{3}{5}\right)+(-2.4)$

___________

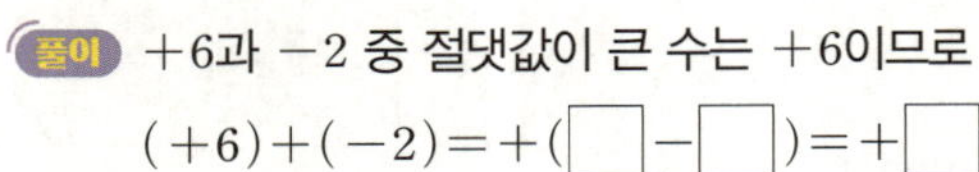

## 부호가 다른 두 수의 덧셈

**04** 다음을 계산하시오.

(1) $(+6)+(-2)$

> **풀이** $+6$과 $-2$ 중 절댓값이 큰 수는 $+6$이므로
> $(+6)+(-2)=+(\boxed{\phantom{0}}-\boxed{\phantom{0}})=+\boxed{\phantom{0}}$

(2) $(-8)+(+10)$

(3) $(+12)+(-7)$

(4) $(-18)+(+6)$

(5) $(+14)+(-20)$

(6) $(+9)+(-11)$

(7) $(-15)+(+12)$

**05** 다음을 계산하시오.

(1) $\left(+\dfrac{10}{7}\right)+\left(-\dfrac{4}{7}\right)$

(2) $(+0.5)+(-0.8)$

(3) $(-2.3)+(+1.7)$

(4) $\left(+\dfrac{1}{4}\right)+\left(-\dfrac{3}{2}\right)$

(5) $(-1.8)+\left(+\dfrac{3}{5}\right)$

●●●● 학교 시험 **바로** 맛보기

**06** 다음 중 계산 결과가 옳은 것은?

① $(+4)+(-7)=+3$
② $(+5)+(-3)=-2$
③ $(-2)+(+11)=+9$
④ $(+5)+(-7.5)=+2.5$
⑤ $\left(-\dfrac{1}{2}\right)+\left(+\dfrac{1}{2}\right)=+1$

# 덧셈의 계산 법칙

세 수 $a$, $b$, $c$에 대하여
① 덧셈의 **교환법칙**: $a+b=b+a$　　예 $(+5)+(+3)=(+3)+(+5)=+8$
② 덧셈의 **결합법칙**: $(a+b)+c=a+(b+c)$　예 $\{(+2)+(-5)\}+(-1)=(+2)+\{(-5)+(-1)\}=-4$
참고 세 수의 덧셈에서는 덧셈의 결합법칙이 성립하므로 $(a+b)+c$, $a+(b+c)$를 모두 $a+b+c$로 나타낼 수도 있다.

• 정답 및 해설 008쪽

### 덧셈의 계산 법칙 말하기

**01** 다음 계산 과정 중 덧셈의 교환법칙이 이용된 곳에는 '교환', 덧셈의 결합법칙이 이용된 곳에는 '결합'을 □ 안에 쓰시오.

(1)
$$(+5)+(-2)+(+4)$$
$$=(-2)+(+5)+(+4)$$
$$=(-2)+\{(+5)+(+4)\}$$
$$=(-2)+(+9)$$
$$=+7$$

(2)
$$(-4)+(+9)+(-5)$$
$$=(+9)+(-4)+(-5)$$
$$=(+9)+\{(-4)+(-5)\}$$
$$=(+9)+(-9)$$
$$=0$$

(3)
$$(+0.8)+(-1.2)+(+0.4)$$
$$=(+0.8)+(+0.4)+(-1.2)$$
$$=\{(+0.8)+(+0.4)\}+(-1.2)$$
$$=(+1.2)+(-1.2)$$
$$=0$$

### 덧셈의 계산 법칙을 이용하여 계산하기

**02** 다음 계산 과정에서 □ 안에 알맞은 수를 쓰시오.

(1)
$$(-7)+(+4)+(-2)$$
$$=(-7)+(-2)+(+4)$$
$$=\{(-7)+(-2)\}+(+4)$$
$$=(\boxed{\phantom{00}})+(+4)$$
$$=\boxed{\phantom{00}}$$

(2)
$$(+2)+(+5)+(+8)$$
$$=(+2)+(+8)+(+5)$$
$$=\{(+2)+(+8)\}+(+5)$$
$$=(\boxed{\phantom{00}})+(+5)$$
$$=\boxed{\phantom{00}}$$

(3)
$$(+1)+(-6)+(+9)$$
$$=(+1)+(+9)+(-6)$$
$$=\{(+1)+(+9)\}+(-6)$$
$$=(\boxed{\phantom{00}})+(-6)$$
$$=\boxed{\phantom{00}}$$

**03** 다음을 계산하시오.

(1) $(+5)+(-4)+(+2)$

(2) $(+6)+(-5)+(+3)$

(3) $(-3)+(+5)+(-2)$

(4) $(-7)+(+8)+(-3)$

(5) $(+9)+(-8)+(-12)$

(6) $(+11)+(-5)+(+4)$

(7) $(-13)+(+7)+(-17)$

**04** 다음을 계산하시오.

(1) $\left(+\dfrac{1}{5}\right)+\left(-\dfrac{4}{5}\right)+\left(+\dfrac{2}{5}\right)$

(2) $(-1.6)+(+2)+(-0.4)$

(3) $\left(+\dfrac{2}{5}\right)+\left(-\dfrac{3}{4}\right)+\left(+\dfrac{7}{10}\right)$

━●●●● 학교 시험 **바로** 맛보기 ━━━━━━

**05** 다음 계산 과정에서 ㈎~㈺에 들어갈 것으로 옳지 <u>않은</u> 것은?

$$\left(-\frac{1}{6}\right)+\left(+\frac{4}{3}\right)+\left(-\frac{5}{12}\right)$$
$$=\left(-\frac{1}{6}\right)+\left(\boxed{\text{㈏}}\right)+\left(+\frac{4}{3}\right) \quad \text{덧셈의 } \boxed{\text{㈎}} \text{ 법칙}$$
$$=\left\{\left(-\frac{1}{6}\right)+\left(\boxed{\text{㈏}}\right)\right\}+\left(+\frac{4}{3}\right) \quad \text{덧셈의 } \boxed{\text{㈐}} \text{ 법칙}$$
$$=\left(\boxed{\text{㈑}}\right)+\left(+\frac{4}{3}\right)=\boxed{\text{㈺}}$$

① ㈎ 교환   ② ㈏ $-\dfrac{5}{12}$   ③ ㈐ 결합

④ ㈑ $-\dfrac{7}{12}$   ⑤ ㈺ $-\dfrac{3}{4}$

# 정수와 유리수의 뺄셈

두 수의 뺄셈은 빼는 수의 부호를 바꾸어 덧셈으로 고쳐서 계산한다.

예 $(+5)-(+3)=(+5)+(-3)=+(5-3)=+2$

부호 반대로 / 덧셈으로

$(+5)-(-3)=(+5)+(+3)=+(5+3)=+8$

부호 반대로 / 덧셈으로

참고 어떤 수에서 0을 빼면 그 자신이 된다. 예 $4-0=4$

**뺄셈을 덧셈으로 바꾸기**

$$(+)-(+)=(+)+(-)$$
$$(-)-(+)=(-)+(-)$$
$$(+)-(-)=(+)+(+)$$
$$(-)-(-)=(-)+(+)$$

• 정답 및 해설 008쪽

### 두 수의 뺄셈

**01** 다음 계산 과정에서 □ 안에 알맞은 부호를 쓰시오.

(1) $(+2)-(+5)=(+2)+(\boxed{\phantom{0}}5)$
$=\boxed{\phantom{0}}3$

(2) $(+10)-(+3)=(+10)+(\boxed{\phantom{0}}3)$
$=\boxed{\phantom{0}}7$

(3) $(-7)-(-5)=(-7)+(\boxed{\phantom{0}}5)$
$=\boxed{\phantom{0}}2$

(4) $\left(+\dfrac{1}{2}\right)-\left(+\dfrac{2}{3}\right)$
$=\left(+\dfrac{1}{2}\right)+\left(\boxed{\phantom{0}}\dfrac{2}{3}\right)=\boxed{\phantom{0}}\dfrac{1}{6}$

(5) $\left(+\dfrac{2}{3}\right)-\left(-\dfrac{1}{4}\right)$
$=\left(+\dfrac{2}{3}\right)+\left(\boxed{\phantom{0}}\dfrac{1}{4}\right)=\boxed{\phantom{0}}\dfrac{11}{12}$

**02** 다음을 계산하시오.

(1) $(+9)-(+3)$

(2) $(-12)-(+5)$

(3) $(+11)-(-4)$

(4) $(-6)-(-8)$

(5) $(-15)-(-7)$

**03** 다음을 계산하시오.

(1) $\left(+\dfrac{3}{5}\right)-\left(+\dfrac{2}{5}\right)$

(2) $\left(+\dfrac{5}{6}\right)-\left(-\dfrac{7}{6}\right)$

(3) $\left(-\dfrac{1}{3}\right)-\left(+\dfrac{2}{7}\right)$

(4) $\left(-\dfrac{2}{5}\right)-\left(-\dfrac{3}{20}\right)$

(5) $(-2.3)-(+3.2)$

(6) $(-1.8)-(-0.7)$

(7) $\left(+\dfrac{7}{2}\right)-(+2.4)$

**04** 다음을 구하시오.

(1) $-1$보다 $-6$만큼 작은 수

(2) $+2$보다 $-5$만큼 작은 수

(3) $+5$보다 $+11$만큼 작은 수

(4) $-\dfrac{2}{5}$보다 $-3$만큼 작은 수

(5) $+\dfrac{2}{3}$보다 $-\dfrac{4}{9}$만큼 작은 수

●●●● 학교 시험 **바로** 맛보기

**05** 다음 중 뺄셈을 덧셈으로 고치는 과정이 옳지 **않은** 것은?

① $(-3)-(+5)=(-3)+(-5)$
② $(+7)-(-9)=(+7)+(+9)$
③ $(+5)-(+9)=(+5)+(-9)$
④ $(-7)-(-4)=(-7)+(-4)$
⑤ $(-4)-(+3)=(-4)+(-3)$

# 덧셈과 뺄셈의 혼합 계산

❶ 뺄셈은 모두 덧셈으로 고친다.

❷ 덧셈의 교환법칙과 결합법칙을 이용하여 양수는 양수끼리,
음수는 음수끼리 모아서 계산하면 편리하다.

**참고** • 분수가 있는 식은 분모가 같은 것끼리 모아서 계산하는 것이 편리하다.

• 뺄셈에는 교환법칙과 결합법칙이 성립하지 않는다.

예 $(+6)+(-3)-(-1)$
$=(+6)+(-3)+(+1)$
$=\{((+6)+(+1)\}+(-3)$
$=(+7)+(-3)=+4$

뺄셈은 덧셈으로 고치기
덧셈의 교환법칙,
결합법칙 이용하기

• 정답 및 해설 009쪽

## 덧셈과 뺄셈의 혼합 계산

**01** 다음을 계산하시오.

(1) $(+5)-(-3)+(+10)$

————————————

**풀이** $(+5)-(-3)+(+10)$
$=(+5)+(\boxed{\phantom{00}})+(+10)$
$=(\boxed{\phantom{00}})+(+10)=\boxed{\phantom{00}}$

(2) $(-9)+(+3)-(+4)$

————————————

(3) $(-12)+(+8)-(-7)$

————————————

(4) $(+3)+(-7)-(-2)$

————————————

(5) $(-11)+(+3)-(+6)$

————————————

(6) $(+4)-(-1)-(+8)$

————————————

(7) $(+8)-(-10)+(+3)$

————————————

(8) $(-15)-(-9)+(+6)$

————————————

(9) $(+16)+(+8)-(-4)$

————————————

**02** 다음을 계산하시오.

(1) $\left(+\dfrac{5}{6}\right)-\left(-\dfrac{4}{3}\right)+\left(+\dfrac{1}{6}\right)$

$$\text{풀이}\ \left(+\dfrac{5}{6}\right)-\left(-\dfrac{4}{3}\right)+\left(+\dfrac{1}{6}\right)$$
$$=\left(+\dfrac{5}{6}\right)+\left(\boxed{\phantom{xx}}\right)+\left(+\dfrac{1}{6}\right)$$
$$=\left(\boxed{\phantom{xx}}\right)+\left(+\dfrac{1}{6}\right)=+\dfrac{\boxed{\phantom{x}}}{6}=\boxed{\phantom{x}}$$

(2) $\left(+\dfrac{1}{8}\right)+\left(-\dfrac{3}{8}\right)-\left(-\dfrac{5}{8}\right)$

(3) $\left(+\dfrac{1}{9}\right)-\left(+\dfrac{7}{9}\right)+\left(-\dfrac{2}{9}\right)$

(4) $\left(+\dfrac{4}{3}\right)+\left(-\dfrac{1}{2}\right)-\left(-\dfrac{5}{6}\right)$

(5) $(+5.4)+(+2.1)-(-1.6)$

(6) $(-2.7)+(-1.1)-(+0.8)$

(7) $(+8.1)-(+3.5)+(-2.3)$

(8) $(+0.4)-\left(-\dfrac{1}{2}\right)+(+0.9)$

(9) $\left(-\dfrac{3}{4}\right)-\left(-\dfrac{2}{5}\right)-(+0.6)$

(10) $\left(-\dfrac{3}{5}\right)+(-2)-(-0.7)$

●●●● 학교 시험 **바로** 맛보기

**03** $\left(-\dfrac{4}{7}\right)+(-1)-\left(+\dfrac{5}{7}\right)$ 를 계산하면?

① $-\dfrac{27}{7}$     ② $-\dfrac{16}{7}$     ③ $0$

④ $\dfrac{16}{7}$     ⑤ $\dfrac{27}{7}$

# 괄호가 없는 식의 계산

(1) 수의 덧셈과 뺄셈에서 양수는 양의 부호와 괄호를 생략하여 나타낼 수 있고, 음수는 식의 맨 앞에 나올 때
괄호를 생략하여 나타낼 수 있으므로 부호가 생략된 수의 혼합 계산은 $+$ 부호와 괄호를 살려서 계산한다.

예 $2+3=(+2)+(+3)$, $-2-3=(-2)-(+3)$

(2) **부호가 생략된 식의 계산 방법**

❶ 생략된 양의 부호 $+$를 쓴다.

❷ 뺄셈을 덧셈으로 바꾸어 계산한다.

예 $5-7+9=(+5)+(-7)+(+9)$
$\qquad\quad =(-2)+(+9)=7$

• 정답 및 해설 010쪽

### 괄호가 없는 식의 계산

**01** 다음을 계산하시오.

(1) $-5+8$

________________

풀이 $-5+8=(-5)+(\boxed{\phantom{0}})=\boxed{\phantom{0}}$

(2) $-4-3$

________________

(3) $2-7$

________________

(4) $-9+3$

________________

(5) $8-10+3$

________________

(6) $-13+14+1$

________________

(7) $-9-6+8$

________________

풀이 $-9-6+8=\boxed{\phantom{0}}+8=\boxed{\phantom{0}}$

(8) $-2+5+3-9$

________________

(9) $4-6+1-7$

________________

**02** 다음을 계산하시오.

(1) $\dfrac{4}{5}-\dfrac{8}{5}$

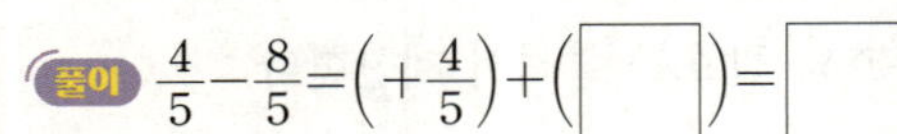

$$\dfrac{4}{5}-\dfrac{8}{5}=\left(+\dfrac{4}{5}\right)+\left(\boxed{\phantom{aa}}\right)=\boxed{\phantom{aa}}$$

(2) $\dfrac{1}{2}-\dfrac{2}{3}$

(3) $-2-\dfrac{1}{4}$

(4) $2.7-3.2$

(5) $-5.6+3.4$

(6) $-1.4-2.8$

(7) $\dfrac{2}{7}+\dfrac{4}{7}-\dfrac{3}{7}$

(8) $\dfrac{2}{3}-\dfrac{1}{5}-\dfrac{1}{2}$

(9) $-5+3-\dfrac{1}{3}$

$$-5+3-\dfrac{1}{3}=\boxed{\phantom{aa}}-\dfrac{1}{3}=\boxed{\phantom{aa}}-\dfrac{1}{3}=\boxed{\phantom{aa}}$$

(10) $-\dfrac{1}{5}-\dfrac{3}{2}+\dfrac{7}{10}-\dfrac{3}{5}$

**●●●●** 학교 시험 **바로** 맛보기

**03** $-\dfrac{1}{2}+1.8+\dfrac{2}{5}-0.6$을 계산하면?

① $-\dfrac{33}{10}$  　② $-\dfrac{11}{10}$  　③ $\dfrac{11}{10}$

④ $\dfrac{21}{10}$  　⑤ $\dfrac{33}{10}$

# 기본기 탄탄 문제  개념 17~21

**1** 다음 중 계산 결과가 옳은 것을 모두 고르면? (정답 2개)

① $(-3)+(-5)=-8$
② $(-4)+(+5)=-9$
③ $(-6)-(+2)=-4$
④ $(-1)-(-6)=+7$
⑤ $(+8)-(-2)=+10$

**2** 다음을 덧셈의 계산 법칙을 이용하여 계산하시오.

$$\left(-\frac{10}{7}\right)+\left(-\frac{1}{6}\right)+\left(-\frac{4}{7}\right)+\left(+\frac{5}{6}\right)$$

**3** $-3$보다 $+7$만큼 큰 수를 $a$, $+\frac{1}{3}$보다 $-1$만큼 작은 수를 $b$라 할 때, $a$, $b$의 값을 각각 구하시오.

**4** $\square+\left(-\frac{4}{5}\right)=3$일 때, $\square$ 안에 알맞은 수를 구하시오.

**5** $\left(-\frac{3}{8}\right)-(-2)-\left(+\frac{5}{12}\right)$의 계산 결과를 기약분수로 나타내면 $\frac{b}{a}$일 때, $b-a$의 값을 구하시오.

**6** 다음 두 수 $A$, $B$에 대하여 $A+B$의 값을 구하시오.

$$A=-1+6-2+5$$
$$B=-4.8+3-0.5-1.7$$

# 정수와 유리수의 곱셈

**(1) 부호가 같은 두 수의 곱셈**

두 수의 절댓값의 곱에 양의 부호 $+$를 붙여서 계산한다.

예 $(+2) \times (+5) = +(2 \times 5) = +10$
↳ 양의 부호

$(-2) \times (-5) = +(2 \times 5) = +10$
↳ 양의 부호

**(2) 부호가 다른 두 수의 곱셈**

두 수의 절댓값의 곱에 음의 부호 $-$를 붙여서 계산한다.

예 $(+2) \times (-5) = -(2 \times 5) = -10$

$(-2) \times (+5) = -(2 \times 5) = -10$

**(3)** 어떤 수와 0의 곱은 항상 0이다.   예 $3 \times 0 = 0$

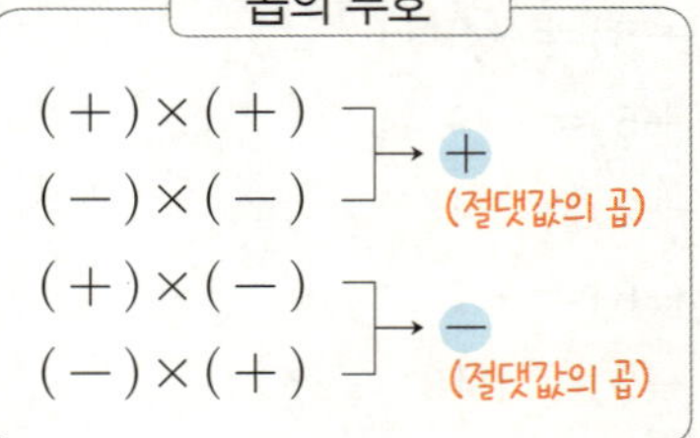


---

### 두 수의 곱셈

**01** 다음을 계산하시오.

(1) $(+3) \times (+6)$

풀이 $(+3) \times (+6) = +(3 \times \boxed{\phantom{0}}) = \boxed{\phantom{00}}$

(2) $(-4) \times (-7)$

(3) $(-9) \times (+5)$

(4) $(+8) \times (-2)$

(5) $(-11) \times (+3)$

(6) $(-7) \times (-8)$

(7) $(+9) \times (+6)$

(8) $(+10) \times (-5)$

(9) $(-6) \times (+8)$

**02** 다음을 계산하시오.

(1) $(-4) \times \left(+\dfrac{1}{2}\right)$

(2) $\left(+\dfrac{2}{7}\right) \times \left(+\dfrac{3}{4}\right)$

(3) $\left(+\dfrac{3}{4}\right) \times (-16)$

(4) $\left(-\dfrac{2}{3}\right) \times \left(+\dfrac{9}{10}\right)$

(5) $\left(-\dfrac{1}{4}\right) \times \left(-\dfrac{1}{3}\right)$

(6) $0 \times \left(+\dfrac{1}{5}\right)$

(7) $\left(-\dfrac{5}{7}\right) \times \left(+\dfrac{14}{5}\right)$

(8) $(+2) \times (-1.2)$

(9) $(-0.6) \times (-5)$

(10) $(+4) \times (+0.9)$

(11) $\left(+\dfrac{3}{2}\right) \times (-0.2)$

(12) $(-0.5) \times \left(-\dfrac{4}{3}\right)$

●●●● 학교 시험 **바로** 맛보기

**03** 다음 중 계산 결과가 옳지 <u>않은</u> 것을 모두 고르면?

(정답 2개)

① $(+2) \times (+6) = +12$

② $(+3) \times (-10) = -30$

③ $(-4) \times (+4) = +16$

④ $(+6) \times \left(-\dfrac{1}{2}\right) = -3$

⑤ $\left(-\dfrac{5}{3}\right) \times \left(-\dfrac{9}{20}\right) = -\dfrac{3}{4}$

# 곱셈의 계산 법칙 / 세 수 이상의 곱셈

**(1) 곱셈의 계산 법칙**

세 수 $a$, $b$, $c$에 대하여

① 곱셈의 **교환법칙**: $a \times b = b \times a$ 　 예 $(-3) \times (+4) = (+4) \times (-3) = -12$

② 곱셈의 **결합법칙**: $(a \times b) \times c = a \times (b \times c)$ 　 예 $\{(+2) \times (-4)\} \times (-5) = (+2) \times \{(-4) \times (-5)\} = +40$

**(2) 세 수 이상의 곱셈**

❶ 먼저 곱의 부호를 정한다. ➡ 음수의 개수가 $\begin{cases} \text{짝수이면 } + \\ \text{홀수이면 } - \end{cases}$

❷ 각 수의 절댓값의 곱에 ❶에서 결정된 부호를 붙인다.

예 $(-3) \times (+4) \times (-6) = +(3 \times 4 \times 6) = +72$ 　 $\left(-\dfrac{3}{5}\right) \times \left(-\dfrac{2}{3}\right) \times \left(-\dfrac{1}{2}\right) = -\left(\dfrac{3}{5} \times \dfrac{2}{3} \times \dfrac{1}{2}\right) = -\dfrac{1}{5}$

음수의 개수가 짝수 　 음수의 개수가 홀수

---

### 곱셈의 계산 법칙 말하기

**01** 다음 계산 과정 중 곱셈의 교환법칙이 이용된 곳에는 '교환', 곱셈의 결합법칙이 이용된 곳에는 '결합'을 □ 안에 쓰시오.

(1)
$$
\begin{aligned}
&(-2) \times (+10) \times (-4) \\
&= (+10) \times (-2) \times (-4) \\
&= (+10) \times \{(-2) \times (-4)\} \\
&= (+10) \times (+8) \\
&= +80
\end{aligned}
$$

(2)
$$
\begin{aligned}
&\left(+\frac{4}{3}\right) \times (-5) \times \left(+\frac{3}{5}\right) \\
&= \left(+\frac{4}{3}\right) \times \left(+\frac{3}{5}\right) \times (-5) \\
&= \left\{\left(+\frac{4}{3}\right) \times \left(+\frac{3}{5}\right)\right\} \times (-5) \\
&= \left(+\frac{4}{5}\right) \times (-5) \\
&= -4
\end{aligned}
$$

### 곱셈의 계산 법칙을 이용하여 계산하기

**02** 다음 계산 과정에서 □ 안에 알맞은 수를 쓰시오.

(1)
$$
\begin{aligned}
&(-3) \times (+2) \times (-4) \\
&= (-3) \times (\boxed{\phantom{00}}) \times (+2) \\
&= \{(-3) \times (\boxed{\phantom{00}})\} \times (+2) \\
&= (\boxed{\phantom{00}}) \times (+2) \\
&= \boxed{\phantom{00}}
\end{aligned}
$$

(2)
$$
\begin{aligned}
&(+6) \times \left(-\frac{5}{8}\right) \times \left(+\frac{2}{3}\right) \\
&= \left(-\frac{5}{8}\right) \times (\boxed{\phantom{00}}) \times \left(+\frac{2}{3}\right) \\
&= \left(-\frac{5}{8}\right) \times \left\{(\boxed{\phantom{00}}) \times \left(+\frac{2}{3}\right)\right\} \\
&= \left(-\frac{5}{8}\right) \times (\boxed{\phantom{00}}) \\
&= \boxed{\phantom{00}}
\end{aligned}
$$

 **세 수 이상의 곱셈**

**03** 다음을 계산하시오.

(1) $(-2) \times (-5) \times (+7)$

___________

**풀이** $(-2) \times (-5) \times (+7)$

$= \boxed{\phantom{0}} \, (2 \times 5 \times \boxed{\phantom{0}}) = \boxed{\phantom{0}}$

(2) $(+8) \times (+5) \times (-3)$

___________

(3) $(-1) \times (-3) \times (-9)$

___________

(4) $\left( +\dfrac{3}{8} \right) \times (-6) \times (+4)$

___________

(5) $(+9) \times \left( -\dfrac{8}{15} \right) \times \left( +\dfrac{5}{4} \right)$

___________

(6) $(+4) \times (-2.5) \times (-3)$

___________

(7) $\left( +\dfrac{7}{8} \right) \times \left( +\dfrac{5}{14} \right) \times \left( -\dfrac{4}{5} \right)$

___________

(8) $\left( -\dfrac{3}{10} \right) \times \left( -\dfrac{4}{9} \right) \times (+15) \times \left( -\dfrac{3}{2} \right)$

___________

**학교 시험 바로 맛보기**

**04** 다음 계산 과정에서 □ 안에 알맞은 수를 쓰고, ⑺, ⑼ 에 이용된 곱셈의 계산 법칙을 각각 말하시오.

$(-20) \times (+0.37) \times (+5)$ ⟵ ⑺

$= (-20) \times (+5) \times (+0.37)$ ⟵ ⑺

$= \{(-20) \times (+5)\} \times (+0.37)$ ⟵ ⑼

$= (-100) \times (+0.37)$

$= \boxed{\phantom{0}}$

# 거듭제곱의 계산

(1) 양수의 거듭제곱의 부호는 항상 $+$이다.

예 $(+2)^2=(+2)\times(+2)=+(2\times2)=+4$
$(+2)^3=(+2)\times(+2)\times(+2)=+(2\times2\times2)=+8$

(2) 음수의 거듭제곱은 지수에 따라 부호를 정한다.

예 $(-2)^2=(-2)\times(-2)=+(2\times2)=+4$
$(-2)^3=(-2)\times(-2)\times(-2)=-(2\times2\times2)=-8$

주의 $(-2)^2=(-2)\times(-2)=+4$, $-2^2=-(2\times2)=-4$이므로
$(-2)^2$과 $-2^2$은 다르다.

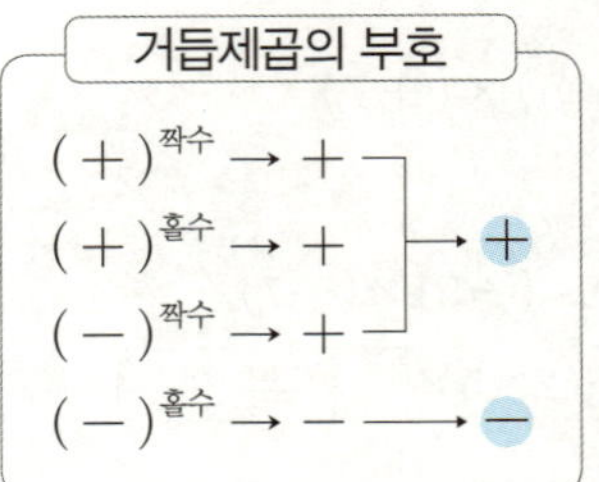


---

**거듭제곱의 계산**

**01** 다음을 계산하시오.

(1) $(+3)^2$

(2) $(-3)^2$

(3) $(-3)^3$

(4) $-3^3$

**02** 다음을 계산하시오.

(1) $\left(+\dfrac{1}{4}\right)^3$

(2) $\left(-\dfrac{2}{3}\right)^3$

(3) $-\left(\dfrac{1}{3}\right)^2$

(4) $\left(-\dfrac{1}{5}\right)^2$

##  거듭제곱을 이용한 식의 계산

**03** 다음을 계산하시오.

(1) $3^2 \times (-5)$

＿＿＿＿＿＿＿＿

(풀이) $3^2 \times (-5) = \boxed{\phantom{0}} \times \boxed{\phantom{0}} \times (-5) = \boxed{\phantom{0}}$

(2) $2 \times (-5)^2$

＿＿＿＿＿＿＿＿

(3) $(-2)^3 \times 4$

＿＿＿＿＿＿＿＿

(4) $-3^2 \times (-2)^2$

＿＿＿＿＿＿＿＿

(5) $-5^2 \times (-2)^3$

＿＿＿＿＿＿＿＿

(6) $2^3 \times \left(-\dfrac{1}{7}\right)^2$

＿＿＿＿＿＿＿＿

(7) $3^2 \times \left(-\dfrac{1}{6}\right)^3$

＿＿＿＿＿＿＿＿

(8) $\left(-\dfrac{1}{4}\right)^3 \times (-2)^3$

＿＿＿＿＿＿＿＿

(9) $-4^2 \times \left(-\dfrac{3}{2}\right)$

＿＿＿＿＿＿＿＿

(10) $(-1)^2 \times 6 \times (-9)$

＿＿＿＿＿＿＿＿

(11) $(-4) \times \left(-\dfrac{1}{4}\right)^2 \times 3$

＿＿＿＿＿＿＿＿

(12) $-2^2 \times \left(-\dfrac{1}{4}\right)^2 \times \left(+\dfrac{2}{3}\right)$

＿＿＿＿＿＿＿＿

#### 학교 시험 바로 맛보기

**04** 다음 중 계산 결과가 옳지 <u>않은</u> 것은?

① $(-2)^3 = -8$      ② $(-5)^2 = 25$

③ $-8^2 = -64$      ④ $-\dfrac{5}{3^2} = -\dfrac{5}{9}$

⑤ $-(-3)^3 = -27$

# 분배법칙

어떤 수에 두 수의 합을 곱한 것은 어떤 수에 각각의 수를 곱하여 더한 것과 그 결과가 같다.
이를 **분배법칙**이라 한다.
세 수 $a$, $b$, $c$에 대하여

$$a \times (b+c) = a \times b + a \times c, \qquad (a+b) \times c = a \times c + b \times c$$

예 $\cdot\ 6 \times 102 = 6 \times (100+2) = 6 \times 100 + 6 \times 2 = 600 + 12 = 612$
　 $\cdot\ 9 \times 98 + 9 \times 2 = 9 \times (98+2) = 9 \times 100 = 900$

· 정답 및 해설 012쪽

### 분배법칙을 이용하여 계산하기

**01** 다음을 분배법칙을 이용하여 계산하시오.

(1) $28 \times (50-2)$

　풀이　$28 \times (50-2) = 28 \times \boxed{\phantom{00}} - 28 \times \boxed{\phantom{0}}$
　　　　　$= \boxed{\phantom{000}}$

(2) $45 \times (100+1)$

(3) $128 \times 99 - 128 \times 98$

(4) $15 \times (+25) + 15 \times (-45)$

(5) $\dfrac{2}{3} \times \left( \dfrac{9}{10} + \dfrac{6}{5} \right)$

(6) $\left( \dfrac{1}{3} - \dfrac{5}{12} \right) \times 9$

(7) $2 \times \dfrac{4}{5} + 8 \times \dfrac{4}{5}$

**🟢🟢🟢🟢 학교 시험 바로 맛보기**

**02** 다음은 분배법칙을 이용하여 $17 \times 103$을 계산하는 과정이다. □ 안에 알맞은 수를 쓰시오.

$$17 \times 103 = 17 \times (100 + \boxed{\phantom{0}})$$
$$= 17 \times 100 + 17 \times \boxed{\phantom{0}}$$
$$= 1700 + \boxed{\phantom{00}}$$
$$= \boxed{\phantom{000}}$$

# 정수와 유리수의 나눗셈

**(1) 두 수의 나눗셈**

① 부호가 같은 두 수의 나눗셈

두 수의 절댓값의 나눗셈의 몫에 양의 부호 $+$를 붙여서 계산한다.

예 $(+8) \div (+2) = +(8 \div 2) = +4$

$(-8) \div (-2) = +(8 \div 2) = +4$

② 부호가 다른 두 수의 나눗셈

두 수의 절댓값의 나눗셈의 몫에 음의 부호 $-$를 붙여서 계산한다.

예 $(+8) \div (-2) = -(8 \div 2) = -4$

$(-8) \div (+2) = -(8 \div 2) = -4$

③ 0을 0이 아닌 수로 나누면 그 몫은 항상 0이다.

참고 어떤 수를 0으로 나누는 것은 생각하지 않는다.

**(2) 역수를 이용한 두 수의 나눗셈**

① **역수**: 두 수의 곱이 1이 될 때, 한 수를 다른 수의 역수라 한다.　예 $\dfrac{2}{3}$의 역수는 $\dfrac{3}{2}$이다.

참고 $0 \times a = 1$을 만족시키는 $a$는 없으므로 0의 역수는 없다.

② 역수를 이용한 나눗셈: 나누는 수를 그 역수로 바꾸어 곱셈으로 고쳐서 계산한다.

참고 유리수의 역수 구하기

• 정수는 분모를 1로 고쳐서 역수를 구한다.　예 $-4\left(=-\dfrac{4}{1}\right)$의 역수는 $-\dfrac{1}{4}$이다.

• 대분수는 가분수로 고쳐서 역수를 구한다.　예 $1\dfrac{1}{2}\left(=\dfrac{3}{2}\right)$의 역수는 $\dfrac{2}{3}$이다.

• 소수는 분수로 고쳐서 역수를 구한다.　예 $1.5\left(=\dfrac{3}{2}\right)$의 역수는 $\dfrac{2}{3}$이다.

| 나눗셈의 부호 |
| :-- |
| $(+) \div (+)$ <br> $(-) \div (-)$ $\Rightarrow$ $+$ (절댓값의 몫) <br> $(+) \div (-)$ <br> $(-) \div (+)$ $\Rightarrow$ $-$ (절댓값의 몫) |

---

• 정답 및 해설 012쪽

### 두 수의 나눗셈

**01** 다음을 계산하시오.

(1) $(+15) \div (+3)$

풀이 $(+15) \div (+3) = \boxed{\phantom{+}}(15 \div 3) = \boxed{\phantom{+}}$

(2) $(-24) \div (-6)$

(3) $(-30) \div (+5)$

(4) $(+42) \div (-14)$

(5) $0 \div 20$

### 역수 구하기

**02** 다음 수의 역수를 구하시오.

(1) $5$

(2) $-2$

(3) $\dfrac{3}{4}$

(4) $-\dfrac{4}{7}$

(5) $-1\dfrac{1}{3}$

(6) $2.5$

(7) $-0.7$

### 역수 구하기

### 역수를 이용한 두 수의 나눗셈

**03** 다음을 계산하시오.

(1) $(-6) \div \left(+\dfrac{3}{5}\right)$

풀이 $(-6) \div \left(+\dfrac{3}{5}\right) = (-6) \times \left(\boxed{\phantom{0}}\right)$

$= -\left(6 \times \boxed{\phantom{0}}\right) = \boxed{\phantom{0}}$

(2) $(+8) \div \left(-\dfrac{4}{9}\right)$

(3) $\left(+\dfrac{2}{5}\right) \div \left(+\dfrac{2}{3}\right)$

(4) $(+1.2) \div (+0.4)$

(5) $(-3.5) \div \left(-\dfrac{1}{5}\right)$

**학교 시험 바로 맛보기**

**04** 다음 중 두 수가 서로 역수가 <u>아닌</u> 것은?

① $4,\ \dfrac{1}{4}$    ② $-\dfrac{2}{3},\ -\dfrac{3}{2}$

③ $1,\ -1$    ④ $\dfrac{10}{9},\ \dfrac{9}{10}$

⑤ $-3.5,\ -\dfrac{2}{7}$

# 정수와 유리수의 혼합 계산

**(1) 곱셈과 나눗셈의 혼합 계산**

❶ 거듭제곱이 있으면 거듭제곱을 먼저 계산한다.

❷ 나눗셈은 역수를 이용하여 곱셈으로 바꾼다.

❸ 부호를 결정하고 각 수의 절댓값의 곱에 결정된 부호를 붙인다.

**(2) 덧셈, 뺄셈, 곱셈, 나눗셈의 혼합 계산**

❶ 괄호가 있으면 괄호 안을 먼저 계산한다. ← (소괄호) → {중괄호} → [대괄호] 순으로 괄호를 푼다.

❷ 곱셈과 나눗셈을 계산한다. 이때 거듭제곱이 있으면 거듭제곱을 먼저 계산한다.

❸ 덧셈과 뺄셈을 계산한다.

· 정답 및 해설 013쪽

### 곱셈과 나눗셈의 혼합 계산

**01** 다음 계산 과정에서 ☐ 안에 알맞은 수를 쓰시오.

(1) $(+4) \times (-8) \div (-2)$

$= (+4) \times (-8) \times \left( \boxed{\phantom{x}} \right)$

$= + \left( 4 \times 8 \times \boxed{\phantom{x}} \right) = \boxed{\phantom{x}}$

(2) $\left( -\dfrac{3}{4} \right) \times (+12) \div (-4)$

$= \left( -\dfrac{3}{4} \right) \times (+12) \times \left( \boxed{\phantom{x}} \right)$

$= + \left( \dfrac{3}{4} \times 12 \times \boxed{\phantom{x}} \right) = \boxed{\phantom{x}}$

(3) $\left( -\dfrac{3}{8} \right) \div \left( -\dfrac{9}{4} \right) \times (-12)$

$= \left( -\dfrac{3}{8} \right) \times \left( \boxed{\phantom{x}} \right) \times (-12)$

$= - \left( \dfrac{3}{8} \times \boxed{\phantom{x}} \times 12 \right) = \boxed{\phantom{x}}$

**02** 다음을 계산하시오.

(1) $(+35) \div (-5) \times (+2)$

<br>

(2) $(+4) \times \left( +\dfrac{3}{2} \right) \div \left( -\dfrac{2}{5} \right)$

<br>

(3) $\left( -\dfrac{5}{6} \right) \times \left( -\dfrac{2}{3} \right) \div \left( -\dfrac{10}{9} \right)$

<br>

(4) $(-4) \div (-0.5) \times \left( -\dfrac{3}{2} \right)^2$

<br>

### 덧셈, 뺄셈, 곱셈, 나눗셈의 혼합 계산

**03** 다음을 계산하시오.

(1) $(-3) \times (-9) + 5$

(2) $17 - 45 \div (-9)$

(3) $\dfrac{2}{3} + \dfrac{5}{6} \times \left(-\dfrac{3}{4}\right)$

(4) $\left(-\dfrac{1}{8}\right) \div \dfrac{5}{12} - \dfrac{1}{2}$

(5) $\dfrac{3}{10} + \left(-\dfrac{1}{5}\right)^2 \times \dfrac{5}{2}$

(6) $\dfrac{1}{8} \times (-4)^2 - (-3)^2 \div \dfrac{3}{5}$

### 대괄호, 중괄호, 소괄호가 있는 계산

**04** 다음 계산 과정에서 □ 안에 알맞은 수를 쓰시오.

(1)
$$-\{-3 + (-2 + 7)\} - 4$$
$$= -(-3 + \boxed{\phantom{0}}) - 4$$
$$= -\boxed{\phantom{0}} - 4$$
$$= \boxed{\phantom{0}}$$

(2)
$$\{-8 + (5 - 6) + 3\} - 2$$
$$= \{-8 + (\boxed{\phantom{0}}) + 3\} - 2$$
$$= \{(\boxed{\phantom{0}}) + 3\} - 2$$
$$= \boxed{\phantom{0}} - 2$$
$$= \boxed{\phantom{0}}$$

(3)
$$-2^2 - \dfrac{2}{3} \times \left\{\left(\dfrac{1}{4} + \dfrac{1}{6}\right) \div \left(-\dfrac{5}{6}\right)\right\}$$
$$= \boxed{\phantom{0}} - \dfrac{2}{3} \times \left\{\boxed{\phantom{0}} \times \left(-\dfrac{6}{5}\right)\right\}$$
$$= \boxed{\phantom{0}} - \dfrac{2}{3} \times \left(\boxed{\phantom{0}}\right)$$
$$= \boxed{\phantom{0}} + \boxed{\phantom{0}}$$
$$= \boxed{\phantom{0}}$$

(4)
$$2 \times \left[\dfrac{1}{2} - \left\{\dfrac{3}{5} \div \left(-\dfrac{3}{10}\right) + 1\right\}\right] - 8$$
$$= 2 \times \left[\dfrac{1}{2} - \{(\boxed{\phantom{0}}) + 1\}\right] - 8$$
$$= 2 \times \left(\dfrac{1}{2} + \boxed{\phantom{0}}\right) - 8$$
$$= 2 \times \boxed{\phantom{0}} - 8$$
$$= \boxed{\phantom{0}} - 8$$
$$= \boxed{\phantom{0}}$$

**05** 다음을 계산하시오.

(1) $(-3) \times \{9 - (3-5)\}$

(2) $21 \div \{(-2)^3 - 1\}$

(3) $45 \div 9 + \{3 + (-7) \times 4\}$

(4) $28 - \{6 + (-3)^2 \times 4 - 11\}$

(5) $20 - 12 \times \left\{1 + \left(\dfrac{1}{2} - \dfrac{2}{3}\right)\right\}$

(6) $\dfrac{4}{5} \times \left\{\left(+\dfrac{3}{4}\right) - (-3)\right\} - \dfrac{5}{2}$

(7) $24 \times \left\{\dfrac{3}{4} + (-2)^2 \times \dfrac{1}{16} - \dfrac{1}{2}\right\} - 12$

(8) $1 - \left\{-\dfrac{1}{5} + 12 \times \left(-\dfrac{1}{3}\right)^2\right\} \times \dfrac{3}{17}$

(9) $3 - \left[\left\{\left(-\dfrac{3}{5}\right)^2 - 1\right\} \times \dfrac{5}{8} + (-2)\right] \times (-10)$

학교 시험 **바로** 맛보기

**06** 다음 식에 대하여 물음에 답하시오.

$$[\{-4 \times (8-2)\} \div 3 - (-2)] \times (-3)$$
$$\uparrow \quad \uparrow \quad \uparrow \ \uparrow \qquad \uparrow$$
$$\text{㉠} \quad \text{㉡} \quad \text{㉢} \ \text{㉣} \qquad \text{㉤}$$

(1) 계산 순서를 차례로 나열하시오.

(2) 계산 결과를 구하시오.

## 기본기 탄탄 문제  개념 22~27

**1** 다음 중 계산 결과가 가장 큰 것은?

① $(+3) \times \left(+\dfrac{1}{9}\right)$　　② $\left(-\dfrac{1}{28}\right) \times (-4)$

③ $\left(+\dfrac{7}{3}\right) \times \left(-\dfrac{3}{14}\right)$　　④ $\left(-\dfrac{1}{6}\right) \times \left(+\dfrac{2}{3}\right)$

⑤ $\left(-\dfrac{4}{5}\right) \times \left(-\dfrac{15}{8}\right)$

**2** 다음을 곱셈의 계산 법칙을 이용하여 계산하시오.

$$(-0.2) \times \left(-\dfrac{6}{11}\right) \times (-5)$$

**3** 다음 중 계산 결과가 나머지 넷과 <u>다른</u> 하나는?

① $(-1)^2$　　② $(-1)^5$

③ $-(-1)^7$　　④ $\{-(-1)\}^3$

⑤ $\{-(-1)\}^6$

**4** $(-3.14) \times 16 + 1.14 \times 16$을 분배법칙을 이용하여 계산하시오.

**5** $7$의 역수를 $a$, $-\dfrac{7}{8}$의 역수를 $b$라 할 때, $a+b$의 값을 구하시오.

**6** 다음을 계산하시오.

$$\dfrac{1}{4} - \dfrac{1}{2} \times \left\{\dfrac{1}{5} \div 0.4 - \dfrac{2}{3} \times \left(-\dfrac{3}{10}\right)^2\right\}$$

# 3. 문자의 사용과 식


개념 **28** 문자의 사용 / 곱셈, 나눗셈 기호의 생략

개념 **29** 대입과 식의 값

개념 **30** 다항식과 일차식

개념 **31** 일차식과 수의 곱셈, 나눗셈

개념 **32** 동류항과 그 계산

개념 **33** 일차식의 덧셈과 뺄셈

개념 **34** 여러 가지 일차식의 덧셈과 뺄셈

• **기본기 탄탄 문제**

**(1) 문자의 사용**

한 개에 200 g인 사과의 개수와 무게의 관계를 표로 나타내면 다음과 같다.

| 개수(개) | 1 | 2 | 3 | … | $x$ |
|---|---|---|---|---|---|
| 무게(g) | $200 \times 1$ | $200 \times 2$ | $200 \times 3$ | … | $200 \times x$ |

➡ 규칙을 찾아 문자를 사용하여 수량 사이의 관계를 간단히 나타낼 수 있다.

**(2) 곱셈, 나눗셈 기호의 생략**

① 곱셈 기호의 생략

- 수는 문자 앞에 쓴다. ➡ $3 \times a = 3a$
- 문자는 알파벳 순서로 쓴다. ➡ $x \times b = bx$
- 같은 문자의 곱은 거듭제곱의 꼴로 나타낸다. ➡ $z \times z = z^2$
- 괄호가 있는 식과 수의 곱에서 수는 괄호 앞에 쓴다. ➡ $(x-y) \times 5 = 5(x-y)$
  
  **주의** 1 또는 $-1$과 문자의 곱에서 1을 생략한다고 해서 $0.1 \times a$를 $0.a$로 나타내지 않는다. ➡ $0.1 \times a = 0.1a$

② 나눗셈 기호의 생략

나눗셈을 역수의 곱셈으로 바꾼 후 곱셈 기호 $\times$를 생략한다. ➡ $a \div b = a \times \dfrac{1}{b} = \dfrac{a}{b}$

---

### 곱셈 기호 × 생략하기

**01** 다음 식을 곱셈 기호 $\times$를 생략하여 나타내시오.

(1) $8 \times x$

_______________

(2) $c \times a$

_______________

(3) $y \times y$

_______________

(4) $b \times (-2)$

_______________

(5) $a \times h \times 0.1$

_______________

(6) $(x+y) \times 7$

_______________

(7) $(-1) \times a + b \times (-5)$

_______________

**풀이** 1 또는 $-1$과 문자의 곱에서는 ☐을 생략하므로

$(-1) \times a + b \times (-5) = \boxed{\phantom{x}}a - \boxed{\phantom{x}}b$

(8) $y \times (-4) + z \times z \times z$

_______________

## 나눗셈 기호 ÷ 생략하기

**02** 다음 식을 나눗셈 기호 ÷를 생략하여 나타내시오.

(1) $a \div 2$

풀이 $a \div 2 = a \times \dfrac{1}{\Box} = \boxed{\phantom{x}}$

(2) $x \div (-3)$

(3) $(-7) \div b$

(4) $2z \div 9$

(5) $a \div 2 \div b$

풀이 $a \div 2 \div b = a \times \dfrac{1}{\Box} \times \boxed{\phantom{x}} = \boxed{\phantom{x}}$

(6) $x \div (-3) \div y$

**03** 다음 식을 곱셈 기호 ×와 나눗셈 기호 ÷를 생략하여 나타내시오.

(1) $a \div 5 \times b$

풀이 $a \div 5 \times b = a \times \dfrac{1}{\Box} \times \boxed{\phantom{x}} = \boxed{\phantom{x}}$

(2) $a \div 7 + c \div b$

(3) $x \times y \div 7 \div z$

(4) $x \div (1+y) \times z$

(5) $a \times a - a \times b \div c$

(6) $x \times (-3) + x \div y$

(7) $a + (b-3) \div c \div \dfrac{1}{9}$

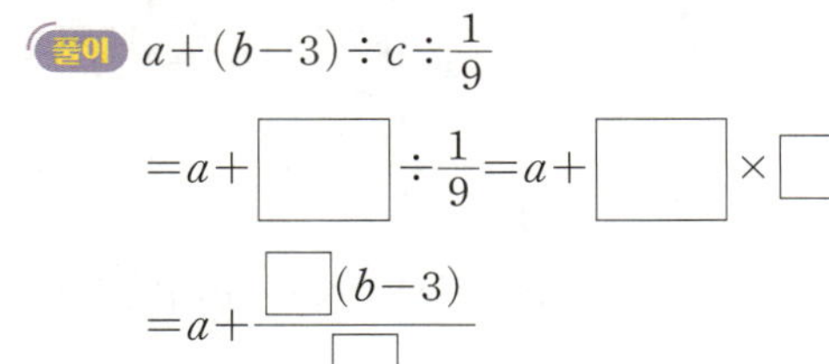

풀이 $a + (b-3) \div c \div \dfrac{1}{9}$

$= a + \boxed{\phantom{x}} \div \dfrac{1}{9} = a + \boxed{\phantom{x}} \times \boxed{\phantom{x}}$

$= a + \dfrac{\boxed{\phantom{x}}\,(b-3)}{\boxed{\phantom{x}}}$

### 문자를 사용한 식으로 나타내기

**04** 다음을 문자를 사용한 식으로 나타내시오.

(1) 500원짜리 색연필 $a$자루의 가격

______________________

(2) 한 개에 $x$원인 오이 5개를 사고 3000원을 냈을 때의 거스름돈

______________________

(3) 현재 아버지의 나이는 현재 $y$세인 아들의 나이의 3배일 때, 5년 후의 아버지의 나이

______________________

> **풀이** 현재 아버지의 나이는 아들의 나이의 3배이므로
> $y \times \boxed{\phantom{0}} = \boxed{\phantom{0}}$ (세)이다.
> 따라서 5년 후의 아버지의 나이는
> $y \times \boxed{\phantom{0}} + \boxed{\phantom{0}} = \boxed{\phantom{0}}$ (세)이다.

(4) 십의 자리의 숫자가 $a$, 일의 자리의 숫자가 8인 두 자리의 자연수

______________________

> **풀이** (십의 자리의 숫자)$\times 10 +$ (일의 자리의 숫자)
> $= \boxed{\phantom{0}} \times 10 + \boxed{\phantom{0}} = \boxed{\phantom{0}}$

(5) 가로의 길이가 $2a\,\mathrm{cm}$, 세로의 길이가 $b\,\mathrm{cm}$인 직사각형의 넓이

______________________

> **풀이** (직사각형의 넓이)=(가로의 길이)$\times$(세로의 길이)
> $= \boxed{\phantom{0}} \times b = \boxed{\phantom{0}}$ $(\mathrm{cm}^2)$

(6) 한 변의 길이가 $x\,\mathrm{cm}$인 정사각형의 둘레의 길이

______________________

(7) 시속 $60\,\mathrm{km}$의 속력으로 $t$시간 동안 이동한 거리

______________________

> **풀이** (거리)=(속력)$\times$(시간)
> $= 60 \times \boxed{\phantom{0}} = \boxed{\phantom{0}}$ $(\mathrm{km})$

(8) 2시간 동안 $x\,\mathrm{km}$를 걸었을 때의 속력

______________________

(9) 소금이 $a\,\mathrm{g}$ 녹아 있는 소금물 $150\,\mathrm{g}$의 농도

______________________

(10) 농도가 $x\,\%$인 소금물 $60\,\mathrm{g}$에 녹아 있는 소금의 양

______________________

> **풀이** (소금의 양)
> $= \dfrac{(\text{소금물의 농도})}{100} \times (\text{소금물의 양})$
> $= \dfrac{\boxed{\phantom{0}}}{100} \times \boxed{\phantom{0}} = \dfrac{\boxed{\phantom{0}}}{5}$ $(\mathrm{g})$

#### 학교 시험 바로 맛보기

**05** 다음 |보기| 중 옳은 것을 모두 고르시오.

| 보기 |

ㄱ. $0.1 \times x = 0.x$

ㄴ. $x \times y \times x \times (-1) = -x^2 y$

ㄷ. $a - b \div 3 = \dfrac{a-b}{3}$

ㄹ. $a \div b \div 4 = \dfrac{a}{4b}$

# 대입과 식의 값

(1) **대입**: 문자를 사용한 식에서 문자에 어떤 수를 바꾸어 넣는 것

(2) **식의 값**: 문자를 사용한 식의 문자에 어떤 수를 대입하여 구한 값

(3) **식의 값을 구하는 방법**

① 문자에 수를 대입할 때는 생략된 곱셈 기호 $\times$를 다시 쓴다.

② 문자에 음수를 대입할 때는 (    ) 안에 넣어서 대입한다.

③ 분수를 분모에 대입할 때는 생략된 나눗셈 기호 $\div$를 다시 쓴 후, 분수를 대입하여

곱셈으로 고쳐서 계산한다.

• 정답 및 해설 016쪽

### 식의 값 구하기

**01** 다음은 $x$의 값에 대한 식의 값을 구한 것이다. 표를 완성하시오.

(1)

| $x$의 값 | 1 | 2 | 3 |
|---|---|---|---|
| $x+4$의 값 | 5 | | |

**풀이** $x=1$일 때, $x+4$의 값은 $\boxed{\phantom{0}}+4=5$

$x=2$일 때, $x+4$의 값은 $\boxed{\phantom{0}}+4=\boxed{\phantom{0}}$

$x=3$일 때, $x+4$의 값은 $\boxed{\phantom{0}}+4=\boxed{\phantom{0}}$

(2)

| $x$의 값 | 1 | 2 | 3 |
|---|---|---|---|
| $2x-1$의 값 | | 3 | |

(3)

| $x$의 값 | 1 | 2 | 3 |
|---|---|---|---|
| $-3x+7$의 값 | | 1 | |

(4)

| $x$의 값 | 1 | 2 | 3 |
|---|---|---|---|
| $-5x-3$의 값 | | | |

**02** $a=-3$일 때, 다음 식의 값을 구하시오.

(1) $2a+1$

__________________

**풀이** $2a+1=2\times a+1$

$=2\times(\boxed{\phantom{00}})+1=\boxed{\phantom{00}}$

(2) $5-a$

__________________

(3) $-a+7$

__________________

(4) $a^2$

__________________

(5) $\dfrac{a-2}{3}$

__________________

**03** 다음을 구하시오.

(1) $x=2$일 때, $5x-7$의 값

_______________

(2) $x=-3$일 때, $-3x+5$의 값

_______________

(3) $x=4$일 때, $|2x-9|$의 값

_______________

(4) $x=6$일 때, $-x^2$의 값

_______________

(5) $x=\dfrac{1}{2}$일 때, $-\dfrac{1}{2}x+\dfrac{1}{4}$의 값

_______________

(6) $x=-1$일 때, $\dfrac{-3x+4}{2x-1}$의 값

_______________

(7) $x=4$일 때, $x-\dfrac{7}{x}$의 값

_______________

**04** $x=-1$, $y=5$일 때, 다음 식의 값을 구하시오.

(1) $x+y$

_______________

(2) $4x-3y$

_______________

(3) $-x+7y-10$

_______________

(4) $(-2x+y)^2$

_______________

(5) $-\dfrac{1}{2}x^2+\dfrac{1}{5}y^2$

_______________

(6) $3x^2-2y$

_______________

(7) $x(x-y)$

_______________

**05** $a=-4$, $b=5$일 때, 다음 식의 값을 구하시오.

(1) $\dfrac{a-b}{3}$

_________________

(2) $\dfrac{3}{4}ab$

_________________

(3) $\dfrac{-b-1}{a+1}$

_________________

(4) $4a+\dfrac{20}{b}$

_________________

**06** $x=4$, $y=-3$일 때, 다음 식의 값을 구하시오.

(1) $x^2+xy$

_________________

(2) $xy-9$

_________________

(3) $2x^2(x+y)$

_________________

**07** $a=\dfrac{1}{2}$, $b=-\dfrac{1}{3}$일 때, 다음 식의 값을 구하시오.

(1) $\dfrac{1}{a}+\dfrac{1}{b}$

_________________

(2) $\dfrac{2}{a}-\dfrac{3}{b}$

_________________

(3) $4a^2-24ab$

_________________

(4) $12(a+b)$

_________________

🦠 **학교 시험 바로 맛보기**

**08** $x=-2$일 때, 다음 중 식의 값이 나머지 넷과 다른 하나는?

① $2x$      ② $\dfrac{8}{x}$      ③ $3x+2$

④ $x^3+4$      ⑤ $(-x)^2$

# 다항식과 일차식

**(1) 다항식**

**다항식** $-6x-7y+3$에서

| 항 | 상수항 | $x$의 계수 | $y$의 계수 |
|---|---|---|---|
| $-6x$, $-7y$, $3$ | $3$ | $-6$ | $-7$ |

> **참고** 단항식은 다항식에 포함된다.

**(2) 일차식**

① 다항식의 차수는 **차수**가 가장 큰 항의 차수이다.

$$-x^3+2x+3 \ \Rightarrow \ \text{다항식의 차수: } 3$$

3차　1차　0차

② **일차식**: 차수가 1인 다항식 ➡ $ax+b$의 꼴 (단, $a$, $b$는 상수, $a \neq 0$)

> **주의** $\dfrac{1}{x}$, $\dfrac{x}{y}$와 같이 분모에 문자가 있는 식은 일차식이 아니다.

---

### 다항식

**01** 다음 다항식에서 항을 모두 구하시오.

(1) $a+b-1$

_______________________

(2) $x^2-xy+y$

_______________________

**02** 다음 중 단항식을 모두 찾아 ○표를 하시오.

(1)

$$\dfrac{y-1}{x} \qquad -7 \qquad 5-x \qquad x^2 \qquad xy^2$$

(2)

$$0.5x-1 \qquad \dfrac{ab}{2} \qquad b^2-a \qquad 0 \qquad \dfrac{x^2+y^2}{xy}$$

**03** 다음 표를 완성하시오.

(1)

|  | $-5x+9y$ | $7x-3y+\dfrac{4}{3}$ |
|---|---|---|
| 항 |  |  |
| 상수항 |  |  |
| $x$의 계수 |  |  |
| $y$의 계수 |  |  |

(2)

|  | $4x^2+2x-3$ | $10x^2+\dfrac{1}{2}$ |
|---|---|---|
| 항 |  |  |
| 상수항 |  |  |
| $x^2$의 계수 |  |  |
| $x$의 계수 |  |  |

### 다항식의 차수

**04** 다음 다항식의 차수를 구하시오.

(1) $-2x^2+3x+5$

_______________

**풀이** $-2x^2$의 차수는 ☐, $3x$의 차수는 ☐, $5$의 차수는 ☐이다.

따라서 차수가 가장 큰 항은 ☐이므로 다항식의 차수는 ☐이다.

(2) $-7a+b^3+4$

_______________

(3) $\dfrac{3x}{8}-6$

_______________

(4) $\dfrac{x^3}{2}+5xy$

_______________

(5) $-9-y+3y^2$

_______________

### 일차식

**05** 다음 중 일차식인 것에는 ◯표, 일차식이 <u>아닌</u> 것에는 ✕표를 쓰시오.

(1) $-b+3$

_______________

(2) $-5x^2+x+2$

_______________

(3) $0.2x+\dfrac{1}{4}$

_______________

(4) $\dfrac{2}{x}-x$

_______________

(5) $0.1a+4$

_______________

**학교 시험 바로 맛보기**

**06** 다음 중 다항식 $\dfrac{x^2}{3}-4x-1$에 대한 설명으로 옳은 것은?

① 항은 $\dfrac{x^2}{3}$, $4x$, $1$이다.
② 상수항은 $1$이다.
③ $x$의 계수는 $4$이다.
④ $x^2$의 계수는 $3$이다.
⑤ 다항식의 차수는 $2$이다.

# 일차식과 수의 곱셈, 나눗셈

**(1) 단항식과 수의 곱셈**

수끼리 곱하여 문자 앞에 쓴다.

예 $4x \times 2 = 4 \times x \times 2$
$= 4 \times 2 \times x$
$= 8x$

**(2) 단항식과 수의 나눗셈**

나누는 수의 역수를 곱한다.

예 $6x \div \dfrac{2}{3} = 6 \times x \times \dfrac{3}{2}$
$= 6 \times \dfrac{3}{2} \times x$
$= 9x$

**(3) 일차식과 수의 곱셈**

분배법칙을 이용하여 일차식의 각 항에 수를 곱한다.

예 $3(2a+4) = 3 \times 2a + 3 \times 4$
$= 6a + 12$

**(4) 일차식과 수의 나눗셈**

일차식의 각 항에 나누는 수의 역수를 분배법칙을 이용하여 곱한다.

예 $(6x+3) \div 3 = (6x+3) \times \dfrac{1}{3}$
$= 6x \times \dfrac{1}{3} + 3 \times \dfrac{1}{3}$
$= 2x + 1$

---

## (단항식)×(수)

**01** 다음 식을 간단히 하시오.

(1) $-4x \times 5$

풀이 $-4x \times 5 = \boxed{\phantom{0}} \times x \times \boxed{\phantom{0}}$
$= \boxed{\phantom{0}} \times \boxed{\phantom{0}} \times x = \boxed{\phantom{0}}$

(2) $6y \times (-2)$

(3) $4 \times (-3x)$

(4) $-14 \times (-y)$

**02** 다음 식을 간단히 하시오.

(1) $6x \times \dfrac{7}{3}$

풀이 $6x \times \dfrac{7}{3} = \boxed{\phantom{0}} \times x \times \boxed{\phantom{0}}$
$= \boxed{\phantom{0}} \times \boxed{\phantom{0}} \times x = \boxed{\phantom{0}}$

(2) $12 \times \dfrac{5}{4}x$

(3) $-\dfrac{3}{7} \times 28y$

(4) $-0.5a \times (-6)$

## (단항식)÷(수)

**03** 다음 식을 간단히 하시오.

(1) $24x \div 4$

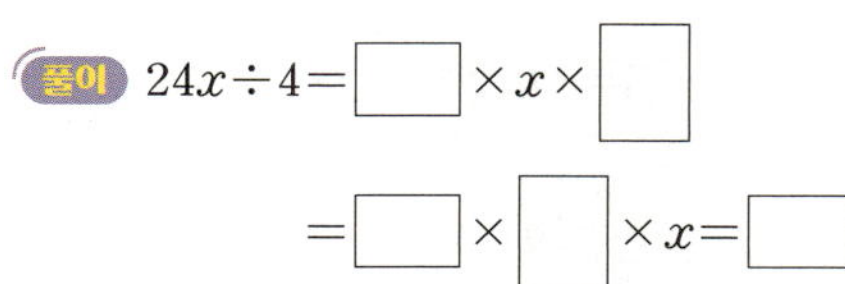

$$\text{풀이} \quad 24x \div 4 = \boxed{\phantom{0}} \times x \times \boxed{\phantom{0}}$$
$$= \boxed{\phantom{0}} \times \boxed{\phantom{0}} \times x = \boxed{\phantom{0}}$$

(2) $-32y \div 8$

(3) $48a \div (-6)$

(4) $-16b \div (-2)$

**04** 다음 식을 간단히 하시오.

(1) $15b \div \dfrac{5}{7}$

$$\text{풀이} \quad 15b \div \dfrac{5}{7} = \boxed{\phantom{0}} \times b \times \boxed{\phantom{0}}$$
$$= \boxed{\phantom{0}} \times \boxed{\phantom{0}} \times b = \boxed{\phantom{0}}$$

(2) $7x \div \dfrac{1}{9}$

(3) $\left(-\dfrac{3}{4}a\right) \div \dfrac{3}{2}$

(4) $(-32y) \div \left(-\dfrac{1}{4}\right)$

## (일차식)×(수)

**05** 다음을 계산하시오.

(1) $2(3x+4)$

$$\text{풀이} \quad 2(3x+4) = \boxed{\phantom{0}} \times 3x + \boxed{\phantom{0}} \times 4$$
$$= \boxed{\phantom{0}}x + \boxed{\phantom{0}}$$

(2) $-5(2x-9)$

(3) $(2a-4) \times 3$

$$\text{풀이} \quad (2a-4) \times 3 = 2a \times \boxed{\phantom{0}} - 4 \times \boxed{\phantom{0}}$$
$$= \boxed{\phantom{0}}a - \boxed{\phantom{0}}$$

(4) $(-3+2x) \times (-5)$

**06** 다음을 계산하시오.

(1) $\dfrac{5}{3}(9-6y)$

(2) $\dfrac{1}{2}(-2x-4)$

(3) $(16x+28)\times\left(-\dfrac{1}{4}\right)$

(4) $10\left(\dfrac{1}{2}-3x\right)$

(5) $0.2(5+10y)$

(6) $-5\left(4x-\dfrac{2}{5}\right)$

(7) $\left(\dfrac{3}{4}y-\dfrac{5}{6}\right)\times12$

**(일차식)÷(수)**

**07** 다음을 계산하시오.

(1) $(10x+25)\div5$

> 풀이 $(10x+25)\div5=(10x+25)\times\boxed{\phantom{0}}$
> $\phantom{(10x+25)\div5}=10x\times\boxed{\phantom{0}}+25\times\boxed{\phantom{0}}$
> $\phantom{(10x+25)\div5}=\boxed{\phantom{0}}\,x+\boxed{\phantom{0}}$

(2) $(12x-6)\div3$

(3) $(8x-4)\div(-4)$

(4) $(6x+9)\div(-3)$

(5) $(-10a+5)\div15$

(6) $(-6x-42)\div6$

**08** 다음을 계산하시오.

(1) $(5x+15) \div \dfrac{5}{3}$

    **풀이** $(5x+15) \div \dfrac{5}{3} = (5x+15) \times \boxed{\phantom{0}}$

$$= 5x \times \boxed{\phantom{0}} + 15 \times \boxed{\phantom{0}}$$

$$= \boxed{\phantom{0}}\, x + \boxed{\phantom{0}}$$

(2) $\left(x+\dfrac{1}{4}\right) \div \dfrac{1}{4}$

(3) $\left(\dfrac{3}{2}a - \dfrac{6}{5}\right) \div 3$

(4) $\left(-14x - \dfrac{5}{6}\right) \div \dfrac{10}{3}$

(5) $(1.2x - 2.4) \div \dfrac{1}{10}$

(6) $\left(\dfrac{5}{8}x + \dfrac{1}{4}\right) \div \left(-\dfrac{3}{4}\right)$

**09** 다음을 계산하시오.

(1) $4(6y-9) \div 3$

    **풀이** $4(6y-9) \div 3$

$$= \left(4 \times \boxed{\phantom{0}} - 4 \times \boxed{\phantom{0}}\right) \times \boxed{\phantom{0}}$$

$$= \left(\boxed{\phantom{0}}\, y - \boxed{\phantom{0}}\right) \times \boxed{\phantom{0}}$$

$$= \boxed{\phantom{0}}\, y - \boxed{\phantom{0}}$$

(2) $-\dfrac{1}{2}(4x-12) \div 3$

(3) $-5(y+1) \div \dfrac{1}{2}$



**10** 다음 중 옳지 <u>않은</u> 것은?

① $-3x \times 4 = -12x$

② $6x \times \left(-\dfrac{5}{6}\right) = -5x$

③ $\dfrac{3}{4} \times (-12y) = -9y$

④ $(-2y) \div \left(-\dfrac{1}{2}\right) = y$

⑤ $\dfrac{2}{3}a \div \left(-\dfrac{1}{9}\right) = -6a$

# 동류항과 그 계산

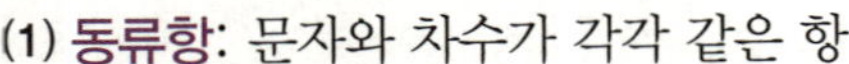

(1) **동류항**: 문자와 차수가 각각 같은 항
   참고 상수항끼리는 모두 동류항이다.
(2) **동류항의 계산**: 동류항끼리 모은 후 분배법칙을 이용하여 간단히 한다.
   예 $4a+1-2a+5=4a-2a+1+5=(4-2)a+(1+5)=2a+6$

---

### 동류항

**01** 다음 표를 완성하고, 알맞은 것에 ○표를 하시오.

(1)

|      | $2x$ | $5y$ |
|------|------|------|
| 문자 | $x$  |      |
| 차수 |      | 1    |

➡ $2x$와 $5y$는 동류항 ( 이다 , 아니다 ).

(2)

|      | $-\dfrac{3}{4}x$ | $4x$ |
|------|------|------|
| 문자 |      |      |
| 차수 |      |      |

➡ $-\dfrac{3}{4}x$와 $4x$는 동류항 ( 이다 , 아니다 ).

**02** 다음 |보기|의 다항식 중에서 $-3x$와 동류항이 있는 것을 모두 고르시오.

| 보기 |
ㄱ. $x-3$　　　　ㄴ. $12y-3$
ㄷ. $y-3x^2$　　　ㄹ. $y+5x$
ㅁ. $0.2x^2-x$　　ㅂ. $8-x^3$

**03** 다음 식에서 동류항을 모두 찾아 짝 지으시오.

(1) $2x-1+3x+4$

___________________

풀이 항 $2x$와 $3x$에서 문자는 $\boxed{\phantom{x}}$이고, 차수는 $\boxed{\phantom{x}}$이므로 $2x$와 $\boxed{\phantom{x}}$는 $\boxed{\phantom{x}}$이다.
상수항끼리는 모두 동류항이므로 $-1$과 $\boxed{\phantom{x}}$는 동류항이다.

(2) $-5x+y+x$

___________________

(3) $x^2+\dfrac{1}{3}y+x-y$

___________________

(4) $\dfrac{3}{4}a-\dfrac{3}{4}+3b+a-\dfrac{1}{b}+9$

___________________

**04** 다음 식을 간단히 하시오.

(1) $3x+8x$

_______________

**풀이** $3x+8x=(3+\boxed{\phantom{0}})x=\boxed{\phantom{00}}$

(2) $-9a+8a$

_______________

(3) $4x+13x$

_______________

(4) $-11y+7y$

_______________

(5) $-4x+2x+5x$

_______________

(6) $4x+11x+9x$

_______________

(7) $a-2a+3a$

_______________

**05** 다음 식을 간단히 하시오.

(1) $5x-9x$

_______________

(2) $7y-2y$

_______________

(3) $x-6x$

_______________

(4) $-4a-5a$

_______________

(5) $\dfrac{2}{3}y-\dfrac{1}{2}y-\dfrac{1}{6}y$

_______________

**학교 시험 바로 맛보기**

**06** 다음 중 동류항끼리 짝 지어진 것은?

① $x^2,\ -y^2$　　② $3a,\ -2a^2$　　③ $4,\ -\dfrac{1}{5}$

④ $\dfrac{x}{2},\ \dfrac{2}{x}$　　⑤ $6a,\ 6b$

# 일차식의 덧셈과 뺄셈

일차식의 덧셈과 뺄셈은 괄호가 있으면 분배법칙을 이용하여 괄호를 푼 후 동류항끼리 모아서 계산한다.

**(1) 일차식의 덧셈**

예 $(2x+1)+(x+4)$
$=2x+x+1+4$
$=3x+5$

**(2) 일차식의 뺄셈**

예 $(3x+1)-(2x+5)$
$=3x+1-2x-5$
$=3x-2x+1-5$
$=x-4$

## 일차식의 덧셈과 뺄셈

**01** 다음 식을 간단히 하시오.

(1) $7a+5+4a+8$

풀이 $7a+5+4a+8$
$=(7a+\boxed{\phantom{0}})+(5+\boxed{\phantom{0}})$
$=\boxed{\phantom{0}}a+\boxed{\phantom{0}}$

(2) $2x-4-3-5x$

(3) $6x-4+2x+9$

(4) $-6+5b-7-11b$

(5) $\dfrac{2}{3}y-3+\dfrac{1}{6}y+8$

**02** 다음 식을 계산하시오.

(1) $11y+(-5y-20)$

(2) $(2y+1)+(y-3)$

(3) $(5a+9)+(-6a-3)$

(4) $2(x+4)+(4x-3)$

(5) $(3x-2+x)+(-8x-7)$

## 03 다음 식을 계산하시오.

(1) $(5a+3)-(7a+2)$

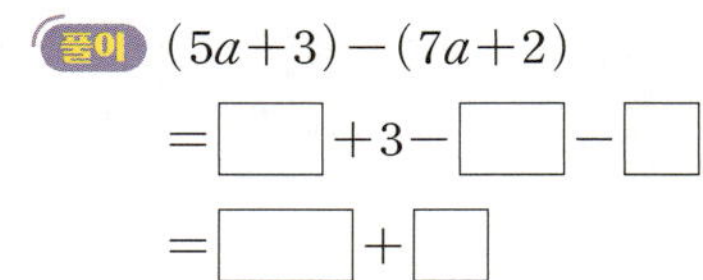

$(5a+3)-(7a+2)$
$=\boxed{\phantom{0}}+3-\boxed{\phantom{0}}-\boxed{\phantom{0}}$
$=\boxed{\phantom{0}}+\boxed{\phantom{0}}$

(2) $(4x-3)-(5x-6)$

(3) $(-2x+5)-(4x-3)$

(4) $(-9a-7)-(-5a-8)$

(5) $-(3x+1)-(-4x+5)$

(6) $3(-2a+9)-4(-3a-2)$

## 04 다음 식을 계산하시오.

(1) $4\left(x-\dfrac{1}{2}\right)+\dfrac{1}{3}(3x+9)$

풀이 $4\left(x-\dfrac{1}{2}\right)+\dfrac{1}{3}(3x+9)$
$=\boxed{\phantom{0}}-2+\boxed{\phantom{0}}+3$
$=\boxed{\phantom{0}}+\boxed{\phantom{0}}$

(2) $12\left(\dfrac{1}{4}a-\dfrac{1}{3}\right)-\dfrac{1}{4}(8a-4)$

(3) $\dfrac{1}{2}(4x-6)-\dfrac{2}{3}(-18x+6)$

학교 시험 바로 맛보기

## 05 다음 중 옳지 <u>않은</u> 것은?

① $(4x-1)+(3x-2)=7x-3$

② $(-2x-5)+2(4x-3)=6x-11$

③ $(5x-3)-(2x+3)=3x-6$

④ $(6x+2)-2(2x-1)=2x$

⑤ $\dfrac{1}{3}(3x-9)-4(x+1)=-3x-7$

# 여러 가지 일차식의 덧셈과 뺄셈

**(1) 분수 꼴인 일차식의 덧셈과 뺄셈**

분모의 최소공배수로 통분한 후 동류항끼리 모아서 계산한다.

예 $\dfrac{x+1}{2}+\dfrac{2x-1}{3}=\dfrac{3(x+1)}{6}+\dfrac{2(2x-1)}{6}=\dfrac{3x+3+4x-2}{6}=\dfrac{7x+1}{6}$

분모의 최소공배수로 통분

**(2) 괄호가 여러 개인 일차식의 덧셈과 뺄셈**

(소괄호) ➡ {중괄호} ➡ [대괄호] 순으로 괄호를 풀고 계산한다.

이때 괄호 앞의 부호에 주의한다.

---

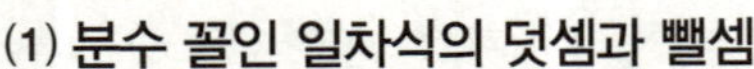

**분수 꼴인 일차식의 덧셈과 뺄셈**

**01** 다음 식을 계산하시오.

(1) $\dfrac{x+1}{4}+\dfrac{x-1}{2}$

풀이 $\dfrac{x+1}{4}+\dfrac{x-1}{2}=\dfrac{x+1+\boxed{\phantom{0}}(x-1)}{4}$

$=\dfrac{x+1+\boxed{\phantom{0}}x-\boxed{\phantom{0}}}{4}$

$=\boxed{\phantom{0000}}$

(2) $\dfrac{3x+1}{2}+\dfrac{x-5}{3}$

(3) $\dfrac{5x-2}{7}+\dfrac{2x+1}{2}$

(4) $\dfrac{4x+9}{5}+\dfrac{-2x-7}{4}$

(5) $\dfrac{2x-3}{5}-\dfrac{3x-2}{3}$

(6) $\dfrac{4x+1}{3}-\dfrac{5x-2}{7}$

(7) $\dfrac{1}{12}(3x+4)-\dfrac{1}{6}(5x-3)$

### 괄호가 여러 개인 일차식의 덧셈과 뺄셈

**02** 다음 식을 계산하시오.

(1) $a+\{2-3(a-1)\}$

(2) $3(x+1)-\{2x+(1-4x)\}$

(3) $-2x+\{3x-5-2(x+6)\}$

(4) $-x-[6-\{3(2x+1)-(x+7)\}]$

(5) $10x-[(x+10)-\{4x-(7x+20)\}]$

(6) $-5[y+(y-2)-\{3+4(y-4)\}]+y$

### □ 안의 식 구하기

**교과서 UP**

**03** 다음 □ 안에 알맞은 식을 구하시오.

(1) $\boxed{\phantom{xxx}}+(x-2)=-5x+8$

**풀이** $\square=-5x+8-(x-2)$

$=-5x+8-x+\boxed{\phantom{x}}$

$=\boxed{\phantom{x}}+\boxed{\phantom{x}}$

(2) $(x+4)+\boxed{\phantom{xxx}}=2x-1$

(3) $\boxed{\phantom{xxx}}-(2x+1)=-x+1$

### 학교 시험 바로 맛보기

**04** 다음 식을 계산하시오.

$$\frac{5x-8}{3}+\frac{-9x+4}{2}$$

# 기본기 탄탄 문제   개념 28~34

**1** 다음 중 문자를 사용하여 나타낸 식으로 옳지 <u>않은</u> 것은?

① 5자루에 $x$원인 연필 8자루의 가격 ➡ $\dfrac{8x}{5}$원

② 낮의 길이가 $m$시간인 날의 밤의 길이 ➡ $(24-m)$시간

③ 시속 $y$km로 달리는 자동차가 4시간 동안 이동한 거리
➡ $4y$ km

④ 한 변의 길이가 $k$ cm인 정육각형의 둘레의 길이
➡ $6k$ cm

⑤ 정가가 4000원인 물건을 $a\%$ 할인한 가격
➡ $(4000-400a)$원

**2** $x=\dfrac{2}{3}$, $y=-\dfrac{1}{4}$일 때, $\dfrac{4}{x}-\dfrac{3}{y}$의 값을 구하시오.

**3** 다음 중 일차식을 모두 고르면? (정답 2개)

① $1+\dfrac{1}{x}$　　② $x+3x^2$　　③ $\dfrac{x}{4}-5$

④ $0\times x-7$　　⑤ $\dfrac{x-2}{9}$

**4** $-4(2y+3)\div\dfrac{2}{3}$를 간단히 하면 $ay+b$일 때, 상수 $a$, $b$에 대하여 $a-b$의 값을 구하시오.

**5** 다음 중 옳은 것은?

① $3a-7a=4a$

② $b-2b+12b=-11b$

③ $a+5b=6ab$

④ $x+\dfrac{1}{3}+2x-\dfrac{4}{3}=3x-1$

⑤ $y+1+\dfrac{1}{4}y=\dfrac{9}{4}y$

**6** 다음 식을 계산했을 때, $x$의 계수와 상수항의 곱을 구하시오.

$$3(x-1)-\dfrac{3}{2}(4x-6)$$

**7** 어떤 다항식에 $2x-3$을 더해야 할 것을 잘못하여 뺐더니 $-3x-5$가 되었다. 다음 물음에 답하시오.

(1) 어떤 다항식을 구하시오.

(2) 바르게 계산한 식을 구하시오.

# 4. 일차방정식


개념 **35** 방정식과 그 해

개념 **36** 항등식

개념 **37** 등식의 성질

개념 **38** 이항 / 일차방정식

개념 **39** 일차방정식의 풀이

개념 **40** 여러 가지 일차방정식의 풀이 (1)

개념 **41** 여러 가지 일차방정식의 풀이 (2)

개념 **42** 방정식의 해가 주어지는 경우

● **기본기 탄탄 문제**

개념 **43** 일차방정식의 활용 (1) – 수

개념 **44** 일차방정식의 활용 (2)

개념 **45** 일차방정식의 활용 (3) – 속력

● **기본기 탄탄 문제**

# 방정식과 그 해

**(1) 등식**: 등호를 사용하여 나타낸 식

> 예 · 등식: $1+2=3$, $5x+1=3$, $5-5=0$, $\cdots$
>
> · 등식이 아닌 식: $x+y$, $2x-5>3$, $x-2y<3$, $\cdots$

**(2) 문장을 등식으로 나타내기**

문장에서 좌변과 우변에 해당하는 식을 구한 후, 등호($=$)를 사용하여 나타낸다.

> 예 $\underset{2x}{x\text{의 } 2\text{배는}}\ \underset{6}{6\text{과}}\ \underset{=}{\text{같다.}}$ ➡ $2x=6$

**(3) 방정식**: **미지수**의 값에 따라 참이 되기도 하고 거짓이 되기도 하는 등식

등식 $2x+1=x+3$에서

| $x$ | 좌변 | 우변 | 참, 거짓 |
|:---:|:---:|:---:|:---:|
| 1 | $2\times1+1=3$ | $1+3=4$ | 거짓 |
| 2 | $2\times2+1=5$ | $2+3=5$ | 참 |
| 3 | $2\times3+1=7$ | $3+3=6$ | 거짓 |

➡ $2x+1=x+3$은 방정식이고, $x=2$는 이 방정식의 **해(근)**이다.

---

### 등식

**01** 다음 중 등식인 것에는 ○표, 등식이 <u>아닌</u> 것에는 ×표를 쓰시오.

(1) $2+3=5$

(2) $-2x+3$

(3) $x-4\geq9$

(4) $4x-1=17$

(5) $6x+4x=10x$

### 문장을 등식으로 나타내기

**02** 다음 문장을 등식으로 나타내시오.

(1) 어떤 수 $x$의 2배에 5를 더하면 7과 같다.

(2) 고모의 나이 $x$세에서 수아의 나이 3세를 빼면 30세이다.

(3) 한 권에 850원인 공책 $x$권과 한 자루에 500원인 볼펜 3자루의 값은 4900원이다.

(4) 가로의 길이가 $6\,\text{cm}$, 세로의 길이가 $x\,\text{cm}$인 직사각형의 넓이는 $42\,\text{cm}^2$이다.

### 방정식의 해

**03** 다음 중 $x=2$일 때, 참인 것에는 ○표, 거짓인 것에는 ×표를 쓰시오.

(1) $3x=0$

(2) $4x-1=7$

(3) $-5x-5=-15$

(4) $2(x-1)=5x-7$

(5) $\dfrac{x}{2}=1$

(3) $3x=2x+1$　$[\,0\,]$

(4) $1-\dfrac{1}{3}x=-1$　$[\,6\,]$

(5) $-(x+1)=2$　$[\,-3\,]$

(6) $7x-8=9x-10$　$[\,-2\,]$

(7) $2x+1=2(x+1)-1$　$[\,3\,]$

**04** 다음 중 $[\quad]$ 안의 수가 방정식의 해인 것에는 ○표, <u>아닌</u> 것에는 ×표를 쓰시오.

(1) $x+1=0$　$[\,-1\,]$

> **풀이** $x+1=0$에 $x=-1$을 대입하면
> $\boxed{\phantom{00}}+1=\boxed{\phantom{00}}$이므로
> $x=-1$은 방정식의 ( 해이다 , 해가 아니다 ).

(2) $5-x=-3$　$[\,2\,]$

🥕 학교 시험 **바로** 맛보기

**05** 다음 문장을 등식으로 나타내면?

> 어떤 수 $x$의 3배에서 5를 뺀 것은 어떤 수 $x$에 1을 더한 수의 2배와 같다.

① $3x+5=2(x-1)$　② $3x-5=2x+1$
③ $3x-5=2(x+1)$　④ $3(x-5)=2x+1$
⑤ $3(x-5)=2(x+1)$

등식 $x+3x=4x$에서

| $x$ | 좌변 | 우변 | 참, 거짓 |
|---|---|---|---|
| 1 | $1+3\times1=4$ | $4\times1=4$ | 참 |
| 2 | $2+3\times2=8$ | $4\times2=8$ | 참 |
| 3 | $3+3\times3=12$ | $4\times3=12$ | 참 |
| ⋮ | ⋮ | ⋮ | ⋮ |

➡ $x+3x=4x$는 **항등식**이다.

> **항등식**
> (좌변)＝(우변)
> ($0\times x=0$의 꼴)

• 정답 및 해설 021쪽

### 항등식

**01** 다음 등식 중 방정식인 것에는 '방', 항등식인 것에는 '항'을 쓰시오.

(1) $3x=6$

_____________

(2) $x+2=2+x$

_____________

(3) $5x+3x=8x$

_____________

(4) $4(x-1)=16$

_____________

(5) $2(x+1)=2x+2$

_____________

### 항등식이 되기 위한 조건

**02** 다음 등식이 $x$에 대한 항등식일 때, 상수 $a$, $b$의 값을 각각 구하시오.

(1) $2x+b=ax+1$

$a=\boxed{\phantom{0}}$, $b=\boxed{\phantom{0}}$

(2) $ax-7=5x+b$

_____________

(3) $1-ax=x+b$

_____________

◀●●●● 학교 시험 **바로** 맛보기 ────

**03** 다음 중 $x$의 값에 관계없이 항상 참이 되는 등식은?

① $3x-4=4-3x$
② $7x-3=4x$
③ $-(x-2)=x-2$
④ $6x-5=4(x+1)$
⑤ $5x+2=x+2(2x+1)$

# 등식의 성질

**(1) 등식의 성질**

① 등식의 양변에 같은 수를 더하여도 등식은 성립한다. ➡ $a=b$이면 $a+c=b+c$이다.

② 등식의 양변에서 같은 수를 빼어도 등식은 성립한다. ➡ $a=b$이면 $a-c=b-c$이다.

③ 등식의 양변에 같은 수를 곱하여도 등식은 성립한다. ➡ $a=b$이면 $ac=bc$이다.

④ 등식의 양변을 0이 아닌 같은 수로 나누어도 등식은 성립한다. ➡ $a=b$이고 $c\neq0$이면 $\dfrac{a}{c}=\dfrac{b}{c}$이다.

**(2) 등식의 성질을 이용한 방정식의 풀이**

등식의 성질을 이용하여 주어진 방정식을 $x=$(수)의 꼴로 바꾸어 해를 구한다.

• 정답 및 해설 021쪽

**등식의 성질**

**01** $a=b$일 때, □ 안에 알맞은 것을 쓰시오.

(1) $a+\boxed{\phantom{x}}=b+2$

(2) $a-m=b-\boxed{\phantom{x}}$

(3) $a\div5=b\div\boxed{\phantom{x}}$

(4) $a+\boxed{\phantom{x}}=b+k$

(5) $\dfrac{a}{d}=\dfrac{b}{\boxed{\phantom{x}}}$ (단, $d\neq0$)

**02** 다음 중 옳은 것에는 ○표, 틀린 것에는 ✕표를 쓰시오.

(1) $a-11=b-11$이면 $a=b$이다.

__________

(2) $3a=3b$이면 $a=b$이다.

__________

(3) $x=y$이면 $-x+3=-y+3$이다.

__________

(4) $\dfrac{x}{3}=\dfrac{y}{5}$이면 $3x=5y$이다.

__________

(5) $x=2y$이면 $x-2=2(y-2)$이다.

__________

**등식의 성질을 이용한 방정식의 풀이**

**03** 다음은 등식의 성질을 이용하여 방정식의 해를 구하는 과정이다. □ 안에 알맞은 수를 쓰시오.

(1) $x-2=1$의 양변에 □를 더하면

$x-2+$□$=1+$□

$\therefore x=$□

(2) $\dfrac{x}{4}=12$의 양변에 □를 곱하면

$\dfrac{x}{4}\times$□$=12\times$□

$\therefore x=$□

(3) $4x=20$의 양변을 □로 나누면

$\dfrac{4x}{\Box}=\dfrac{20}{\Box}$

$\therefore x=$□

(4) $2x-1=3$의 양변에 □을 더하면

$2x-1+$□$=3+$□

$2x=$□의 양변을 2로 나누면

$\dfrac{2x}{2}=\dfrac{\Box}{\Box}$

$\therefore x=$□

(5) $3x+5=-7$의 양변에서 □를 빼면

$3x+5-$□$=-7-5$

$3x=$□의 양변을 3으로 나누면

$\dfrac{3x}{3}=\dfrac{\Box}{\Box}$

$\therefore x=$□

**04** 등식의 성질을 이용하여 다음 방정식을 푸시오.

(1) $7x+4=-24$

_______________

(2) $3x-8=4$

_______________

(3) $-\dfrac{3}{2}x=9$

_______________

(4) $-5x-4=6$

_______________

(5) $-\dfrac{2}{9}x+\dfrac{1}{3}=\dfrac{5}{3}$

_______________

**학교 시험 바로 맛보기**

**05** 다음 중 옳지 <u>않은</u> 것을 모두 고르면? (정답 2개)

① $\dfrac{a}{4}=b$이면 $a=4b$이다.

② $2a=3b$이면 $\dfrac{a}{2}=\dfrac{b}{3}$이다.

③ $a=b$이면 $a-5=b-5$이다.

④ $a=3b$이면 $a-3=3(b-3)$이다.

⑤ $a=-b$이면 $1-a=1+b$이다.

# 이항 / 일차방정식

**(1) 이항**

$+\blacksquare$를 이항하면 $-\blacksquare$이 되고, $-\blacksquare$를 이항하면 $+\blacksquare$이 된다.

예 $4x+1=2x-3$

부호 바꾸기

$4x-2x=-3-1$

주의 이항은 항 전체를 옮기는 것으로 계수만 옮기지 않는다.  예 $2x=10$에서 $x=10-2$ ( × )

**(2) 일차방정식**

우변의 모든 항을 좌변으로 이항하여 정리했을 때, (일차식)$=0$의 꼴이 되는 방정식을 일차방정식이라 한다.

이때 일차식이 $x$에 대한 식이면 이 방정식을 '$x$에 대한 일차방정식'이라 한다.

$$5x-1=9 \ \Rightarrow \ 5x-1-9=0 \ \Rightarrow \ 5x-10=0$$

이항　　　　　　(식)$=0$ 꼴

• 정답 및 해설 021쪽

## 이항

**01** 다음 등식에서 밑줄 친 항을 이항하시오.

(1) $x+2=6$

풀이 $x=6-\boxed{\phantom{0}}$

(2) $2x-6=-7$

(3) $x-3=2$

(4) $x=12-3x$

(5) $4x=-2x+6$

**02** 다음 방정식을 이항만을 이용하여 $ax=b\,(a>0)$의 꼴로 나타내시오.

(1) $3x+1=2x+3$

풀이 $3x+1=2x+3$에서 1과 $2x$를 이항하면

$3x-\boxed{\phantom{0}}=3-\boxed{\phantom{0}}$

$\therefore \boxed{\phantom{0}}=2$

(2) $5x-2=x+6$

(3) $5x+4=-x+3$

(4) $2x-9=-3x+4$

### 일차방정식

**03** 다음 중 일차방정식인 것에는 ○표, 일차방정식이 <u>아닌</u> 것에는 ✕표를 쓰시오.

(1) $3x-4=2x$

_______________

> **풀이** 우변의 항을 좌변으로 이항하면
> $$3x-4-\boxed{\phantom{0}}=0$$
> 동류항을 정리하면 $\boxed{\phantom{0}}=\boxed{\phantom{0}}$
> 따라서 일차방정식 ( 이다 , 아니다 ).

(2) $4x+7$

_______________

(3) $2x+5=3+2x$

_______________

(4) $-(x-9)=x-9$

_______________

(5) $x^2+2x+1=0$

_______________

(6) $x^2-3x+2=x^2$

_______________

(7) $0.5x+5=-0.3x-1.2$

_______________

### 일차방정식이 되기 위한 조건

**04** 다음 등식이 $x$에 대한 일차방정식이 되기 위한 상수 $a$의 조건을 구하시오.

(1) $ax-5=2x+3$

_______________

> **풀이** 우변의 항을 좌변으로 이항하면
> $$ax-\boxed{\phantom{0}}x-5-3=0$$
> $$\therefore (a-\boxed{\phantom{0}})x-8=0$$
> $x$에 대한 일차방정식이 되려면
> $$a-\boxed{\phantom{0}}\neq0 \quad \therefore a\neq\boxed{\phantom{0}}$$

(2) $2x+5=3+ax$

_______________

(3) $4x=ax-6$

_______________

(4) $ax-1=x+4$

_______________

### ●●●● 학교 시험 **바로** 맛보기

**05** 다음 |보기|에서 밑줄 친 항을 바르게 이항한 것을 모두 고르시오.

| 보기 |

ㄱ. $x-5=7 \Rightarrow x=7-5$

ㄴ. $2x=3x+4 \Rightarrow 2x-3x=4$

ㄷ. $-x+9=2x \Rightarrow -x-2x=9$

ㄹ. $6x-8=-4x+5 \Rightarrow 6x+4x=5+8$

# 일차방정식의 풀이

이항과 등식의 성질을 이용하여 일차방정식의 해를 구한다.

**예**
$$2x+3=9-x$$
$$2x+x=9-3 \quad \text{← } x\text{를 포함하는 항은 좌변, 상수항은 우변으로 이항하기}$$
$$3x=6 \quad \text{← 양변을 정리하여 } ax=b\,(a\neq0)\text{의 꼴로 나타내기}$$
$$\therefore \; x=2 \quad \text{← 양변을 } x\text{의 계수 } a\text{로 나누어 해 구하기}$$

**참고** 괄호가 있으면 분배법칙을 이용하여 괄호를 먼저 푼다.

• 정답 및 해설 022쪽

### 일차방정식의 풀이

**01** 다음 일차방정식을 푸시오.

(1) $x-4=2$

    **풀이** $x-4=2$
$$x=\boxed{\phantom{0}}+4$$
$$\therefore \; x=\boxed{\phantom{0}}$$

(2) $3x-4=8$

    **풀이** $3x-4=8$
$$3x=8+\boxed{\phantom{0}}$$
$$3x=\boxed{\phantom{0}}$$
$$\therefore \; x=\boxed{\phantom{0}}$$

(3) $-2x-1=-5$

(4) $10=-4x+6$

(5) $-6x=18$

(6) $5x=12+x$

(7) $10x-25=25$

(8) $9=-2x-3$

(9) $-x+7=-2$

(10) $x=5x+8$

**02** 다음 일차방정식을 푸시오.

(1) $2x+12=18+x$

______________________

풀이 미지수 $x$를 포함하는 항은 좌변, 상수항은 우변으로 이항

하면 $2x-\boxed{\phantom{0}}=18-\boxed{\phantom{0}}$

$\therefore\ x=\boxed{\phantom{0}}$

(2) $3x+12=-x$

______________________

(3) $x-8=-x$

______________________

(4) $x-6=2x+12$

______________________

(5) $3x+1=11-x$

______________________

(6) $5-10x=26-3x$

______________________

(7) $-x+4=3x-12$

______________________

(8) $-4x-1=x-3$

______________________

(9) $7x-2=4x-11$

______________________

(10) $15-7x=45-2x$

______________________

(11) $-6x+15=-8x-7$

______________________

(12) $-3x+69=-12x+6$

______________________

(13) $7x+7+x=6x-15$

______________________

### 괄호가 있는 일차방정식의 풀이

**03** 다음 일차방정식을 푸시오.

(1) $2(x-1)=4x$

---

> **풀이** 분배법칙을 이용하여 괄호를 풀면
>
> $2x-\boxed{\phantom{0}}=4x$
>
> $x$를 포함하는 항은 좌변, 상수항은 우변으로 이항하여 $ax=b$의 꼴로 만들면
>
> $\boxed{\phantom{0}}\,x=\boxed{\phantom{0}}$
>
> 양변을 $x$의 계수로 나누면 $x=\boxed{\phantom{0}}$

(2) $4(2x-1)=20$

---

(3) $5(x+2)=7x$

---

(4) $4(2x-1)=2x$

---

(5) $3(x-9)=x+7$

---

(6) $5x+3=2(x-3)$

---

(7) $-(9+7x)=-4x$

---

(8) $3(2x+1)=-2(5+2x)$

---

(9) $2(2x+3)+5=2x-7$

---

**학교 시험 바로 맛보기**

**04** 일차방정식 $-9x+4=x-6$을 풀면?

① $x=-2$  　② $x=-1$  　③ $x=0$

④ $x=1$  　⑤ $x=2$

**(1) 계수가 소수인 일차방정식의 풀이**

양변에 10, 100, 1000, ⋯ 중에서 적당한 수를 곱하여 계수를 정수로 만든 후 해를 구한다.

예  $0.2x+1=x+0.2$   양변에 10을 곱하기
$2x+10=10x+2$   이항하기
$2x-10x=2-10$   $ax=b$의 꼴로 나타내기
$-8x=-8$   양변을 $x$의 계수로 나누기
$\therefore\ x=1$

**(2) 계수가 분수인 일차방정식의 풀이**

양변에 분모의 최소공배수를 곱하여 계수를 정수로 만든 후 해를 구한다.

예  $\dfrac{1}{2}x+3=\dfrac{1}{3}x-1$   양변에 분모의 최소공배수인 6을 곱하기
$3x+18=2x-6$   이항하기
$3x-2x=-6-18$   $ax=b$의 꼴로 나타낸 후 해 구하기
$\therefore\ x=-24$

---

### 계수가 소수인 일차방정식의 풀이

**01** 다음 일차방정식을 푸시오.

(1) $0.3x+1=0.4$

_______________

풀이  양변에 10을 곱하면 $3x+\boxed{\phantom{0}}=4$

$3x=\boxed{\phantom{0}}$   $\therefore\ x=\boxed{\phantom{0}}$

(2) $0.2x+1=0.3x$

_______________

(3) $-0.4x+0.4=-0.8$

_______________

**02** 다음 일차방정식을 푸시오.

(1) $0.08x+0.2=0.04x$

_______________

풀이  양변에 100을 곱하면 $8x+\boxed{\phantom{0}}=4x$

이항하여 $ax=b$의 꼴로 정리하면

$\boxed{\phantom{0}}x=\boxed{\phantom{0}}$   $\therefore\ x=\boxed{\phantom{0}}$

(2) $0.02x-0.05=0.15$

_______________

(3) $0.07x-0.1=0.05x+0.12$

_______________

## 03 다음 일차방정식을 푸시오.

(1) $0.1x + 2.2 = 1$

(2) $0.45x = 0.3x + 3$

(3) $0.01x + 0.06 = 0.08$

(4) $0.3x - 0.2 = -1.2$

(5) $0.16 = 0.15x + 0.3$

(6) $-0.5x = 8 + 0.3x$

(7) $0.03x + 0.27 = 0.45$

## 04 다음 일차방정식을 푸시오.

(1) $0.08(x+1) = 0.03(x+3)$

(2) $0.9 - 0.4(x-3) = 0.5$

(3) $0.1(3x-1) = 0.15x + 2$

(4) $1.1x + 2.7 = 0.3(3x+8)$

(5) $0.3(2x-3) = 0.1x + 0.6$

(6) $0.2(3x+4) = -(0.3x+2.8)$

(7) $0.25(x+5) = 1.5x + 0.5$

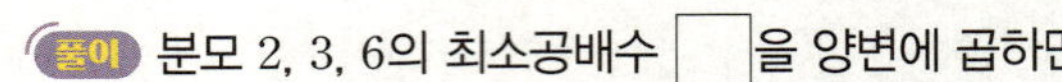

**계수가 분수인 일차방정식의 풀이**

**05** 다음 일차방정식을 푸시오.

(1) $\dfrac{1}{4}x+\dfrac{1}{8}=\dfrac{5}{8}$

> **풀이** 분모 4, 8의 최소공배수 $\square$을 양변에 곱하면
> $\square x+\square=\square$, $\square x=\square$
> $\therefore x=\square$

(2) $\dfrac{2}{5}x-1=-\dfrac{1}{2}$

(3) $\dfrac{1}{3}x-\dfrac{1}{2}=\dfrac{1}{2}x$

(4) $\dfrac{1}{2}x+1=\dfrac{3}{4}x$

(5) $\dfrac{2}{7}x-1=\dfrac{1}{6}x$

**06** 다음 일차방정식을 푸시오.

(1) $\dfrac{1}{2}x-\dfrac{1}{3}=\dfrac{1}{6}$

> **풀이** 분모 2, 3, 6의 최소공배수 $\square$을 양변에 곱하면
> $\square x-\square=\square$
> $\square x=\square$
> $\therefore x=\square$

(2) $\dfrac{5}{3}x=\dfrac{1}{2}x+\dfrac{7}{4}$

(3) $\dfrac{2}{5}x=\dfrac{7}{10}x-\dfrac{3}{4}$

(4) $\dfrac{x}{4}-\dfrac{5}{6}=\dfrac{2}{3}x$

(5) $\dfrac{3}{4}x+\dfrac{7}{3}=\dfrac{x}{6}$

**07** 다음 일차방정식을 푸시오.

(1) $\dfrac{7}{10}x - \dfrac{4}{5} = -\dfrac{x}{5} + 1$

(2) $\dfrac{2}{3} - \dfrac{10}{9}x = 3 - \dfrac{1}{3}x$

(3) $\dfrac{1}{3} - \dfrac{1}{4}x = \dfrac{1}{2}x + \dfrac{13}{12}$

(4) $\dfrac{x}{6} - 1 = \dfrac{x}{10} + \dfrac{1}{3}$

(5) $\dfrac{3}{5}x - 1 = -\dfrac{x}{15} - 3$

(6) $\dfrac{6}{5}x - \dfrac{21}{10} = \dfrac{3}{10}x + \dfrac{12}{5}$

(7) $\dfrac{3}{5}x + \dfrac{1}{2} = \dfrac{1}{4}x - 3$

**08** 다음 일차방정식을 푸시오.

(1) $\dfrac{x-6}{3} = \dfrac{x+2}{2}$

(2) $\dfrac{2x-1}{2} = \dfrac{x+1}{4}$

(3) $\dfrac{2-x}{3} = \dfrac{3x-1}{6}$

(4) $\dfrac{4-x}{4} + \dfrac{2x-5}{3} = 1$

(5) $\dfrac{x}{6} - 2 = \dfrac{x+2}{3}$

 학교 시험 **바로** 맛보기

**09** 일차방정식 $1.4x + 0.2 = 0.5(x+4)$를 풀면?

① $x = -3$ ② $x = -2$ ③ $x = 1$
④ $x = 2$ ⑤ $x = 3$

# 여러 가지 일차방정식의 풀이(2)

**계수가 소수와 분수가 혼합된 일차방정식의 풀이**

예) $0.5 - \dfrac{1}{2}(x-2) = 0$의 풀이

**방법1**

$0.5 - \dfrac{1}{2}(x-2) = 0$ ← 계수를 모두 분수로 고친다.

$\dfrac{1}{2} - \dfrac{1}{2}(x-2) = 0$ ← 양변에 분모의 최소공배수 2를 곱한다.

$1 - (x-2) = 0$

$1 - x + 2 = 0$

$\therefore x = 3$

**방법2**

$0.5 - \dfrac{1}{2}(x-2) = 0$ ← 계수를 모두 소수로 고친다.

$0.5 - 0.5(x-2) = 0$ ← 양변에 10을 곱한다.

$5 - 5(x-2) = 0$

$5 - 5x + 10 = 0$

$-5x = -15$

$\therefore x = 3$

• 정답 및 해설 025쪽

**계수가 소수와 분수가 혼합된 일차방정식의 풀이**

**01** 다음 일차방정식을 푸시오.

(1) $0.2x - \dfrac{1}{5} = 0.4$

_______________________

**풀이** 계수를 모두 분수로 고치면

$\boxed{\phantom{0}}\,x - \dfrac{1}{5} = \boxed{\phantom{0}}$

양변에 분모의 최소공배수 $\boxed{\phantom{0}}$ 를 곱하면

$\boxed{\phantom{0}} - 1 = \boxed{\phantom{0}}$　　$\therefore x = \boxed{\phantom{0}}$

(2) $\dfrac{1}{4}x - 0.8 = \dfrac{1}{5}$

_______________________

(3) $\dfrac{5}{2}x - 3 = 1.6x + \dfrac{3}{5}$

_______________________

(4) $\dfrac{2x+4}{3} - 1.5 = 0.5x$

_______________________

**02** 다음 일차방정식을 푸시오.

(1) $0.3x - \dfrac{1}{5}(x+2) = 0$

_______________________

(2) $\dfrac{x}{2} - 0.1x = -0.5(x-6)$

_______________________

(3) $0.3(x+1) - \dfrac{1}{5}(x-1) = 1.2$

_______________________

**학교 시험 바로 맛보기**

**03** 일차방정식 $\dfrac{x}{5} - \dfrac{x-3}{2} = 0.1$의 해를 구하면?

① $x = \dfrac{10}{3}$　　② $x = 4$　　③ $x = \dfrac{14}{3}$

④ $x = \dfrac{16}{3}$　　⑤ $x = 6$

방정식의 해가 주어진 경우, 방정식에 해를 대입하여 미지수를 구한다.

예 $x+a=4$의 해가 $x=2$일 때, 상수 $a$의 값 구하기

$x=2$를 $x+a=4$에 대입하면 $2+a=4$ $\therefore a=2$

• 정답 및 해설 026쪽

### 방정식의 해가 주어질 때, 미지수 구하기

**01** 다음 [ ] 안의 수가 주어진 $x$에 대한 일차방정식의 해일 때, 상수 $a$의 값을 구하시오.

(1) $ax+1=4$ [1]

풀이 $x=1$을 방정식에 대입하면

$a\times\boxed{\phantom{0}}+1=4$ $\therefore a=\boxed{\phantom{0}}$

(2) $x+a=3x+4$ [2]

(3) $-2x+5=ax+3$ [-2]

(4) $\dfrac{x+1}{2}=\dfrac{1}{3}x+a$ [-3]

(5) $2(2x-a)=-(x+6)$ [0]

### 두 방정식의 해가 같을 때, 미지수 구하기

**02** 다음 $x$에 대한 두 방정식의 해가 같을 때, 상수 $a$의 값을 구하시오.

(1) $x-1=2,\ 3x+a=10$

풀이 $x-1=2$에서 $x=\boxed{\phantom{0}}$

$x=\boxed{\phantom{0}}$을 $3x+a=10$에 대입하면

$\boxed{\phantom{0}}+a=10$ $\therefore a=\boxed{\phantom{0}}$

(2) $2x+7=5,\ 2x-a=4$

(3) $x+2=5x-6,\ 3x=-x+a$

**학교 시험 바로 맛보기**

**03** 일차방정식 $x-3=ax+5$의 해가 $x=4$일 때, 상수 $a$의 값은?

① $-3$  ② $-2$  ③ $-1$

④ $1$  ⑤ $2$

**1** 다음 |보기|에 대한 설명으로 옳지 <u>않은</u> 것을 모두 고르면?

(정답 2개)

| 보기 |

ㄱ. $x-3=0$  ㄴ. $3x+1=4x$

ㄷ. $2x+7$  ㄹ. $4x-6>x$

ㅁ. $x+x+x=3x$  ㅂ. $5(x-1)+2=5x-3$

① 등식은 ㄱ, ㄴ, ㅁ, ㅂ이다.

② ㄴ의 해는 $x=1$이다.

③ ㄹ은 방정식이다.

④ 항등식은 ㅁ, ㅂ이다.

⑤ ㅂ의 좌변을 정리하면 $5x+1$이다.

**2** 다음 중 방정식의 해가 $x=-3$인 것을 모두 고르면?

(정답 2개)

① $x+2=5$  ② $-x+3=6$

③ $-(x+1)=-2$  ④ $-2x+1=x-4$

⑤ $\dfrac{x}{3}+1=x+3$

**3** $3ax+4=6x-b$가 $x$에 대한 항등식일 때, 상수 $a$, $b$에 대하여 $a-b$의 값을 구하시오.

**4** $a=b$일 때, 다음 중 옳지 <u>않은</u> 것을 모두 고르면?

(정답 2개)

① $a+2=b-2$  ② $a-5=b-5$

③ $3a=3b$  ④ $\dfrac{a}{4}=\dfrac{b}{2}$

⑤ $2a+1=2b+1$

**5** 오른쪽은 등식의 성질을 이용하여 방정식 $4x+1=9$를 푸는 과정이다. 다음 |보기|에서 (가), (나)에 이용된 등식의 성질을 각각 고르시오.

$$4x+1=9$$
$$4x=8 \quad \text{(가)}$$
$$\therefore x=2 \quad \text{(나)}$$

| 보기 |

$a=b$이고, $c$가 자연수일 때

ㄱ. $a+c=b+c$  ㄴ. $a-c=b-c$

ㄷ. $ac=bc$  ㄹ. $\dfrac{a}{c}=\dfrac{b}{c}$

**6** 등식 $(k-5)x-8=0$이 $x$에 대한 일차방정식일 때, 다음 중 상수 $k$의 값이 될 수 <u>없는</u> 것은?

① $-8$  ② $-5$  ③ $0$

④ $5$  ⑤ $8$

**7** 다음 일차방정식 중 해가 나머지 넷과 <u>다른</u> 하나는?

① $6x-4=4x$

② $-2x+7=x+1$

③ $-3x-2=-7x-6$

④ $-x+2=2(x-2)$

⑤ $4(-x-2)=-5(2+x)+4$

**8** 일차방정식 $3x+4=8x-6$의 해를 $x=a$라 하고, 일차방정식 $7x-4=5(x+2)$의 해를 $x=b$라 할 때, $a+b$의 값을 구하시오.

**9** 다음은 일차방정식 $\dfrac{3}{2}x-1=-\dfrac{2}{3}(x-5)$를 푸는 과정이다. 물음에 답하시오.

$$\dfrac{3}{2}x-1=-\dfrac{2}{3}(x-5) \quad \text{㉠}$$
$$9x-1=-4(x-5) \quad \text{㉡}$$
$$9x-1=-4x+20 \quad \text{㉢}$$
$$13x=21 \quad \text{㉣}$$
$$\therefore x=\dfrac{21}{13}$$

(1) ㉠~㉣ 중 처음으로 틀린 곳을 찾으시오.

(2) 일차방정식 $\dfrac{3}{2}x-1=-\dfrac{2}{3}(x-5)$를 푸시오.

**10** 다음 일차방정식을 푸시오.

$$\dfrac{3x-1}{5}=\dfrac{2x+5}{4}+0.05$$

**11** 일차방정식 $\dfrac{x+a}{2}=x-\dfrac{2x-5}{3}$의 해가 $x=-2$일 때, 상수 $a$의 값을 구하시오.

**12** 다음 $x$에 대한 두 일차방정식의 해가 같을 때, 상수 $a$의 값을 구하시오.

$$x-2=-2x+7, \quad 2x+a=4$$

# 일차방정식의 활용(1) - 수

(1) **어떤 수를 포함한 문제** ➡ 어떤 수를 $x$로 놓는다.

(2) **연속하는 세 수에 대한 문제**

   • 연속하는 세 자연수(정수) ➡ $x-2$, $x-1$, $x$ 또는 $x-1$, $x$, $x+1$ 또는 $x$, $x+1$, $x+2$   <sub>가운데 수를 무엇으로 하느냐에 따라 달라진다.</sub>

   • 연속하는 세 짝수(홀수) ➡ $x-4$, $x-2$, $x$ 또는 $x-2$, $x$, $x+2$ 또는 $x$, $x+2$, $x+4$

(3) **자릿수에 대한 문제** ➡ 십의 자리의 숫자가 $x$, 일의 자리의 숫자가 $y$인 두 자리의 자연수는 $10x+y$이다.

---

### 수에 대한 문제

**01** 어떤 수와 8의 합이 13일 때, 어떤 수를 구하려고 한다. 다음 물음에 답하시오.

  (1) 어떤 수를 $x$로 놓고 방정식을 세우시오.

  (2) (1)의 방정식을 푸시오.

  (3) 어떤 수를 구하시오.

**02** 어떤 수에서 3을 뺀 수는 그 수의 3배보다 5만큼 작다. 어떤 수를 구하시오.

**03** 어떤 수에서 4를 뺀 수의 2배는 그 수의 5배보다 1만큼 크다. 어떤 수를 구하시오.

**04** 연속하는 세 자연수의 합이 30일 때, 세 자연수를 구하려고 한다. 다음 물음에 답하시오.

  (1) 가운데 수를 $x$라 할 때, 나머지 두 수를 $x$를 사용하여 나타내시오.

  (2) 세 자연수의 합이 30임을 이용하여 방정식을 세우시오.

$$(\boxed{\phantom{xx}})+x+(\boxed{\phantom{xx}})=30$$

  (3) (2)의 방정식을 푸시오.

  (4) 연속하는 세 자연수를 구하시오.

**05** 연속하는 세 자연수의 합이 66일 때, 세 자연수를 구하시오.

**06** 연속하는 세 짝수의 합이 48일 때, 세 짝수를 구하려고
한다. 다음 물음에 답하시오.

(1) 가운데 수를 $x$라 할 때, 나머지 두 수를 $x$를 사용하여
나타내시오.

_______________

(2) 세 짝수의 합이 48임을 이용하여 방정식을 세우시오.

$$(\boxed{\phantom{00}})+x+(\boxed{\phantom{00}})=48$$

(3) (2)의 방정식을 푸시오.

_______________

(4) 연속하는 세 짝수를 구하시오.

_______________

**07** 연속하는 세 짝수의 합이 120일 때, 세 짝수를 구하시
오.

_______________

**08** 연속하는 세 홀수의 합이 99일 때, 세 홀수를 구하시
오.

_______________

**09** 십의 자리의 숫자가 2인 두 자리의 자연수가 있다. 이
자연수의 십의 자리의 숫자와 일의 자리의 숫자를 바꾼
수는 처음 수보다 18만큼 크다고 할 때, 처음 수를 구하
려고 한다. 다음 물음에 답하시오.

(1) 처음 수의 일의 자리의 숫자를 $x$라 할 때, 처음 수를
보고 바꾼 수를 $x$를 사용하여 나타내시오.

처음 수:     $20+x$

바꾼 수: _______________

(2) 바꾼 수가 처음 수보다 18만큼 큰 것을 이용하여 방정
식을 세우시오.

$$\boxed{\phantom{000}}=(\boxed{\phantom{000}})+18$$

(3) (2)의 방정식을 푸시오.

_______________

(4) 처음 수를 구하시오.

_______________

학교 시험 바로 맛보기

**10** 연속하는 세 자연수의 합이 84일 때, 세 자연수 중 가
장 작은 수는?

① 25      ② 26      ③ 27

④ 28      ⑤ 29

# 일차방정식의 활용(2)

**(1) 나이에 대한 문제** ➡ ($x$년 후의 나이)=(현재의 나이)$+x$(세)

**(2) 가격, 개수에 대한 문제**

➡ 물건 A, B를 합하여 ■개 살 때, 물건 A의 개수를 $x$개라 하면 물건 B의 개수는 (■$-x$)개이다.

**(3) 과부족에 대한 문제** ➡ 남은 경우와 부족한 경우로 나누어 생각한다.

**(4) 원가, 정가에 대한 문제** ➡ (정가)=(원가)+(이익), (이익)=(판매 가격)−(원가)

---

### 나이에 대한 문제

**01** 올해 아버지의 나이는 48세이고 규진이의 나이는 12세일 때, 아버지의 나이가 규진이의 나이의 3배가 되는 것은 몇 년 후인지 구하려고 한다. 다음 물음에 답하시오.

(1) $x$년 후의 아버지의 나이와 규진이의 나이를 $x$를 사용하여 나타내시오.

아버지의 나이: ＿＿＿＿＿＿＿

규진이의 나이: ＿＿＿＿＿＿＿

(2) $x$년 후에 아버지의 나이가 규진이의 나이의 3배가 되는 것을 이용하여 방정식을 세우시오.

$$\boxed{\phantom{xxx}}=3(\boxed{\phantom{xxx}})$$

(3) (2)의 방정식을 푸시오.

＿＿＿＿＿＿＿

(4) 아버지의 나이가 규진이의 나이의 3배가 되는 것은 몇 년 후인지 구하시오.

＿＿＿＿＿＿＿

**02** 올해 현아의 어머니의 나이는 43세이고 현아의 나이는 13세일 때, 어머니의 나이가 현아의 나이의 3배가 되는 것은 몇 년 후인지 구하시오.

＿＿＿＿＿＿＿

### 가격, 개수에 대한 문제

**03** 한 개에 400원 하는 사탕과 한 개에 600원 하는 초콜릿을 합하여 11개를 사고 5800원을 지불하였을 때, 사탕을 몇 개 샀는지 구하려고 한다. 다음 물음에 답하시오.

(1) 사탕을 $x$개 샀다고 하면 초콜릿은 몇 개를 산 것인지 $x$를 사용하여 나타내시오.

＿＿＿＿＿＿＿

(2) 사탕과 초콜릿을 사고 5800원을 지불한 것을 이용하여 방정식을 세우시오.

$$400x+600(\boxed{\phantom{xxx}})=5800$$

(3) (2)의 방정식을 푸시오.

＿＿＿＿＿＿＿

(4) 사탕을 몇 개 샀는지 구하시오.

＿＿＿＿＿＿＿

**04** 한 개에 2000원 하는 사과와 한 개에 3000원 하는 배를 합하여 모두 10개를 사고 24000원을 지불하였다. 사과를 몇 개 샀는지 구하시오.

＿＿＿＿＿＿＿

### 과부족에 대한 문제 <sub>교과서UP</sub>

**05** 학생들에게 귤을 나누어 주려고 하는데 한 학생에게 4개씩 나누어 주면 3개가 남고, 6개씩 나누어 주면 5개가 부족하다고 할 때, 나누어 주는 학생 수와 귤의 개수를 구하려고 한다. 다음 물음에 답하시오.

(1) 학생 수를 $x$명이라 할 때, 귤의 개수를 $x$를 사용하여 나타내려고 한다. 다음 ☐ 안에 알맞은 것을 쓰시오.

> 귤을 4개씩 나누어 주면 3개가 남으므로 귤의 개수는 $(4x+3)$개이고, 6개씩 나누어 주면 5개가 부족하므로 귤의 개수는 (☐)개이다.

(2) 귤의 개수는 일정함을 이용하여 방정식을 세우시오.
$$4x+3=\boxed{\phantom{000}}$$

(3) (2)의 방정식을 푸시오.
________________________

(4) 나누어 주는 학생 수와 귤의 개수를 각각 구하시오.
학생 수: ________________
귤의 개수: ________________

**06** 학생들에게 구슬을 나누어 주려고 하는데 한 학생에게 5개씩 나누어 주면 2개가 남고, 7개씩 나누어 주면 4개가 부족하다고 한다. 구슬의 개수를 구하시오.
________________________

### 원가, 정가에 대한 문제 <sub>교과서UP</sub>

**07** 어느 가게에서 손수건을 원가에 20 %의 이익을 붙여서 정가를 정하였다. 잘 팔리지 않아 정가에서 500원을 할인하여 팔았더니 1개를 팔 때마다 500원의 이익이 생겼을 때, 손수건의 원가를 구하려고 한다. 다음 물음에 답하시오.

(1) 손수건의 원가를 $x$원이라 할 때, (정가)＝(원가)＋(이익)임을 이용하여 정가를 $x$를 사용하여 나타내시오.
$$x+\boxed{\phantom{000}}=\boxed{\phantom{000}}\text{(원)}$$

(2) (판매 가격)＝(정가)－(할인 가격)임을 이용하여 판매 가격을 $x$를 사용하여 나타내시오.
$$(\boxed{\phantom{000}}-500)\text{원}$$

(3) (이익)＝(판매 가격)－(원가)임을 이용하여 방정식을 세우시오.
$$(\boxed{\phantom{000}}-500)-x=500$$

(4) (3)의 방정식을 푸시오.
________________________

(5) 손수건의 원가를 구하시오.
________________________

**학교 시험 바로 맛보기**

**08** 지원이의 15년 후의 나이는 현재 나이의 2배보다 1세가 많을 때, 지원이의 현재 나이를 구하시오.

# 일차방정식의 활용 (3) – 속력

거리, 속력, 시간에 대한 문제는 다음 관계를 이용하여 방정식을 세운다.

① (속력)$=\dfrac{(거리)}{(시간)}$　② (시간)$=\dfrac{(거리)}{(속력)}$

③ (거리)$=$(속력)$\times$(시간)

**주의** 방정식을 세우기 전에 단위가 통일되어야 한다.

| 속력 | | 시간 | | 거리 |
|---|---|---|---|---|
| 시속 ● km | → | 시간 | → | km |
| 분속 ■ m | → | 분 | → | m |
| 초속 ▲ m | → | 초 | → | m |

---

### 속력에 대한 문제

**01** 지훈이가 등산을 하는데 올라갈 때는 시속 2 km로 걷고 내려올 때는 같은 길을 시속 3 km로 걸었더니 총 5시간이 걸렸을 때, 지훈이가 등산한 총 거리를 구하려고 한다. 다음 물음에 답하시오.

(1) 올라간 거리를 $x$ km라 하고 다음 표를 완성하시오.

| | 올라갈 때 | 내려올 때 |
|---|---|---|
| 거리 | $x$ km | |
| 속력 | 시속 2 km | 시속 3 km |
| 시간 | $\dfrac{x}{2}$시간 | |

(2) (올라갈 때 걸린 시간)$+$(내려올 때 걸린 시간)$=$(총 시간)임을 이용하여 방정식을 세우시오.

$$\boxed{\phantom{x}}+\boxed{\phantom{x}}=5$$

(3) (2)의 방정식을 푸시오.

(4) 지훈이가 올라간 거리를 구하시오.

**02** 두 지점 A와 B 사이의 거리는 100 km이다. 자동차로 A지점에서 B지점까지 가는데 처음에는 시속 40 km로 가다가 중간에 속력을 높여 시속 60 km로 달렸더니 총 2시간이 걸렸을 때, 시속 40 km로 달린 거리를 구하려고 한다. 다음 물음에 답하시오.

(1) 시속 40 km로 달린 거리를 $x$ km라 하고 다음 표를 완성하시오.

| 속력 | 시속 40 km | 시속 60 km |
|---|---|---|
| 거리 | $x$ km | |
| 시간 | $\dfrac{x}{40}$시간 | |

(2) (시속 40 km로 달린 시간)$+$(시속 60 km로 달린 시간)$=$(총 시간)임을 이용하여 방정식을 세우시오.

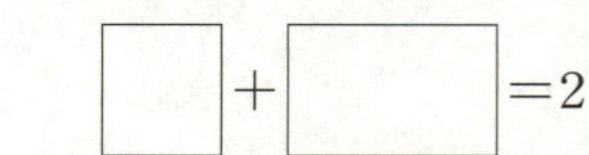

$$\boxed{\phantom{x}}+\boxed{\phantom{x}}=2$$

(3) (2)의 방정식을 푸시오.

(4) 시속 40 km로 달린 거리를 구하시오.

**03** 수연이가 집에서 학교까지 왕복하는데 갈 때는 시속 $1\,km$로 가고, 올 때는 시속 $4\,km$로 걸었더니 총 2시간이 걸렸다. 집과 학교 사이의 거리를 구하시오.

**04** 민서가 자전거를 타고 서점에 가는데 시속 $8\,km$로 가다가 온 길보다 $2\,km$ 더 긴 길을 시속 $6\,km$로 가서 총 2시간 40분이 걸렸다고 한다. 민서가 시속 $8\,km$로 간 거리를 구하시오.

**05** 준이가 집에서 학교까지 가는데 절반까지는 시속 $8\,km$로 자전거를 타고 가고 나머지 절반은 시속 $4\,km$로 걸어가서 총 1시간 30분이 걸렸다. 집에서 학교까지의 거리를 구하시오.

**06** 집에서 서점까지 가는데 시속 $4\,km$로 걸어가면 시속 $3\,km$로 걷는 것보다 30분 빨리 도착한다고 할 때, 집에서 서점까지의 거리를 구하려고 한다. 다음 물음에 답하시오.

(1) 집에서 서점까지의 거리를 $x\,km$라 하고 다음 표를 완성하시오.

| 속력 | 시속 $4\,km$ | 시속 $3\,km$ |
|---|---|---|
| 거리 | $x\,km$ | |
| 시간 | $\dfrac{x}{4}$시간 | |

(2) (시속 $3\,km$로 걸어간 시간) $-$ (시속 $4\,km$로 걸어간 시간) $=$ (시간 차)임을 이용하여 방정식을 세우시오.

$$\boxed{\phantom{xx}} - \boxed{\phantom{xx}} = \frac{1}{2}$$

(3) (2)의 방정식을 푸시오.

(4) 집에서 서점까지의 거리를 구하시오.

학교 시험 바로 맛보기

**07** 해인이가 등산을 하는데 올라갈 때는 시속 $3\,km$로 걷고, 내려올 때는 같은 길을 시속 $4\,km$로 걸어서 총 3시간 30분이 걸렸다. 해인이가 등산한 총 거리는?

① $6\,km$  ② $8\,km$  ③ $10\,km$
④ $12\,km$  ⑤ $14\,km$

## 기본기 탄탄 문제  개념 43~45

**1** 십의 자리의 숫자가 6인 두 자리의 자연수가 있다. 이 자연수의 십의 자리의 숫자와 일의 자리의 숫자를 바꾼 수는 처음 수보다 27만큼 크다고 할 때, 처음 수를 구하시오.

**2** 우리 안에 염소와 닭이 합하여 17마리가 있다. 염소와 닭의 다리의 수의 합이 52개일 때, 닭은 모두 몇 마리인지 구하시오.

**3** 어느 반 학생들이 줄을 서는데 한 줄에 3명씩 서면 2명이 남고, 한 줄에 4명씩 서면 1명이 남는다. 4명씩 서면 3명씩 설 때보다 줄이 한 줄 줄어든다고 할 때, 학생 수는?

① 16명　　　② 17명　　　③ 18명
④ 19명　　　⑤ 20명

**4** 어느 문구점에서 상품을 원가에 30 %의 이익을 붙여서 정가를 정하였다. 이것을 2000원을 할인하여 팔면 1개를 팔 때마다 100원의 이익이 생긴다고 한다. 상품의 원가를 구하시오.

**5** 건지가 등산을 하는데 시속 3 km로 정상에 올라간 후 내려올 때는 1 km 더 긴 등산로를 따라 시속 4 km로 내려와서 총 4시간이 걸렸다고 한다. 건지가 올라간 거리를 구하시오.

**6** 집에서 공원까지 가는데 시속 12 km로 자전거를 타고 가면 시속 8 km로 뛰어가는 것보다 1시간 30분 빨리 도착한다고 한다. 집에서 공원까지의 거리를 구하시오.

# 5. 좌표와 그래프


개념 **46** 순서쌍과 좌표

개념 **47** 사분면

개념 **48** 그래프와 그 해석

● 기본기 탄탄 문제

# 순서쌍과 좌표

**(1) 수직선 위의 점의 좌표**

점 A의 **좌표**가 $a$일 때, 기호로 A$(a)$와 같이 나타낸다.

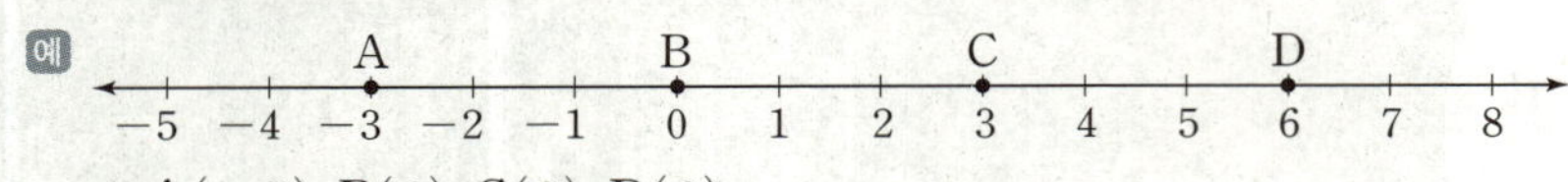

➡ A$(-3)$, B$(0)$, C$(3)$, D$(6)$

**(2) 좌표평면 위의 점의 좌표**

① 좌표평면 위의 점의 좌표
- 좌표평면 위의 점의 좌표는 반드시 ($x$**좌표**, $y$**좌표**)의 **순서쌍**으로 나타낸다.
- $a \neq b$일 때 $(a, b)$와 $(b, a)$는 서로 다른 점이다.

② $x$축 또는 $y$축 위의 점의 좌표
- $x$축 위의 점은 $y$좌표가 0이다.
  ➡ ($x$좌표, 0)
- $y$축 위의 점은 $x$좌표가 0이다.
  ➡ (0, $y$좌표)

---

### 수직선 위의 점의 좌표

**01** 다음 수직선 위의 네 점 A, B, C, D의 좌표를 각각 기호로 나타내시오.

(1)

A$(-3)$, B$(\boxed{\phantom{0}})$, C$(\boxed{\phantom{0}})$, D$(\boxed{\phantom{0}})$

(2)

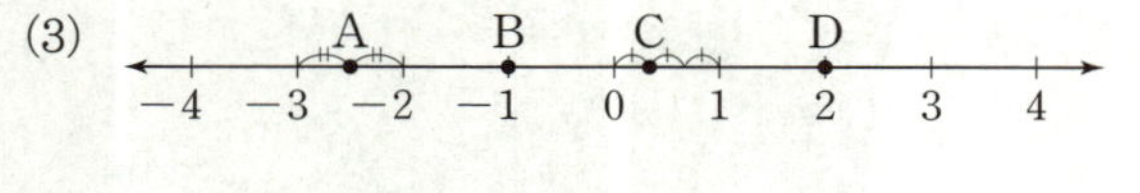

(3)

**02** 다음 점을 수직선 위에 각각 나타내시오.

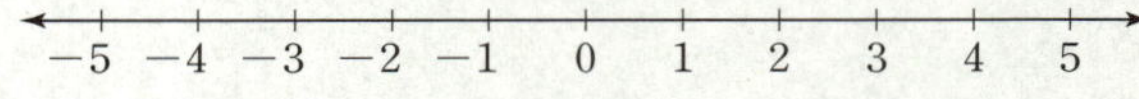

(1) A$(-2)$

(2) B$(4)$

(3) C$\left(\dfrac{3}{2}\right)$

(3) D$(0)$

(5) E$\left(-\dfrac{7}{2}\right)$

### 좌표평면 위의 점의 좌표

**03** 다음 좌표평면 위의 네 점 A, B, C, D의 좌표를 각각 기호로 나타내시오.

(1) 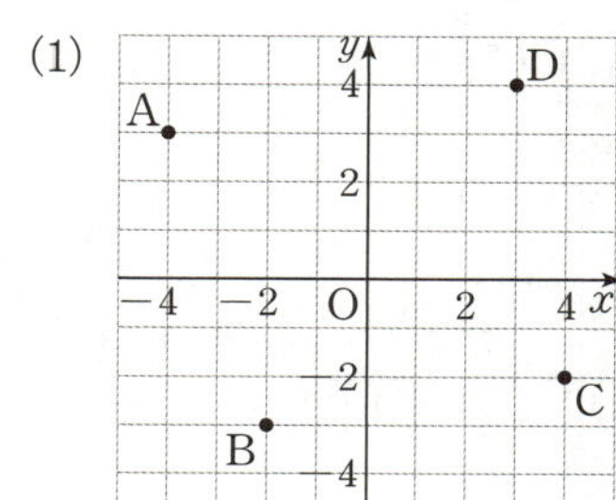

A($-4$, ☐)

B(☐, $-3$)

C(☐, ☐)

D(☐, ☐)

(2) 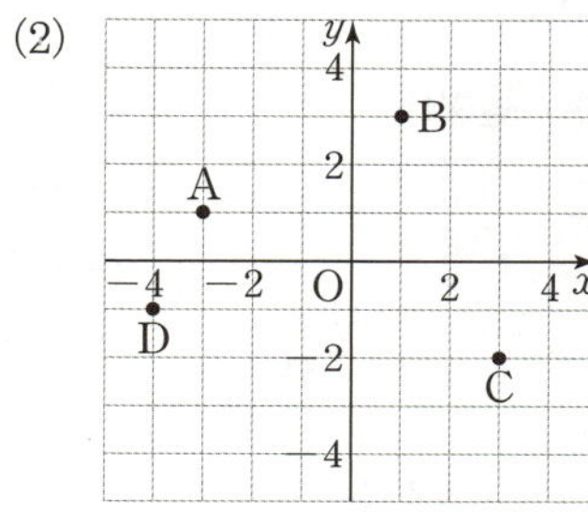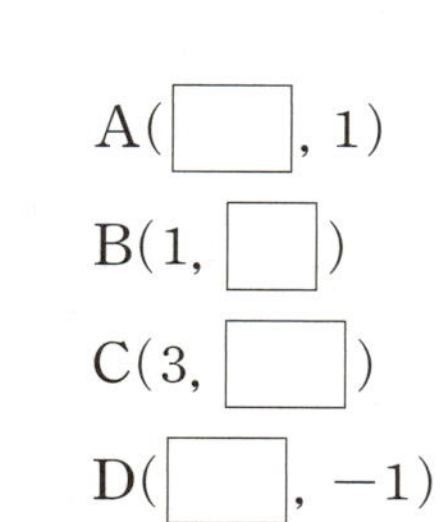

A(☐, $1$)

B($1$, ☐)

C($3$, ☐)

D(☐, $-1$)

(3) 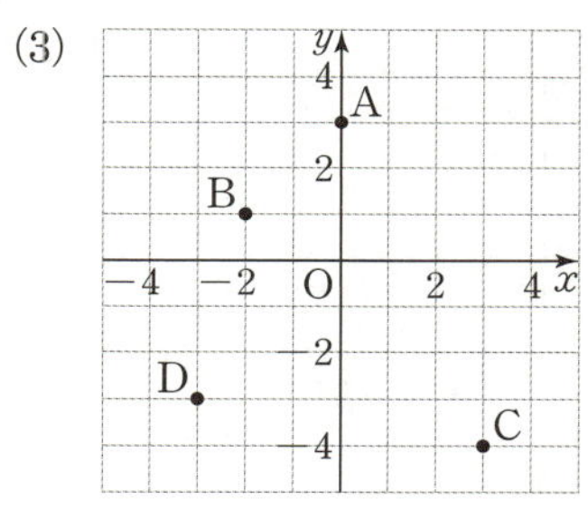

_______________

(4) 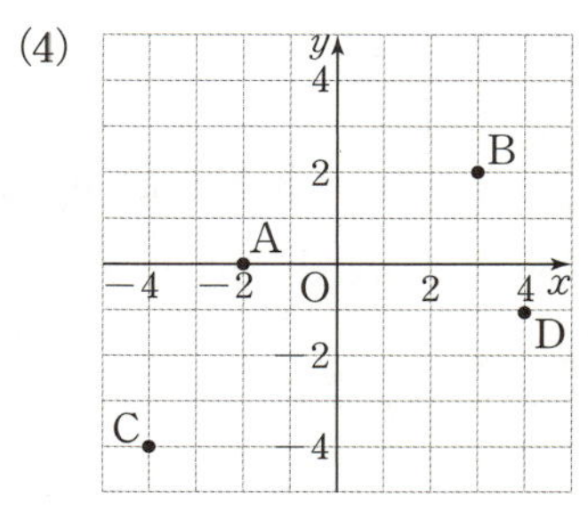

_______________

**04** 다음 점을 좌표평면 위에 각각 나타내시오.

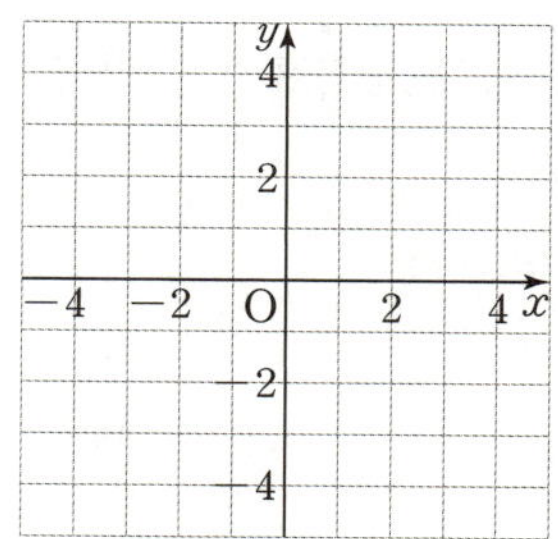

(1) A($1$, $4$)

(2) B($-3$, $2$)

(3) C($-3$, $-4$)

(4) D($2$, $-3$)

(5) E($3$, $0$)

**05** 다음 점의 좌표를 구하시오.

(1) $x$좌표가 $-1$, $y$좌표가 $1$인 점

_______________

(2) $x$좌표가 $3$, $y$좌표가 $2$인 점

_______________

(3) $x$좌표가 $-4$, $y$좌표가 $-7$인 점

_______________

(4) 원점

_______________

**06** 다음 점의 좌표를 구하시오.

(1) $x$축 위에 있고, $x$좌표가 $\dfrac{3}{2}$인 점

_______________

(2) $x$축 위에 있고, $x$좌표가 4인 점

_______________

(3) $x$좌표가 $-\dfrac{3}{4}$이고, $y$좌표가 0인 점

_______________

(4) $y$축 위에 있고, $y$좌표가 1인 점

_______________

(5) $y$축 위에 있고, $y$좌표가 $-6$인 점

_______________

(6) $y$축 위에 있고, $y$좌표가 $\dfrac{3}{10}$인 점

_______________

**좌표평면 위의 도형의 넓이**

**07** 세 점 A, B, C를 꼭짓점으로 하는 삼각형 ABC를 좌표평면 위에 그리고, 삼각형 ABC의 넓이를 구하시오.

(1) A$(3, 2)$, B$(-3, -2)$, C$(3, -2)$

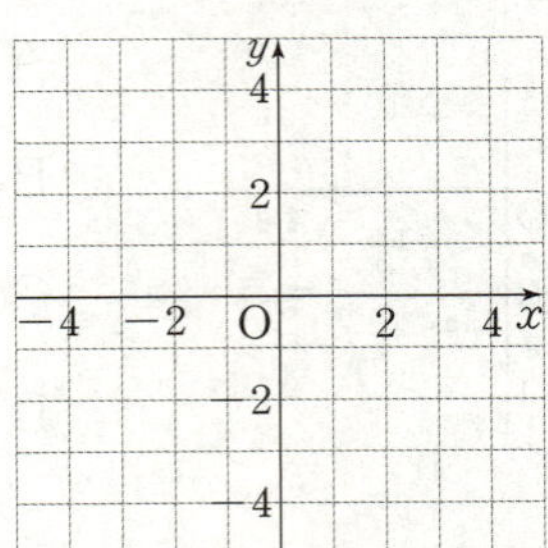

_______________

**풀이** (삼각형 ABC의 넓이)

$$= \dfrac{1}{2} \times (밑변의 길이) \times (높이)$$

$$= \dfrac{1}{2} \times \boxed{\phantom{0}} \times \boxed{\phantom{0}} = \boxed{\phantom{0}}$$

(2) A$(-3, 3)$, B$(-3, -4)$, C$(2, 3)$

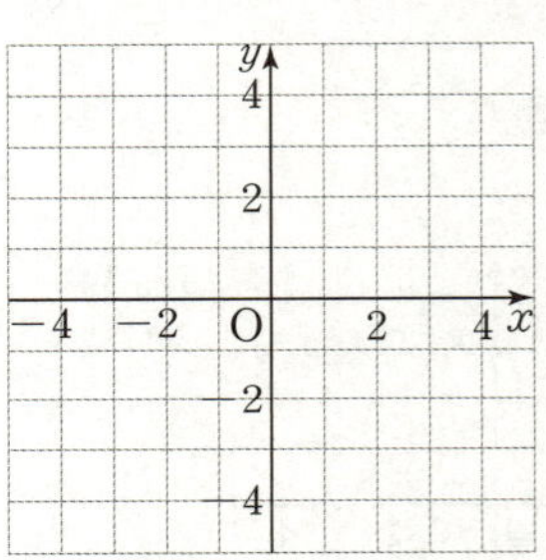

_______________

**학교 시험 바로 맛보기**

**08** 두 순서쌍 $(-3, a+2)$, $(b-4, 1)$이 서로 같을 때, $a$, $b$의 값을 각각 구하시오.

(1) 좌표평면은 좌표축에 의하여 네 부분으로 나누어지고, 그 각각의 부분을 **제1사분면**, **제2사분면, 제3사분면, 제4사분면**이라 한다.

> **참고** • $x$축과 $y$축을 통틀어 **좌표축**이라 하며, 두 좌표축이 만나는 점을 **원점**이라 한다.
> 이때 좌표축이 정해져 있는 평면을 **좌표평면**이라 한다.
> • 좌표축 위의 점은 어느 사분면에도 속하지 않는다.

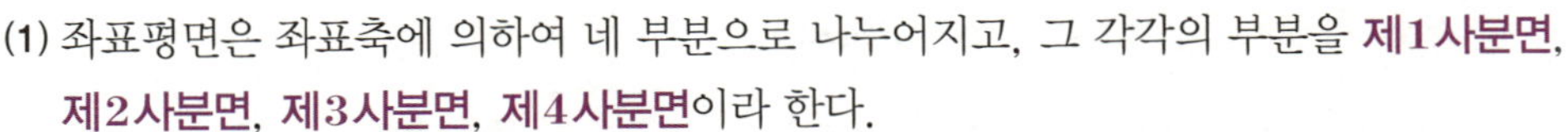

(2) **사분면 위의 점의 좌표의 부호**

각 사분면 위에 있는 점 $(x, y)$의 $x$좌표와 $y$좌표의 부호는 다음과 같다.

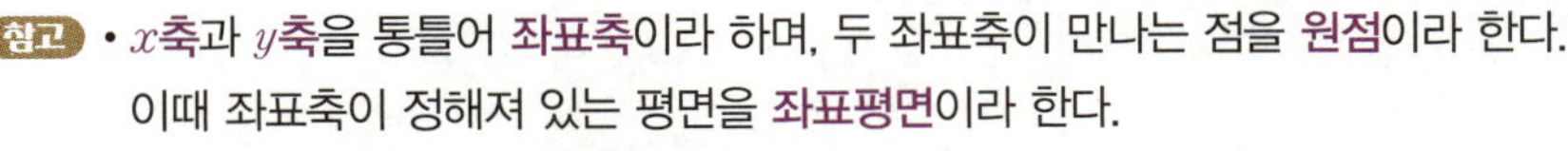

|  | 제1사분면 | 제2사분면 | 제3사분면 | 제4사분면 |
|---|---|---|---|---|
| $x$좌표 | $+$ | $-$ | $-$ | $+$ |
| $y$좌표 | $+$ | $+$ | $-$ | $-$ |

• 정답 및 해설 030쪽

### 사분면

**01** 다음 점을 좌표평면 위에 나타내고, 제몇 사분면 위의 점인지 구하시오.

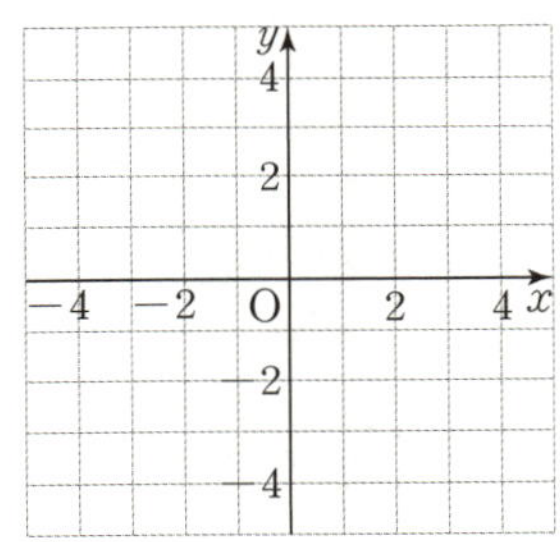

(1) $A(-1, 4)$ ➡ 제 ☐ 사분면

(2) $B(2, 2)$

(3) $C(3, -4)$

(4) $D(-2, -3)$

(5) $E(-3, 2)$

**02** 다음을 만족시키는 점을 |보기|에서 모두 고르시오.

| 보기 |

$A(-2, -4)$ $\qquad$ $B(0, 7)$

$C(-5, 3)$ $\qquad$ $D\left(\dfrac{3}{2}, 5\right)$

$E(-8, -7)$ $\qquad$ $F(4, -1)$

$G\left(\dfrac{7}{2}, -8\right)$ $\qquad$ $H(1, 0)$

$I(0, 0)$ $\qquad$ $J(2, 3)$

(1) 제1사분면 위의 점

(2) 제2사분면 위의 점

(3) 제3사분면 위의 점

(4) 제4사분면 위의 점

(5) 어느 사분면에도 속하지 않는 점

---

### 점이 속하는 사분면이 주어진 경우

**03** 점 $P(a, b)$가 제2사분면 위의 점일 때, 다음 점은 제몇 사분면 위의 점인지 구하시오.

(1) A$(-a, b)$

———————

> **풀이** 점 $P(a, b)$가 제2사분면 위의 점이므로
> $a \bigcirc 0$, $b > 0$이다.
> 즉, $-a \bigcirc 0$, $b > 0$이므로 $(-a, b) \Rightarrow (\boxed{\phantom{x}}, +)$
> 따라서 점 A$(-a, b)$는 제$\boxed{\phantom{x}}$사분면 위의 점이다.

(2) B$(a, -b)$

———————

(3) C$(-a, -b)$

———————

**04** 점 $P(a, b)$가 제3사분면 위의 점일 때, 다음 점은 제몇 사분면 위의 점인지 구하시오.

(1) A$(b, a)$

———————

(2) B$(a, -2b)$

———————

(3) C$(ab, a)$

———————

(4) D$(-a, -b)$

———————

### 두 수의 부호가 주어진 경우

교과서UP

**05** $ab < 0$, $a < b$일 때, 다음 점은 제몇 사분면 위의 점인지 구하시오.

(1) A$(a, b)$

———————

> **풀이** $ab < 0$이므로 $a$와 $b$는 서로 다른 부호이다.
> 이때 $a < b$에서 $a < 0$, $b \bigcirc 0$이므로 $(a, b) \Rightarrow (-, \boxed{\phantom{x}})$
> 따라서 점 A$(a, b)$는 제$\boxed{\phantom{x}}$사분면 위의 점이다.

(2) B$(-a, b)$

———————

(3) C$(a, -b)$

———————

(4) D$(-a, -b)$

———————

### 🔵🔵🔵 학교 시험 바로 맛보기

**06** 다음 중 점의 좌표와 그 점이 속하는 사분면이 바르게 연결된 것은?

① A$(-1, 0)$ ➡ 제1사분면
② B$(2, 3)$ ➡ 제2사분면
③ C$(-4, 5)$ ➡ 제3사분면
④ D$(-3, -1)$ ➡ 제4사분면
⑤ E$(5, -2)$ ➡ 제4사분면

**(1) 그래프**: 두 **변수** 사이의 관계를 좌표평면 위에 점, 직선, 곡선 등으로 나타낸 그림

**(2) 그래프의 해석**: 두 변수 사이의 관계를 그래프로 나타내면 두 변수의 변화 관계를 쉽게 알 수 있다.

예 다음은 강수량의 변화를 시간에 따라 나타내고, 각 그래프의 강수량의 변화를 해석한 것이다.

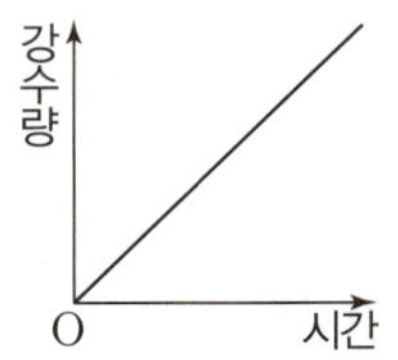 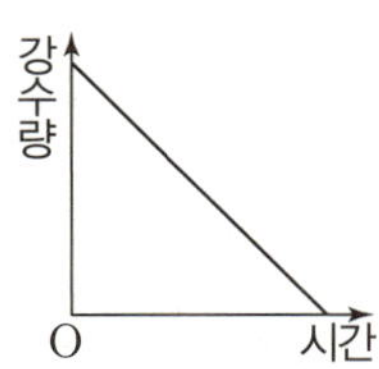 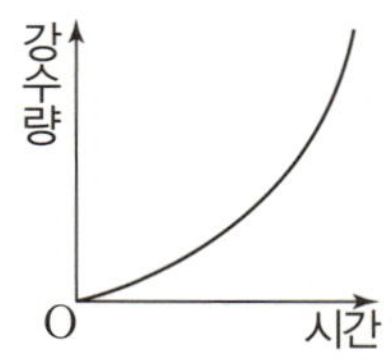 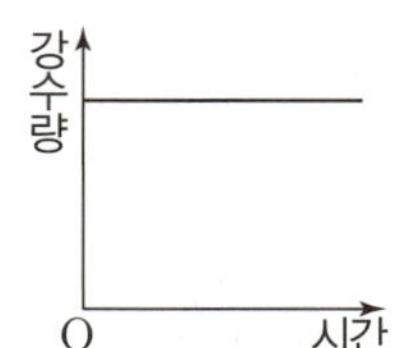

➡ 시간에 따라 강수량이 일정하게 증가한다.

➡ 시간에 따라 강수량이 일정하게 감소한다.

➡ 시간에 따라 강수량이 급격히 증가한다.

➡ 시간이 지나도 강수량이 변함없다.

• 정답 및 해설 030쪽

### 그래프로 나타내기

**01** 다음 표는 $x$주 후의 식물의 길이를 $y$ cm라 할 때, 식물의 길이를 일주일 간격으로 측정하여 나타낸 것이다. 물음에 답하시오.

| $x$ | 1 | 2 | 3 | 4 | 5 |
|---|---|---|---|---|---|
| $y$ | 4 | 6 | 8 | 10 | 12 |

(1) 위의 표를 보고 순서쌍 $(x, y)$를 구하시오.

$(1, \boxed{\phantom{00}})$, $(2, \boxed{\phantom{00}})$, $(3, \boxed{\phantom{00}})$, $(4, \boxed{\phantom{00}})$, $(5, \boxed{\phantom{00}})$

(2) 두 변수 $x$, $y$ 사이의 관계를 다음 좌표평면 위에 그래프로 나타내시오.

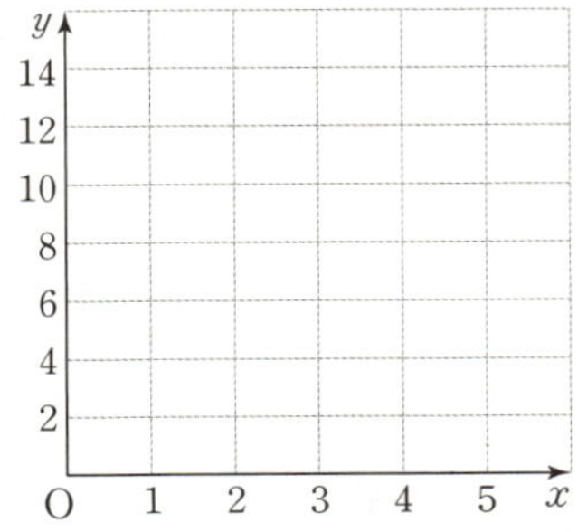

**02** 다음 표는 지표로부터의 높이가 $x$ km일 때의 기온을 $y$ ℃라 할 때, 지표로부터의 높이에 따른 기온을 조사하여 나타낸 것이다. 물음에 답하시오.

| $x$ | 0 | 1 | 2 | 3 | 4 |
|---|---|---|---|---|---|
| $y$ | 20 | 16 | 12 | 8 | 4 |

(1) 위의 표를 보고 순서쌍 $(x, y)$를 구하시오.

(2) 두 변수 $x$, $y$ 사이의 관계를 다음 좌표평면 위에 그래프로 나타내시오.

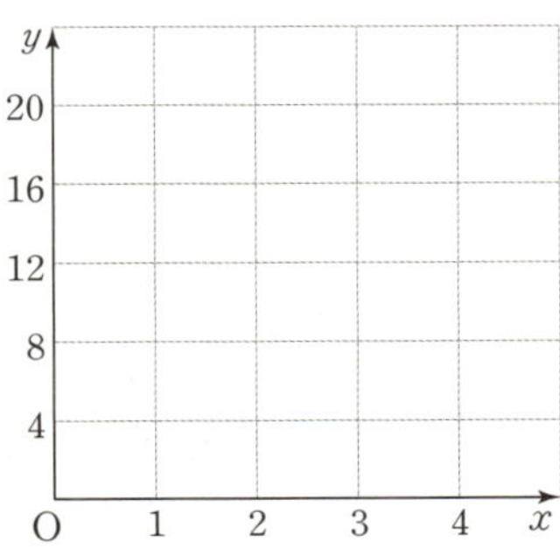

## 상황에 맞는 그래프 찾기

**03** 다음 |보기|의 그래프는 준이가 집에서 출발한 후 집에서 떨어진 거리를 시간에 따라 나타낸 것이다. 아래 상황에 알맞은 그래프를 |보기|에서 고르시오.

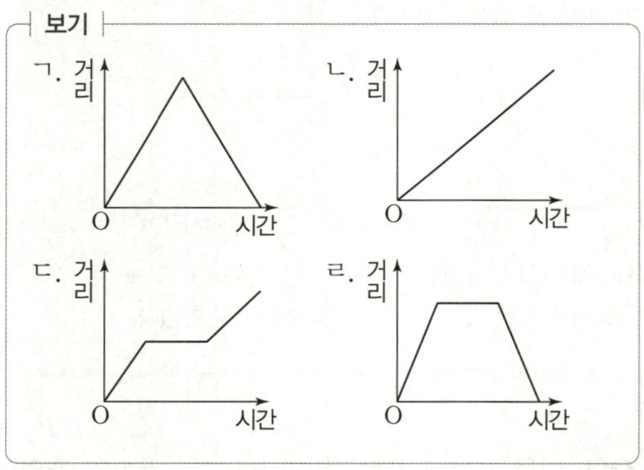

(1) 준이는 집에서 자전거를 타고 마트에 가다가 지갑이 없어 다시 집으로 돌아왔다.

_______________

(2) 준이는 집에서 자전거를 타고 공원에 가서 쉬다가 집으로 돌아왔다.

_______________

(3) 준이는 집에서 할머니 댁까지 일정한 속력으로 자전거를 타고 가다가 중간에 바퀴가 고장이 나서 잠시 쉬었다. 그 후 걸어서 할머니 댁까지 갔다.

_______________

(4) 준이는 학교에서 도서관까지 쉬지 않고 뛰어서 갔다.

_______________

**04** 다음 그래프는 컵에 남아 있는 물의 양을 시간에 따라 나타낸 것이다. 이 그래프에 알맞은 상황을 |보기|에서 고르시오.

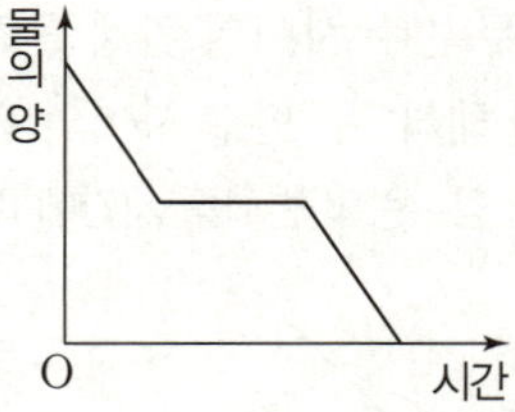

| 보기 |

ㄱ. 물을 반쯤 마셨을 때 친구가 집에 와 물컵을 책상 위에 올려 두었다.

ㄴ. 물을 반쯤 마시고 운동을 한 다음 남은 물을 모두 마셨다.

ㄷ. 물컵을 책상 위에 올려 두고 운동이 끝난 후 모두 마셨다.

_______________

**05** 다음 그래프는 버스가 움직인 시간에 따른 속력의 변화를 나타낸 것이다. 이 그래프에 알맞은 상황을 |보기|에서 고르시오.

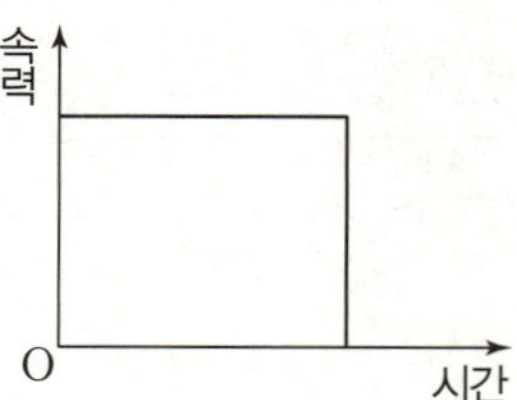

| 보기 |

ㄱ. 버스가 일정한 속력으로 달리다가 목적지에 도착하기 전 속력을 점점 줄여서 도착하였다.

ㄴ. 버스의 속력이 점점 빨라지다가 고속도로에서 일정한 속력으로 달렸다.

ㄷ. 일정한 속력으로 달리던 버스가 버스 앞에 갑자기 나타난 강아지 때문에 급정거를 하였다.

_______________

### 그래프 해석하기

**06** 윤아가 집에서 출발하여 친구네 집에 도착했다. 다음 그래프는 윤아가 집에서 출발한 후 $x$분 동안 이동한 거리를 $y\,\text{km}$라 할 때, 두 변수 $x$와 $y$ 사이의 관계를 나타낸 것이다. 물음에 답하시오.

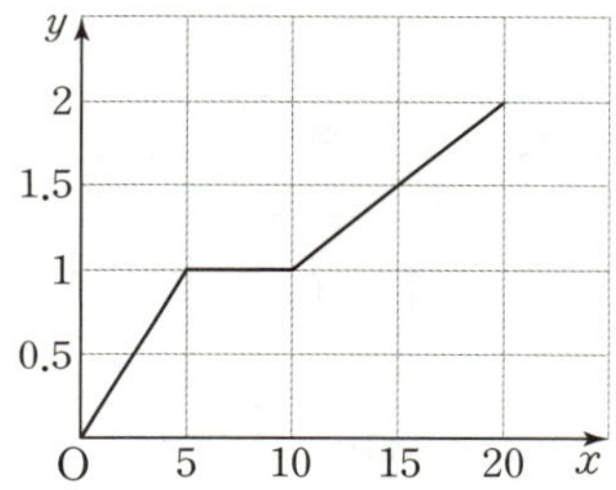

(1) 윤아가 친구네 집까지 가는 데 걸린 시간을 몇 분인지 구하시오.

_______________

(2) 윤아네 집에서 친구네 집까지의 거리를 구하시오.

_______________

(3) 윤아가 집에서 출발한 후 5분 동안 이동한 거리는 몇 $\text{km}$인지 구하시오.

_______________

(4) 윤아가 이동한 거리가 $1.5\,\text{km}$가 되는 것은 집에서 출발한지 몇 분 후인지 구하시오.

_______________

(5) 윤아가 집에서 출발한 후 멈춰 있다가 다시 이동하기 시작한 것은 집에서 출발한 지 몇 분 후인지 구하시오.

_______________

(6) 윤아는 몇 분 동안 멈춰 있었는지 구하시오.

_______________

**07** 민우가 집에서 거리가 $600\,\text{m}$인 문구점까지 걸어갔다가 돌아왔다. 다음 그래프는 걸린 시간 $x$분과 집과 민우 사이의 거리 $y\,\text{m}$ 사이의 관계를 나타낸 것이다. 물음에 답하시오.

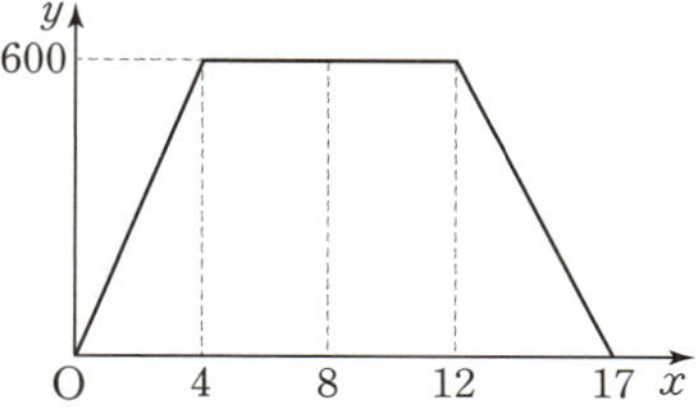

(1) 민우가 문구점에 머문 시간을 구하시오.

_______________

(2) 민우가 문구점에서 집으로 돌아오는 데 걸린 시간을 구하시오.

_______________

### 학교 시험 바로 맛보기

**08** 다음 |보기|의 그래프는 주어진 세 용기 (1), (2), (3)에 일정한 속력으로 물을 채울 때, 물의 높이를 시간에 따라 나타낸 것이다. 각 용기에 알맞은 그래프를 |보기|에서 고르시오.

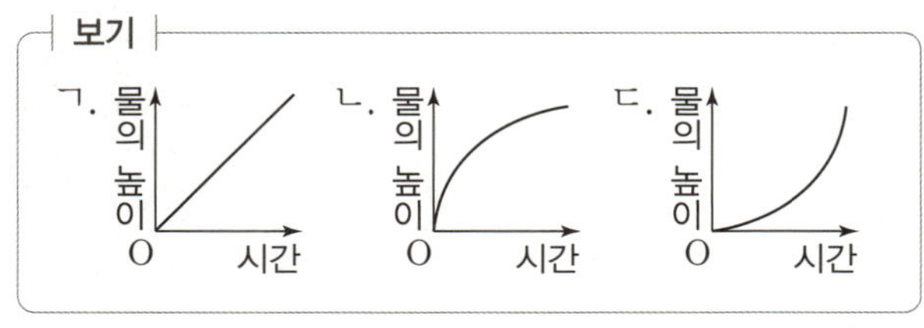


(1) 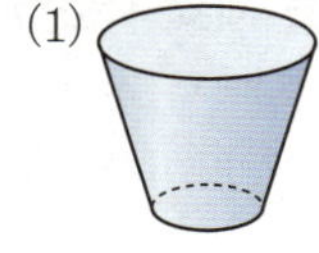  (2) 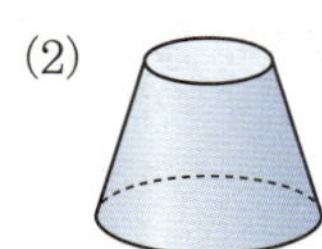  (3) 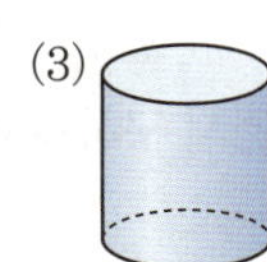

# 기본기 탄탄 문제  개념 46~48

**1** 점 $(a+1, a+4)$는 $x$축 위의 점이고, 점 $(b+3, b-1)$은 $y$축 위의 점일 때, $ab$의 값을 구하시오.

**2** 네 점 $A(-2, 3)$, $B(-2, -4)$, $C(3, -4)$, $D(3, 3)$을 꼭짓점으로 하는 사각형 ABCD의 넓이를 구하려고 한다. 물음에 답하시오.

(1) 다음 좌표평면 위에 네 점 $A(-2, 3)$, $B(-2, -4)$, $C(3, -4)$, $D(3, 3)$을 꼭짓점으로 하는 사각형 ABCD를 그리시오.

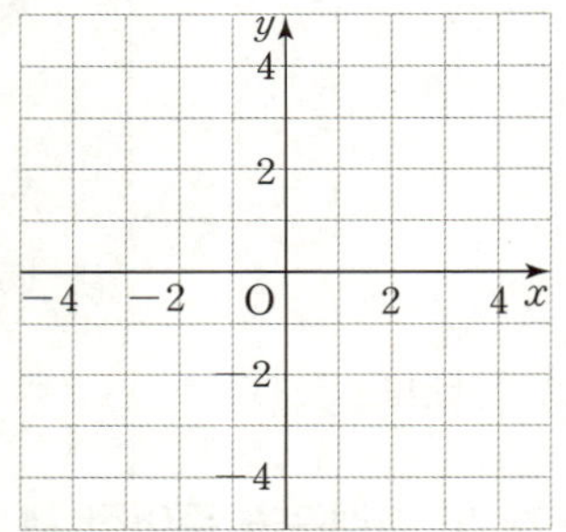

(2) 사각형 ABCD의 넓이를 구하시오.

**3** $ab>0$, $a+b>0$일 때, 점 $(b, -a)$는 제몇 사분면 위의 점인지 구하시오.

**4** 아래 그래프 A, B, C는 3개의 양초에 각각 불을 붙였을 때, 남아 있는 양초의 길이를 시간에 따라 나타낸 것이다. 다음 각 상황에 알맞은 그래프를 A, B, C 중에서 모두 고르시오.

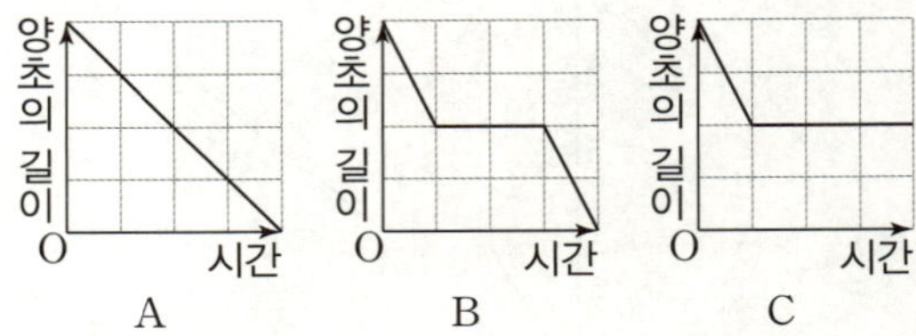


(1) 양초를 전부 태웠다.

(2) 양초를 절반만 태우고 불을 껐다.

(3) 양초를 태우는 도중에 멈췄다가 잠시 후 남은 양초를 전부 태웠다.

**5** 다음 그래프는 형과 동생이 집에서 동시에 출발하여 1.5 km 떨어진 학교까지 걸어간 거리를 시간에 따라 나타낸 것이다. 물음에 답하시오.

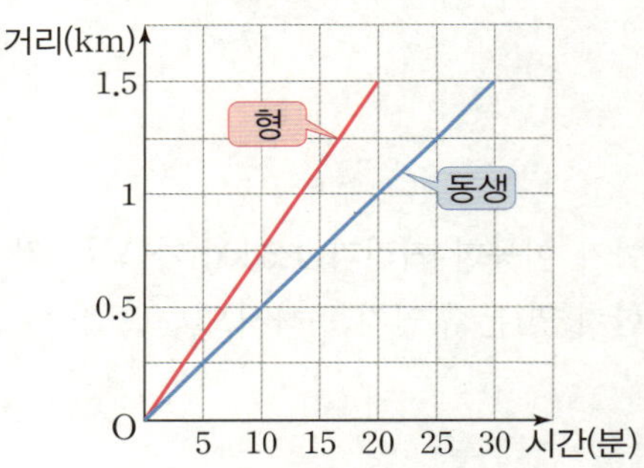


(1) 형과 동생이 집에서 학교까지 걸어갈 때 각각 몇 분이 걸리는지 구하시오.

(2) 동생은 형이 학교에 도착한 지 몇 분 후에 도착하는지 구하시오.

# 6. 정비례와 반비례


개념 **49** 정비례 관계

개념 **50** 정비례 관계의 그래프

개념 **51** 반비례 관계

개념 **52** 반비례 관계의 그래프

• 기본기 탄탄 문제

**$y$가 $x$에 정비례하는 경우**

① $x$의 값이 2배, 3배, 4배, …로 변함에 따라 $y$의 값도 2배, 3배, 4배, …로 변할 때

② $y=ax\,(a\neq0)$의 꼴로 나타날 때

③ $\dfrac{y}{x}$의 값 또는 $x:y$가 일정하게 나타날 때

예 한 변의 길이가 $x$ cm인 정삼각형의 둘레의 길이를 $y$ cm라 하면 다음과 같은 표를 만들 수 있다.

| $x$ | 1 | 2 | 3 | 4 | … |
|---|---|---|---|---|---|
| $y$ | 3 | 6 | 9 | 12 | … |

➡ $x$의 값이 2배, 3배, 4배, …가 될 때 $y$의 값도 2배, 3배, 4배, …가 되므로 $y$는 $x$에 정비례하고, $x$와 $y$ 사이의 관계식은 $y=3x$이다.

---

### 정비례 관계식

**01** 매분 50 L씩 물을 넣어 수영장을 채우려고 한다. $x$분 후에 채워진 물의 양을 $y$ L라 할 때, 다음 물음에 답하시오.

(1) 다음 표를 완성하시오.

| $x$ | 1 | 2 | 3 | 4 | … |
|---|---|---|---|---|---|
| $y$ |  |  |  |  | … |

(2) $x$와 $y$ 사이에는 어떤 관계가 있는지 말하시오.

_______________

(3) $x$와 $y$ 사이의 관계식을 구하시오.

_______________

**02** 지선이가 자전거를 타고 분속 600 m로 공원에 가려고 한다. $x$분 동안 이동한 거리를 $y$ m라 할 때, 다음 물음에 답하시오.

(1) 다음 표를 완성하시오.

| $x$ | 1 | 2 | 3 | 4 | … |
|---|---|---|---|---|---|
| $y$ |  |  |  |  | … |

(2) $x$와 $y$ 사이에는 어떤 관계가 있는지 말하시오.

_______________

(3) $x$와 $y$ 사이의 관계식을 구하시오.

_______________

**03** 다음 중 $y$가 $x$에 정비례하는 것에는 ○표, 정비례하지 <u>않는</u> 것에는 ✕표를 쓰시오.

(1) $y=6x$

_______________

(2) $y=\dfrac{2}{x}$

_______________

(3) $\dfrac{y}{x}=5$

_______________

(4) $xy=-4$

_______________

(5) $y=x-1$

_______________

(6) $y=\dfrac{x}{5}$

_______________

(7) $\dfrac{y}{x}=\dfrac{1}{3}$

_______________

(8) $y=-\dfrac{3}{x}$

_______________

**04** 다음 중 $y$가 $x$에 정비례하는 것에는 ○표, 정비례하지 <u>않는</u> 것에는 ✕표를 쓰시오.

(1) 100쪽인 책을 10쪽씩 $x$일 동안 읽고 남은 쪽수 $y$쪽

_______________

(2) 시속 $x$ km로 2시간 동안 이동한 거리 $y$ km

_______________

(3) 넓이가 30 cm²인 직사각형의 가로의 길이 $x$ cm와 세로의 길이 $y$ cm

_______________

(4) 한 개에 500원인 물건 $x$개의 가격 $y$원

_______________

(5) 1 m의 무게가 20 g인 철사 $x$ m의 무게 $y$ g

_______________

(6) 10 %의 소금물 $x$ g 속에 녹아 있는 소금의 양 $y$ g

_______________

**05** 다음 중 정비례 관계 $y=-3x$의 그래프 위의 점인 것에는 ○표, <u>아닌</u> 것에는 ×표를 쓰시오.

(1) $(1,\ -3)$

    **풀이** $y=-3x$에 $x=1$, $y=-3$을 대입하면

    $\boxed{\phantom{0}}=-3\times\boxed{\phantom{0}}$이므로

    점 $(1,\ -3)$은 $y=-3x$의 그래프 위의

    ( 점이다 , 점이 아니다 ).

(2) $(2,\ -5)$

(3) $(-3,\ -9)$

(4) $(0,\ 0)$

(5) $\left(-\dfrac{1}{3},\ 1\right)$

(6) $(12,\ -4)$

**06** 다음을 구하시오.

(1) 정비례 관계 $y=2x$의 그래프가 점 $(-1,\ a)$를 지날 때, $a$의 값

    **풀이** $y=2x$에 $x=-1$, $y=a$를 대입하면

    $a=2\times(-1)=\boxed{\phantom{0}}$

(2) 정비례 관계 $y=-5x$의 그래프가 점 $(-2,\ a)$를 지날 때, $a$의 값

(3) 정비례 관계 $y=\dfrac{2}{3}x$의 그래프가 점 $(a,\ -2)$를 지날 때, $a$의 값

(4) 정비례 관계 $y=-\dfrac{1}{4}x$의 그래프가 점 $(a,\ 3)$을 지날 때, $a$의 값

(5) 정비례 관계 $y=-12x$의 그래프가 점 $(a,\ 36)$을 지날 때, $a$의 값

## 정비례 관계 $y=ax\,(a\neq0)$에서 $a$의 값 구하기

**07** 정비례 관계 $y=ax$의 그래프가 다음 점을 지날 때, 상수 $a$의 값을 구하시오.

(1) $(2,\,-2)$

$$\boxed{\phantom{xx}}=a\times2 \qquad \therefore a=\boxed{\phantom{xx}}$$

**풀이** $y=ax$에 $x=2,\ y=-2$를 대입하면

(2) $(1,\,3)$

(3) $(-6,\,3)$

(4) $(-1,\,1)$

(5) $(3,\,9)$

(6) $(4,\,-8)$

(7) $\left(-\dfrac{1}{2},\,4\right)$

(8) $\left(\dfrac{1}{3},\,-2\right)$

(9) $(-2,\,4)$

(10) $(-3,\,1)$

### 학교 시험 바로 맛보기

**08** 다음 중 $y$가 $x$에 정비례하는 것은?

① $y=-\dfrac{1}{3}x$ ② $y=x-2$ ③ $xy=5$

④ $y=\dfrac{6}{x}$ ⑤ $y=x+4$

# 정비례 관계의 그래프

**(1) 정비례 관계 $y=ax\ (a\neq0)$의 그래프 그리기**

❶ 좌표평면 위에 원점 $(0,\,0)$을 나타낸다.

❷ 0을 제외한 적당한 $x$의 값을 대입하여 $y$의 값을 구한다.

❸ ❷의 순서쌍 $(x,\,y)$를 좌표로 하는 점을 좌표평면 위에 나타낸다.

❹ 원점과 ❸의 점을 직선으로 연결한다.

**(2) 정비례 관계 $y=ax\ (a\neq0)$의 그래프의 성질**

① $x$의 값의 범위가 수 전체일 때, 원점을 지나는 직선이다.

② $a>0$일 때, 제1사분면과 제3사분면을 지난다. $a<0$일 때, 제2사분면과 제4사분면을 지난다.

③ $a$의 절댓값이 작을수록 $x$축에 가깝고, $a$의 절댓값이 클수록 $y$축에 가깝다.

참고 $y=ax\ (a\neq0)$에서 $x$의 값이 구체적으로 주어지지 않으면 $x$의 값의 범위는 수 전체로 생각한다.

---

### 정비례 관계 $y=ax\ (a\neq0)$의 그래프 그리기

**01** 정비례 관계 $y=x$에 대하여 다음 물음에 답하시오.

(1) $x$의 값이 $-2,\ -1,\ 0,\ 1,\ 2$일 때, 다음 표를 완성하고, 그래프를 다음 좌표평면 위에 나타내시오.

| $x$ | $-2$ | $-1$ | $0$ | $1$ | $2$ |
|-----|------|------|-----|-----|-----|
| $y$ |      |      |     |     |     |

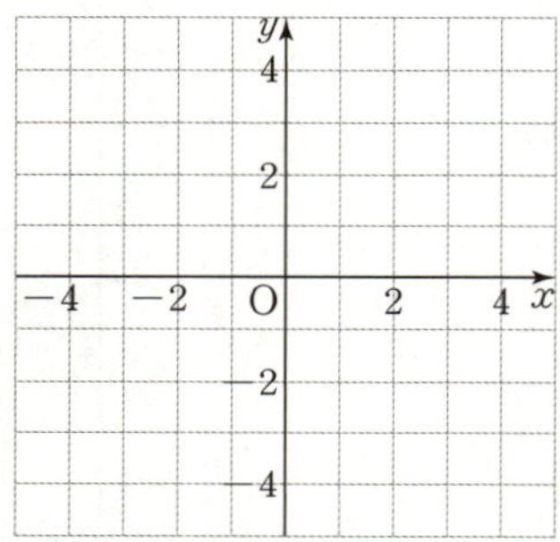

(2) $x$의 값의 범위가 수 전체일 때, 그래프를 다음 좌표평면 위에 나타내시오.

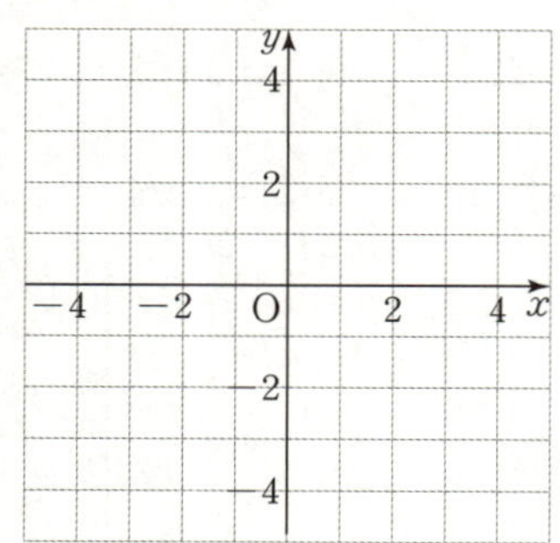

**02** $x$의 값의 범위가 수 전체일 때, 다음 정비례 관계의 그래프가 지나는 두 점의 좌표를 구하고, 그래프를 좌표평면 위에 그리시오.

(1) $y=-2x$ ➡ $(0,\ \square),\ (-1,\ \square)$

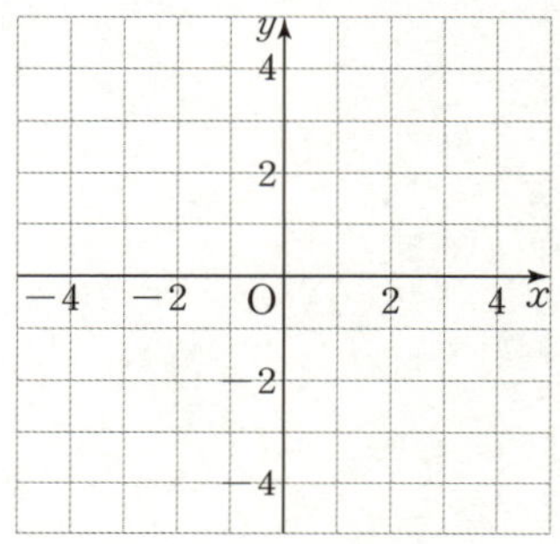

(2) $y=\dfrac{1}{3}x$ ➡ $(0,\ \square),\ (3,\ \square)$

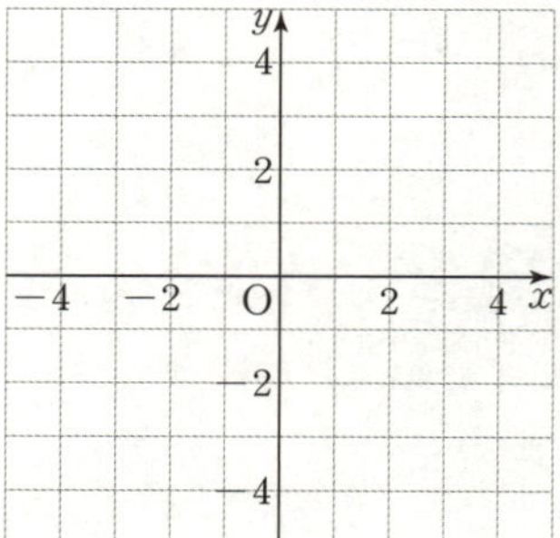

### 정비례 관계 $y=ax\,(a\neq0)$의 그래프의 성질

**03** $x$의 값의 범위가 수 전체일 때, |보기|를 보고 다음 물음에 답하시오.

(1)
| 보기 |
ㄱ. $y=x$
ㄴ. $y=\dfrac{1}{2}x$
ㄷ. $y=2x$

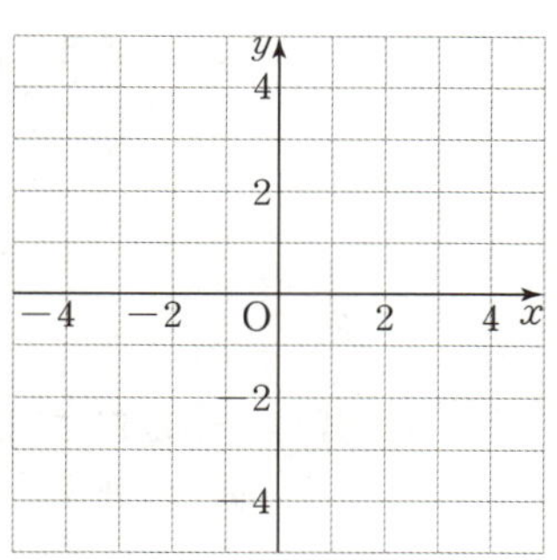

① |보기|의 정비례 관계의 그래프를 각각 그리고, 그래프가 지나는 사분면을 모두 구하시오.

② |보기|의 정비례 관계의 그래프 중 $y$축에 가장 가까운 것을 고르시오.

③ 다음 문장에서 알맞은 것에 ◯표 하시오.
$x$의 값이 증가할 때, $y$의 값은 ( 증가 , 감소 )한다.

(2)
| 보기 |
ㄱ. $y=-x$
ㄴ. $y=-\dfrac{2}{3}x$
ㄷ. $y=-3x$

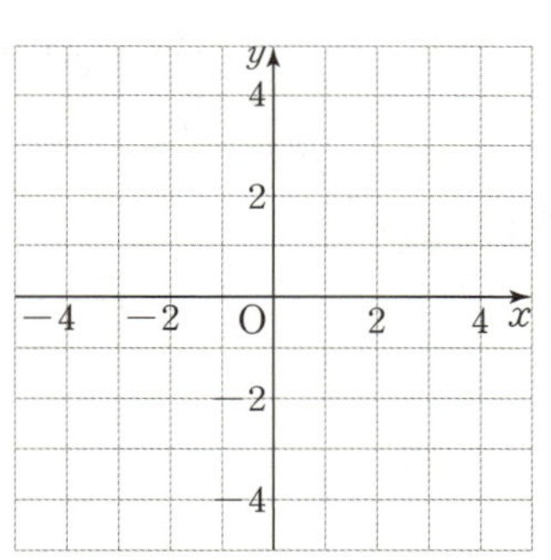

① |보기|의 정비례 관계의 그래프를 각각 그리고, 그래프가 지나는 사분면을 모두 구하시오.

② |보기|의 정비례 관계의 그래프 중 $y$축에 가장 가까운 것을 고르시오.

③ 다음 문장에서 알맞은 것에 ◯표 하시오.
$x$의 값이 증가할 때, $y$의 값은 ( 증가 , 감소 )한다.

**04** $x$의 값의 범위가 수 전체일 때, |보기|의 정비례 관계의 그래프에 대하여 다음을 구하시오.

| 보기 |
ㄱ. $y=-x$　　　　ㄴ. $y=4x$
ㄷ. $y=\dfrac{1}{3}x$　　　　ㄹ. $y=-3x$
ㅁ. $y=-\dfrac{3}{4}x$　　　　ㅂ. $y=2x$

(1) $y$축에 가장 가까운 그래프

(2) $y$축에서 가장 멀리 떨어진 그래프

(3) $x$의 값이 증가할 때, $y$의 값도 증가하는 그래프

(4) $x$의 값이 증가할 때, $y$의 값은 감소하는 그래프

(5) 제3사분면을 지나는 그래프

(6) 제2사분면을 지나는 그래프

### $y=ax\,(a\neq0)$ 꼴의 정비례 관계식 구하기

**05** 다음 그래프가 나타내는 $x$와 $y$ 사이의 관계식을 구하시오.

(1)

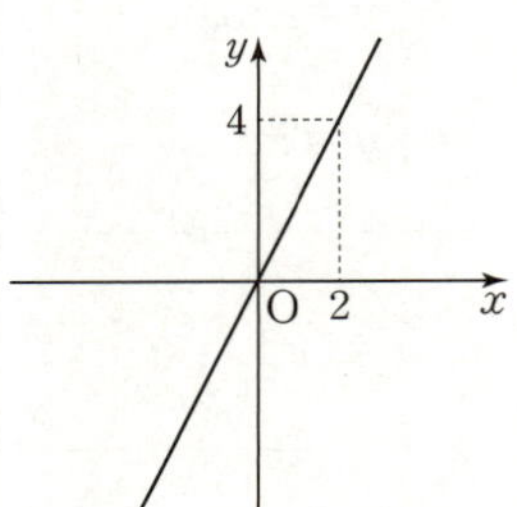

**풀이** 그래프가 원점을 지나는 직선이므로 정비례 관계 $y=ax$의 그래프이다.

이 그래프가 점 $(2,\,4)$를 지나므로
$y=ax$에 $x=2$, $y=4$를 대입하면
$$\boxed{\phantom{0}}=a\times2 \qquad \therefore\ a=\boxed{\phantom{0}}$$

따라서 $x$와 $y$ 사이의 관계식은 $y=\boxed{\phantom{0}}$이다.

(2)

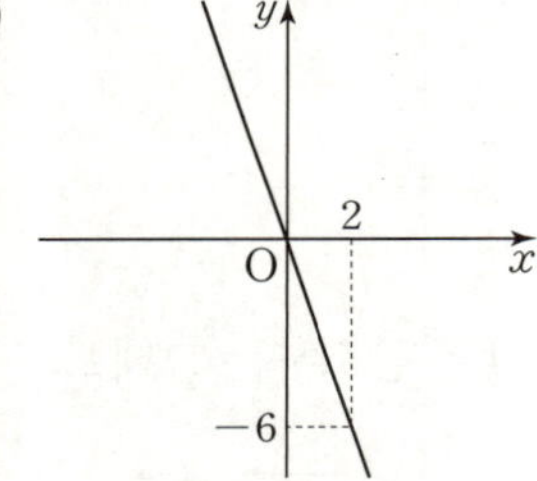

(3)

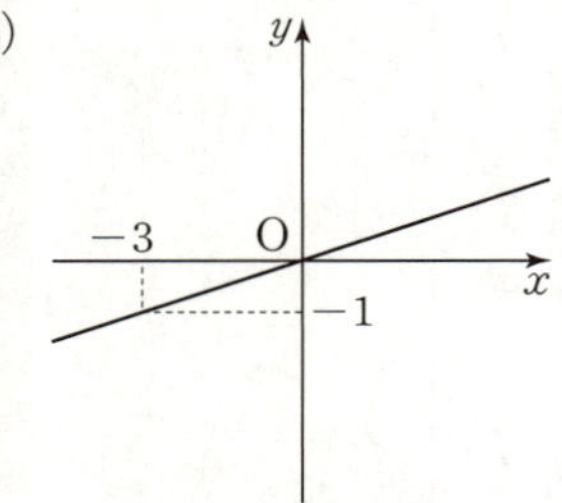

**06** 정비례 관계 $y=ax$의 그래프가 다음 그림과 같을 때, $b$의 값을 구하시오. (단, $a$는 상수)

(1)

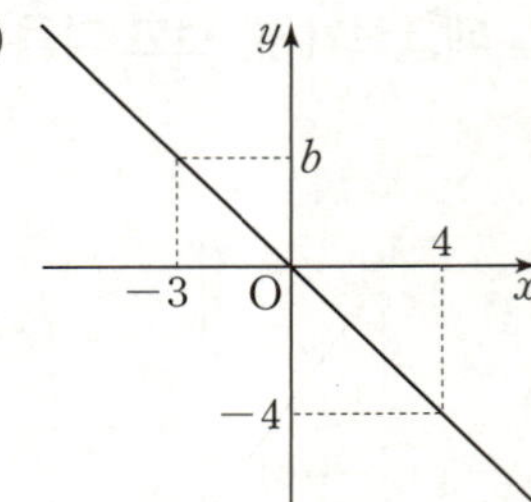

**풀이** ❶ $y=ax$의 그래프가 점 $(4,\,-4)$를 지나므로
$y=ax$에 $x=4$, $y=-4$를 대입하면
$$\boxed{\phantom{0}}=a\times4 \qquad \therefore\ a=\boxed{\phantom{0}}$$

따라서 $x$와 $y$ 사이의 관계식은 $y=\boxed{\phantom{0}}$이다.

❷ $y=\boxed{\phantom{0}}$에 $x=-3$, $y=b$를 대입하면
$$b=\boxed{\phantom{0}}$$

(2)

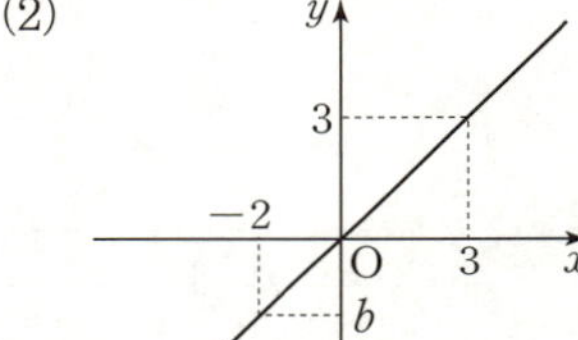

(3)

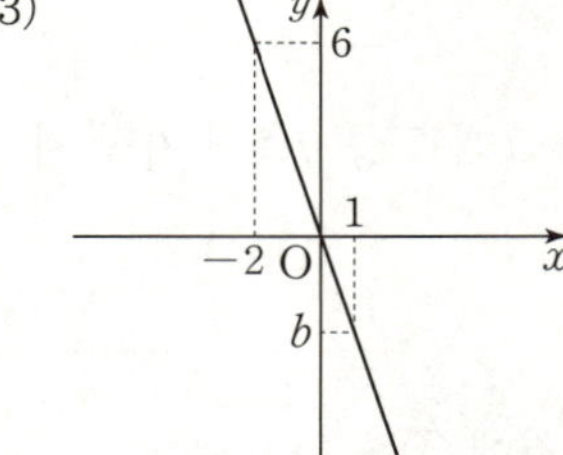

**07** 정비례 관계 $y=ax$의 그래프가 주어진 두 점을 지날 때, $x$와 $y$ 사이의 관계식과 $b$의 값을 각각 구하시오.
(단, $a$는 상수)

(1) $(-2, 1), (4, b)$

$x$와 $y$ 사이의 관계식: ____________

$b$의 값: ____________

**풀이** ❶ $y=ax$의 그래프가 점 $(-2, 1)$을 지나므로

$y=ax$에 $x=-2$, $y=1$을 대입하면

$\boxed{\phantom{0}} = a \times (\boxed{\phantom{0}}) \qquad \therefore a = \boxed{\phantom{0}}$

따라서 $x$와 $y$ 사이의 관계식은 $y = \boxed{\phantom{0}}$ 이다.

❷ $y = \boxed{\phantom{0}}$ 에 $x=4$, $y=b$를 대입하면

$b = \boxed{\phantom{0}} \times 4 = \boxed{\phantom{0}}$

(2) $(3, 6), (-2, b)$

$x$와 $y$ 사이의 관계식: ____________

$b$의 값: ____________

(3) $(-1, 3), (-3, b)$

$x$와 $y$ 사이의 관계식: ____________

$b$의 값: ____________

(4) $(1, 5), (b, 15)$

$x$와 $y$ 사이의 관계식: ____________

$b$의 값: ____________

(5) $(1, -2), \left(b, \dfrac{1}{2}\right)$

$x$와 $y$ 사이의 관계식: ____________

$b$의 값: ____________

(6) $(3, 4), (9, b)$

$x$와 $y$ 사이의 관계식: ____________

$b$의 값: ____________

**학교 시험 바로 맛보기**

**08** 다음 중 정비례 관계 $y=3x$의 그래프에 대한 설명으로 옳지 **않은** 것을 모두 고르면? (정답 2개)

① 점 $(12, 4)$를 지난다.

② 원점을 지나는 직선이다.

③ 오른쪽 아래로 향하는 직선이다.

④ 제1사분면과 제3사분면을 지난다.

⑤ $x$의 값이 증가하면 $y$의 값도 증가한다.

# 반비례 관계

**$y$가 $x$에 반비례하는 경우**

① $x$의 값이 2배, 3배, 4배, …로 변함에 따라 $y$의 값은 $\frac{1}{2}$배, $\frac{1}{3}$배, $\frac{1}{4}$배, …로 변할 때

② $y = \frac{a}{x}\,(a \neq 0)$의 꼴로 나타날 때

③ $xy$의 값이 일정하게 나타날 때

[예] 넓이가 $24\,cm^2$인 직사각형의 가로의 길이를 $x\,cm$, 세로의 길이를 $y\,cm$라 하면 다음과 같은 표를 만들 수 있다.

| $x$ | 1 | 2 | 3 | 4 | … |
|---|---|---|---|---|---|
| $y$ | 24 | 12 | 8 | 6 | … |

➡ $x$의 값이 2배, 3배, 4배, …가 될 때 $y$의 값은 $\frac{1}{2}$배, $\frac{1}{3}$배, $\frac{1}{4}$배, …가 되므로 $y$는 $x$에 반비례하고,

$x$와 $y$ 사이의 관계식은 $y = \frac{24}{x}$이다.

## 반비례 관계식

**01** 빵 36개를 $x$명에게 똑같이 나누어 주려고 한다. 한 명이 받는 빵의 개수를 $y$개라 할 때, 다음 물음에 답하시오.

(1) 다음 표를 완성하시오.

| $x$ | 1 | 2 | 3 | 4 | … |
|---|---|---|---|---|---|
| $y$ | | | | | … |

(2) $x$와 $y$ 사이에는 어떤 관계가 있는지 말하시오.

_______________

(3) $x$와 $y$ 사이의 관계식을 구하시오.

_______________

**02** 거리가 $90\,km$인 두 지점 A, B가 있다. 자동차를 타고 A지점에서 B지점까지 시속 $x\,km$로 달릴 때, 걸리는 시간을 $y$시간이라 한다. 다음 물음에 답하시오.

(1) 다음 표를 완성하시오.

| $x$ | 1 | 2 | 5 | 6 | … |
|---|---|---|---|---|---|
| $y$ | | | | | … |

(2) $x$와 $y$ 사이에는 어떤 관계가 있는지 말하시오.

_______________

(3) $x$와 $y$ 사이의 관계식을 구하시오.

_______________

**03** 다음 중 $y$가 $x$에 반비례하는 것에는 ○표, 반비례하지 <u>않는</u> 것에는 ×표를 쓰시오.

(1) $y=\dfrac{x}{3}$

_______________

(2) $xy=5$

_______________

(3) $y=\dfrac{2}{x}$

_______________

(4) $\dfrac{y}{x}=7$

_______________

(5) $y=-\dfrac{1}{x}+1$

_______________

(6) $y=-\dfrac{9}{x}$

_______________

(7) $\dfrac{y}{x}=-3$

_______________

(8) $xy=-4$

_______________

**04** 다음 중 $y$가 $x$에 반비례하는 것에는 ○표, 반비례하지 <u>않는</u> 것에는 ×표를 쓰시오.

(1) 길이가 50 cm인 줄을 $x$명이 똑같은 길이로 나누어 가질 때, 한 명이 갖게 되는 끈의 길이 $y$ cm

_______________

(2) 시속 $x$ km로 5시간 동안 이동한 거리 $y$ km

_______________

(3) 밑변의 길이가 $x$ cm이고 높이가 6 cm인 삼각형의 넓이 $y$ cm$^2$

_______________

(4) 넓이가 40 cm$^2$, 밑변의 길이 $x$ cm인 평행사변형의 높이 $y$ cm

_______________

(5) 시속 $x$ km로 16 km의 거리를 이동하는 데 걸린 시간 $y$시간

_______________

(6) $x$ g의 설탕물에 30 g의 설탕이 녹아 있을 때, 설탕물의 농도 $y$ %

_______________

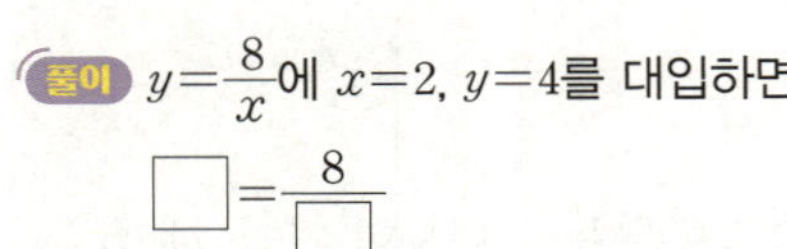



**05** 다음 중 반비례 관계 $y=\dfrac{8}{x}$의 그래프 위의 점인 것에는 ○표, 아닌 것에는 ×표를 쓰시오.

(1) $(2,\ 4)$

___________

> **풀이** $y=\dfrac{8}{x}$에 $x=2$, $y=4$를 대입하면
>
> $\boxed{\phantom{x}}=\dfrac{8}{\boxed{\phantom{x}}}$
>
> 따라서 점 $(2,\ 4)$는 $y=\dfrac{8}{x}$의 그래프 위의
> ( 점이다 , 점이 아니다 ).

(2) $(-1,\ 8)$

___________

(3) $(-4,\ -2)$

___________

(4) $(8,\ -1)$

___________

(5) $(1,\ 8)$

___________

(6) $\left(-16,\ \dfrac{1}{2}\right)$

___________

**06** 다음을 구하시오.

(1) 반비례 관계 $y=-\dfrac{2}{x}$의 그래프가 점 $(2,\ a)$를 지날 때, $a$의 값

___________

> **풀이** $y=-\dfrac{2}{x}$에 $x=2$, $y=a$를 대입하면
>
> $a=-\dfrac{2}{2}=\boxed{\phantom{x}}$

(2) 반비례 관계 $y=\dfrac{3}{x}$의 그래프가 점 $(1,\ a)$를 지날 때, $a$의 값

___________

(3) 반비례 관계 $y=-\dfrac{9}{x}$의 그래프가 점 $(a,\ 3)$을 지날 때, $a$의 값

___________

(4) 반비례 관계 $y=\dfrac{12}{x}$의 그래프가 점 $(a,\ -6)$을 지날 때, $a$의 값

___________

(5) 반비례 관계 $y=-\dfrac{18}{x}$의 그래프가 점 $(a,\ -3)$을 지날 때, $a$의 값

___________

 **반비례 관계 $y=\dfrac{a}{x}\,(a\neq0)$에서 $a$의 값 구하기**

**07** 반비례 관계 $y=\dfrac{a}{x}$의 그래프가 다음 점을 지날 때, 상수 $a$의 값을 구하시오.

(1) $(3,\ 1)$

_______________

> **풀이** $y=\dfrac{a}{x}$에 $x=3$, $y=1$을 대입하면
>
> $\boxed{\phantom{x}}=\dfrac{a}{\boxed{\phantom{x}}}$  $\therefore a=\boxed{\phantom{x}}$

(2) $(2,\ -2)$

_______________

(3) $(1,\ -5)$

_______________

(4) $(-8,\ 3)$

_______________

(5) $(-2,\ 3)$

_______________

(6) $(-3,\ -4)$

_______________

(7) $\left(4,\ -\dfrac{3}{2}\right)$

_______________

(8) $\left(-12,\ -\dfrac{1}{2}\right)$

_______________

(9) $(-5,\ -2)$

_______________

(10) $(-3,\ 5)$

_______________

 **학교 시험 바로 맛보기**

**08** 다음 중 $y$가 $x$에 반비례하는 것은?

① $y=-\dfrac{1}{2}x$  ② $x+y=4$  ③ $xy=-3$

④ $\dfrac{y}{x}=5$  ⑤ $y=\dfrac{1}{x}+1$

# 반비례 관계의 그래프

(1) 반비례 관계 $y=\dfrac{a}{x}\,(a\neq0)$의 그래프 그리기

❶ $x$, $y$의 값의 대응표를 만든다.

❷ ❶의 순서쌍 $(x,\ y)$를 좌표로 하는 점을 좌표평면 위에 나타낸다.

❸ ❷의 점들을 매끄러운 곡선으로 연결한다.

(2) 반비례 관계 $y=\dfrac{a}{x}\,(a\neq0)$의 그래프의 성질

① $x$의 값의 범위가 0이 아닌 수 전체일 때, 한 쌍의 매끄러운 곡선이다.

② $a>0$일 때, 제1사분면과 제3사분면을 지난다.

③ $a<0$일 때, 제2사분면과 제4사분면을 지난다.

참고 $y=\dfrac{a}{x}\,(a\neq0)$에서 $x$의 값이 구체적으로 주어지지 않으면 $x$의 값의 범위는 0이 아닌 수 전체로 생각한다.

---

### 반비례 관계 $y=\dfrac{a}{x}\,(a\neq0)$의 그래프 그리기

**01** 반비례 관계 $y=\dfrac{4}{x}$에 대하여 다음 물음에 답하시오.

(1) $x$의 값이 $-4$, $-2$, $-1$, $1$, $2$, $4$일 때, 다음 표를 완성하고, 그래프를 다음 좌표평면 위에 나타내시오.

| $x$ | $-4$ | $-2$ | $-1$ | $1$ | $2$ | $4$ |
|---|---|---|---|---|---|---|
| $y$ | | | | | | |

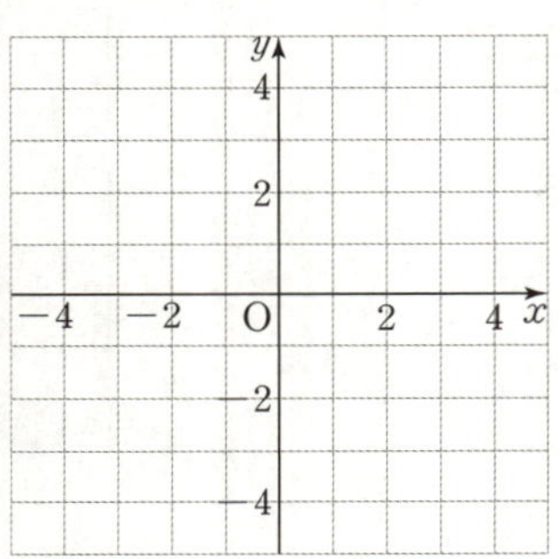

(2) $x$의 값의 범위가 0이 아닌 수 전체일 때, 그래프를 다음 좌표평면 위에 나타내시오.

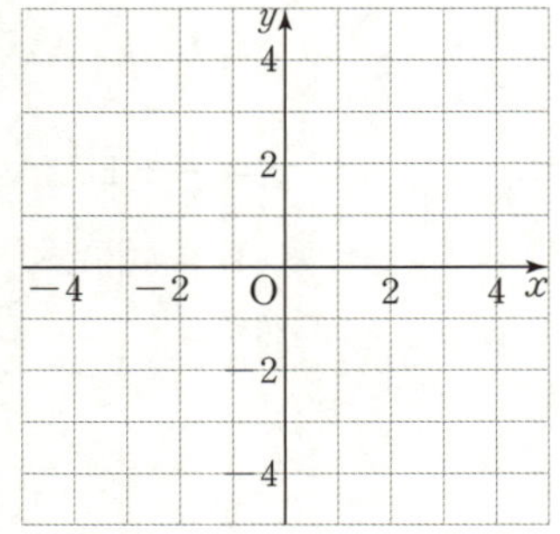

**02** $x$의 값의 범위가 0이 아닌 수 전체일 때, 다음 반비례 관계의 그래프가 지나는 네 점의 좌표를 구하고, 그래프를 좌표평면 위에 그리시오.

(1) $y=-\dfrac{6}{x}$ ➡ $(-3,\ \boxed{\phantom{0}})$, $(-2,\ \boxed{\phantom{0}})$, $(2,\ \boxed{\phantom{0}})$, $(3,\ \boxed{\phantom{0}})$

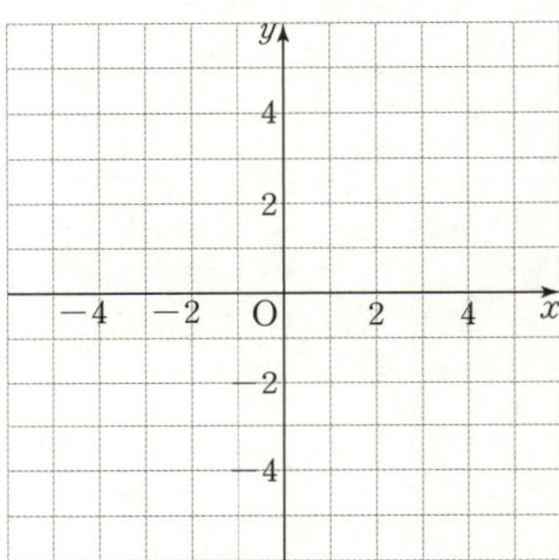

(2) $y=\dfrac{8}{x}$ ➡ $(-4,\ \boxed{\phantom{0}})$, $(-2,\ \boxed{\phantom{0}})$, $(2,\ \boxed{\phantom{0}})$, $(4,\ \boxed{\phantom{0}})$

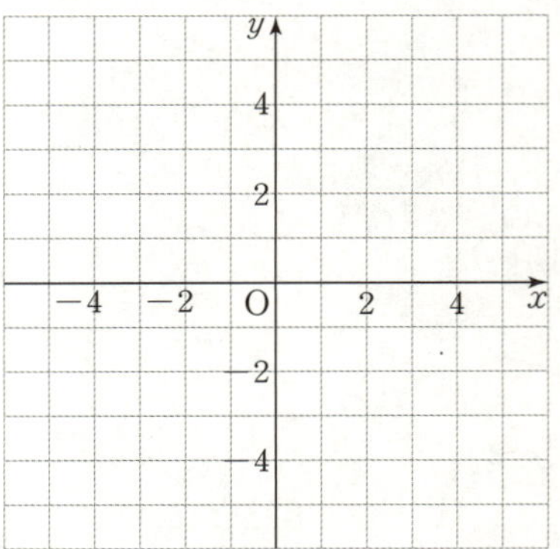

반비례 관계 $y=\dfrac{a}{x}\,(a\neq0)$의 그래프의 성질

**03** $x$의 값의 범위가 0이 아닌 수 전체일 때, |보기|를 보고 다음 물음에 답하시오.

(1) |보기|

ㄱ. $y=\dfrac{5}{x}$

ㄴ. $y=\dfrac{3}{x}$

ㄷ. $y=\dfrac{2}{x}$

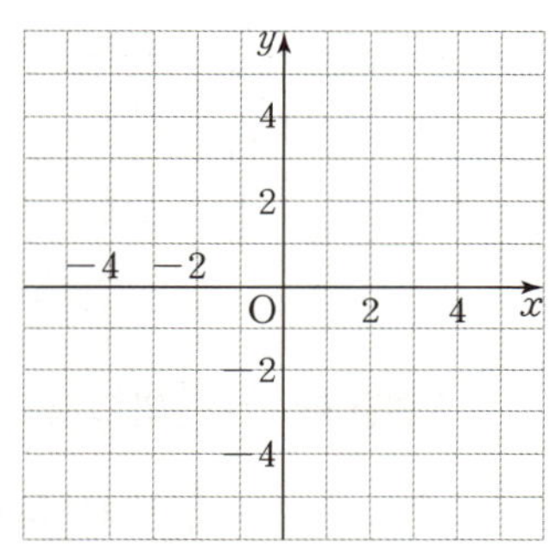

① |보기|의 반비례 관계의 그래프를 각각 그리고, 그래프가 지나는 사분면을 모두 구하시오.

② |보기|의 반비례 관계의 그래프 중 원점에 가장 가까운 것을 고르시오.

③ 다음 문장에서 알맞은 것에 ◯표 하시오.
$x$의 값이 증가할 때, $y$의 값은 ( 증가 , 감소 )한다.

(2) |보기|

ㄱ. $y=-\dfrac{10}{x}$

ㄴ. $y=-\dfrac{4}{x}$

ㄷ. $y=-\dfrac{2}{x}$

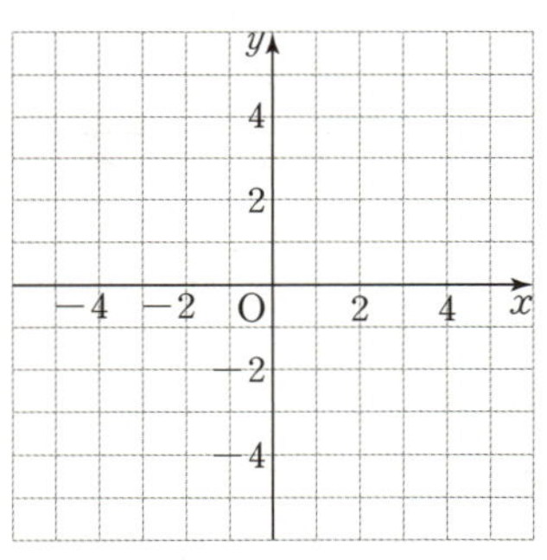

① |보기|의 반비례 관계의 그래프를 각각 그리고, 그래프가 지나는 사분면을 모두 구하시오.

② |보기|의 반비례 관계의 그래프 중 원점에 가장 가까운 것을 고르시오.

③ 다음 문장에서 알맞은 것에 ◯표 하시오.
$x$의 값이 증가할 때, $y$의 값은 ( 증가 , 감소 )한다.

**04** $x$의 값의 범위가 0이 아닌 수 전체일 때, |보기|의 반비례 관계의 그래프에 대하여 다음을 모두 구하시오.

|보기|

ㄱ. $y=\dfrac{5}{x}$

ㄴ. $y=-\dfrac{5}{x}$

ㄷ. $y=\dfrac{15}{x}$

ㄹ. $y=\dfrac{18}{x}$

ㅁ. $y=-\dfrac{20}{x}$

ㅂ. $y=-\dfrac{3}{x}$

(1) 원점에서 가장 먼 그래프

(2) 원점에 가장 가까운 그래프

(3) $x>0$에서 $x$의 값이 증가할 때, $y$의 값도 증가하는 그래프

(4) $x<0$에서 $x$의 값이 증가할 때, $y$의 값은 감소하는 그래프

(5) 제4사분면을 지나는 그래프

(6) 제1사분면을 지나는 그래프

## $y = \dfrac{a}{x}\,(a \neq 0)$ 꼴의 반비례 관계식 구하기

**05** 다음 그래프가 나타내는 $x$와 $y$ 사이의 관계식을 구하시오.

(1)

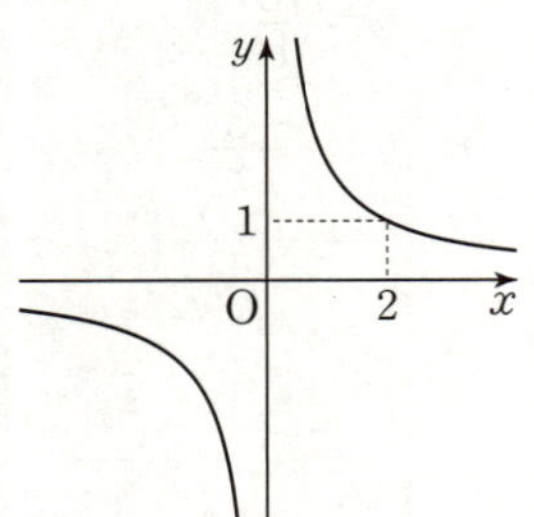

**풀이** 그래프가 원점에 대칭인 한 쌍의 곡선이므로

반비례 관계 $y = \dfrac{a}{x}$의 그래프이다.

이 그래프가 점 $(2,\ 1)$을 지나므로

$y = \dfrac{a}{x}$에 $x = 2$, $y = 1$을 대입하면

$\boxed{\phantom{0}} = \dfrac{a}{2}$    $\therefore\ a = \boxed{\phantom{0}}$

따라서 $x$와 $y$ 사이의 관계식은 $y = \boxed{\phantom{0}}$이다.

(2)

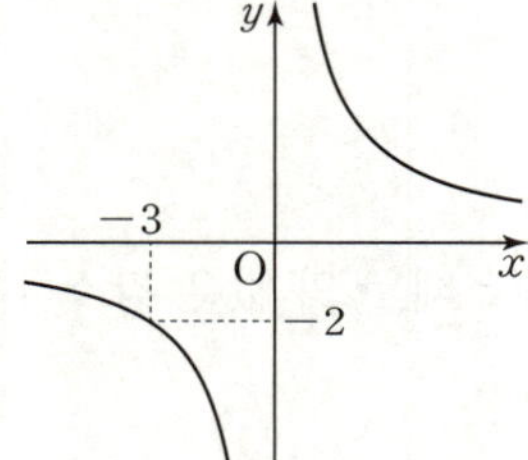

(3)

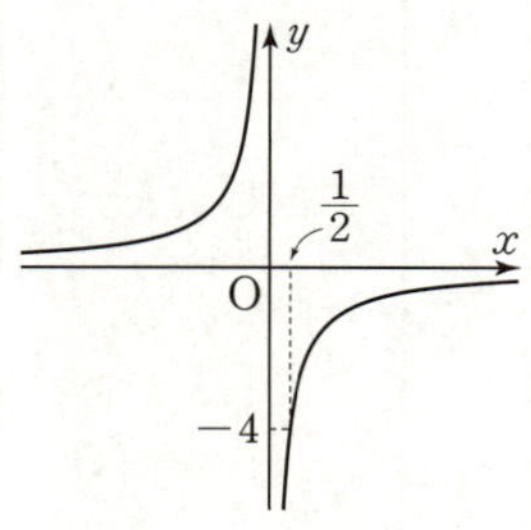

**06** 반비례 관계 $y = \dfrac{a}{x}$의 그래프가 다음 그림과 같을 때, $b$의 값을 구하시오. (단, $a$는 상수)

(1)

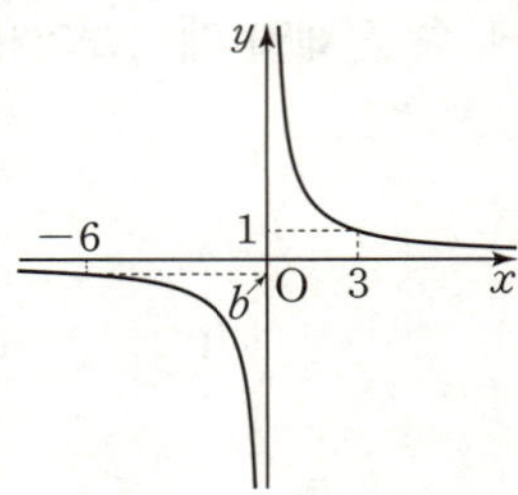

**풀이** ❶ $y = \dfrac{a}{x}$의 그래프가 점 $(3,\ 1)$을 지나므로

$y = \dfrac{a}{x}$에 $x = 3$, $y = 1$을 대입하면

$\boxed{\phantom{0}} = \dfrac{a}{\boxed{\phantom{0}}}$    $\therefore\ a = \boxed{\phantom{0}}$

따라서 $x$와 $y$ 사이의 관계식은 $y = \boxed{\phantom{0}}$이다.

❷ $y = \boxed{\phantom{0}}$에 $x = -6$, $y = b$를 대입하면

$b = \dfrac{\boxed{\phantom{0}}}{-6} = \boxed{\phantom{0}}$

(2)

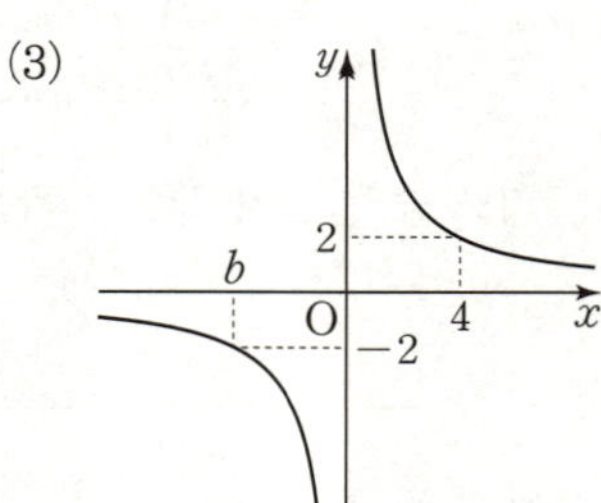

(3)

**07** 반비례 관계 $y=\dfrac{a}{x}$ 의 그래프가 주어진 두 점을 지날 때, $x$와 $y$ 사이의 관계식과 $b$의 값을 각각 구하시오.

(단, $a$는 상수)

(1) $(-3, 1)$, $(6, b)$

    $x$와 $y$ 사이의 관계식: _______________

        $b$의 값: _______________

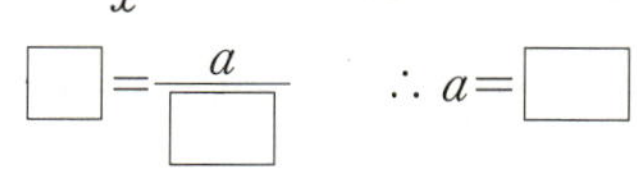 ❶ $y=\dfrac{a}{x}$ 의 그래프가 점 $(-3, 1)$을 지나므로

   $y=\dfrac{a}{x}$ 에 $x=-3$, $y=1$을 대입하면

   $\boxed{\phantom{aa}}=\dfrac{a}{\boxed{\phantom{aa}}}$    $\therefore a=\boxed{\phantom{aa}}$

   따라서 $x$와 $y$ 사이의 관계식은 $y=\boxed{\phantom{aa}}$ 이다.

  ❷ $y=\boxed{\phantom{aa}}$ 에 $x=6$, $y=b$를 대입하면

   $b=\dfrac{\boxed{\phantom{aa}}}{6}=\boxed{\phantom{aa}}$

(2) $(2, -2)$, $(-4, b)$

    $x$와 $y$ 사이의 관계식: _______________

        $b$의 값: _______________

(3) $(5, 2)$, $(b, -5)$

    $x$와 $y$ 사이의 관계식: _______________

        $b$의 값: _______________

(4) $(3, 3)$, $(-6, b)$

    $x$와 $y$ 사이의 관계식: _______________

        $b$의 값: _______________

(5) $(4, -2)$, $(b, 4)$

    $x$와 $y$ 사이의 관계식: _______________

        $b$의 값: _______________

(6) $(4, 5)$, $(b, 2)$

    $x$와 $y$ 사이의 관계식: _______________

        $b$의 값: _______________

**학교 시험 바로 맛보기**

**08** 다음 중 반비례 관계 $y=\dfrac{16}{x}$ 의 그래프에 대한 설명으로 옳은 것을 모두 고르면? (정답 2개)

① 점 $(-2, -8)$을 지난다.

② $x$축과 한 점에서 만난다.

③ 원점을 지나는 한 쌍의 매끄러운 곡선이다.

④ 제1사분면과 제3사분면을 지난다.

⑤ $x>0$일 때, $x$의 값이 증가하면 $y$의 값도 증가한다.

# 기본기 탄탄 문제

개념 **49~52**

**1** 다음 중 $y$가 $x$에 정비례하지 <u>않는</u> 것을 모두 고르면?

(정답 2개)

① $x$개에 1500원인 사과 한 개의 가격 $y$원

② 분속 400 m로 $x$분 동안 걸은 거리 $y$ m

③ 올해 13세인 형의 $x$년 후의 나이 $y$세

④ 밑변의 길이가 $x$ cm, 높이가 7 cm인 삼각형의 넓이 $y$ cm$^2$

⑤ 한 변의 길이가 $x$ cm인 정오각형의 둘레의 길이 $y$ cm

**2** 점 $(a-1, 2a)$가 정비례 관계 $y=5x$의 그래프 위의 점일 때, $a$의 값을 구하시오.

**3** 정비례 관계 $y=ax$의 그래프가 오른쪽 그림과 같을 때, $a$, $b$의 값을 각각 구하시오. (단, $a$는 상수)

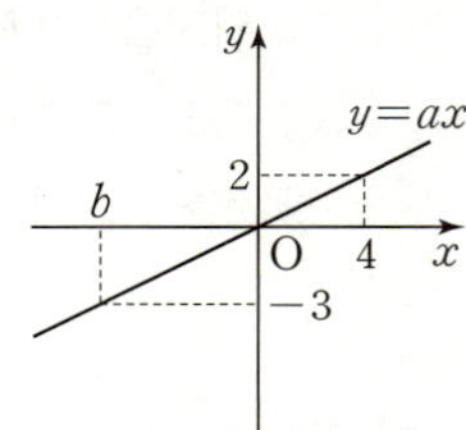

**4** 다음 반비례 관계의 그래프 중 좌표축에 가장 가까운 것은?

① $y=-\dfrac{1}{x}$    ② $y=\dfrac{2}{x}$    ③ $y=-\dfrac{4}{x}$

④ $y=\dfrac{1}{3x}$    ⑤ $y=-\dfrac{5}{2x}$

**5** 반비례 관계 $y=-\dfrac{21}{x}$의 그래프가 두 점 $(7, a)$, $\left(b, -\dfrac{1}{3}\right)$을 지날 때, $a+b$의 값을 구하시오.

**6** 오른쪽 그림과 같이 정비례 관계 $y=ax$의 그래프와 반비례 관계 $y=\dfrac{b}{x}$의 그래프가 점 $(5, 3)$에서 만날 때, 상수 $a$, $b$에 대하여 $ab$의 값을 구하시오.

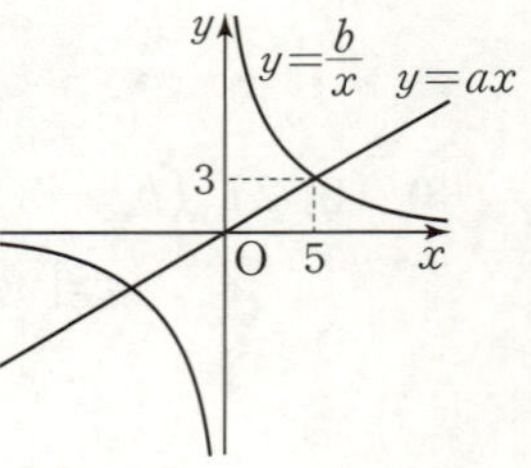

수학이 쉬워지는 완벽한 솔루션

# 완쏠

## 개념연산

### 정답 및 해설

중등수학
1-1

메가스터디BOOKS

# 1. 소인수분해

## 개념 01 소수와 합성수
· 본문 006쪽

**01** (1) 소  (2) 합  (3) 합  (4) 소  (5) 소  (6) 합  (7) 합  (8) 소  (9) 합  (10) 소
**02** (1) ×  (2) ×  (3) ○  (4) ×  (5) ○     **03** ④

**02** (1) 1은 소수도 합성수도 아니다.
(2) 3의 배수 중 3은 소수이다.
(4) 소수 중 2는 짝수이다.

**03** 소수는 2, 29, 37, 71, 89, 97의 6개이다.

## 개념 02 거듭제곱
· 본문 007~008쪽

**01** (1) 3, 2  (2) 5, 4  (3) $x$, 3  (4) 2, $a$  (5) $\dfrac{1}{3}$, 5

**02** (1) $7^2$  (2) $10^3$  (3) $9^5$  (4) $x^4$  (5) $a^6$

**03** (1) $2^2 \times 5^2$  (2) $3^3 \times 7^2$  (3) $4^3 \times 6^4$  (4) $2^2 \times 3^2 \times 5$
(5) $3^2 \times 5^3 \times 11^2$  (6) $x^2 \times y^3$  (7) $a^3 \times b^2 \times c^2$

**04** (1) 2  (2) $\left(\dfrac{1}{10}\right)^4$  (3) $\left(\dfrac{1}{5}\right)^3 \times \left(\dfrac{1}{7}\right)^2$  (4) 2

(5) $\dfrac{1}{5^3 \times 7^2}$

**05** ④

**05** ① $2+2+2=2\times3$
② $3\times3\times3\times3=3^4$
③ $x+x+x+x+x=x\times5$
⑤ $\dfrac{1}{3\times3\times5\times5}=\dfrac{1}{3^2\times5^2}$
따라서 옳은 것은 ④이다.

## 개념 03 소인수분해
· 본문 009~011쪽

**01** (1) 1, 2, 3, 6 / 2, 3  (2) 1, 3, 9 / 3
(3) 1, 2, 11, 22 / 2, 11
(4) 1, 2, 5, 10, 25, 50 / 2, 5
(5) 1, 3, 5, 7, 15, 21, 35, 105 / 3, 5, 7
**02** (1) 방법1 2, 2, 7 방법2 2, 2, 7 / 2, 7
(2) 방법1 3, 3, 3 방법2 3, 3, 3 / 3

(3) 풀이 참조 / $2\times3\times5$
(4) 풀이 참조 / $2^2\times3^2$
(5) 풀이 참조 / $3^2\times5$
(6) 풀이 참조 / $2^2\times3\times5$
**03** (1) $2^4$ / 2  (2) $2\times3^2$ / 2, 3  (3) $5^2$ / 5  (4) $2\times3\times7$ / 2, 3, 7
(5) $2^4\times3$ / 2, 3  (6) $2\times3^3$ / 2, 3  (7) $3^2\times7$ / 3, 7
(8) $3^4$ / 3  (9) $2^2\times3\times7$ / 2, 3, 7  (10) $2\times3^2\times5$ / 2, 3, 5
(11) $2^2\times3^3$ / 2, 3  (12) $2^3\times3\times5$ / 2, 3, 5  (13) $5^2\times7$ / 5, 7
(14) $2\times3^2\times11$ / 2, 3, 11  (15) $2^2\times7\times13$ / 2, 7, 13
**04** ③

**02** (3) 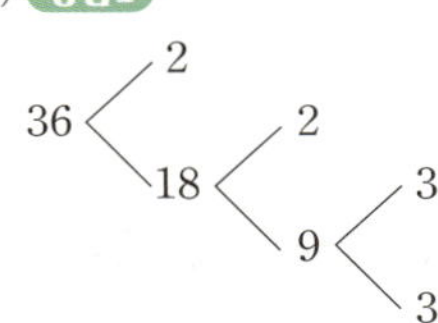

(4)

(5)

(6) 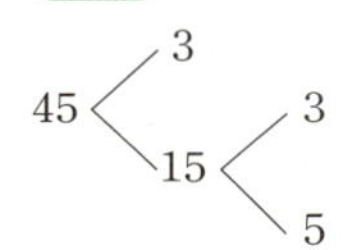

**03** (1) 2 ) 16
2 ) 8
2 ) 4
2
(2) 2 ) 18
3 ) 9
3
(3) 5 ) 25
5
(4) 2 ) 42
3 ) 21
7
(5) 2 ) 48
2 ) 24
2 ) 12
2 ) 6
3
(6) 2 ) 54
3 ) 27
3 ) 9
3
(7) 3 ) 63
3 ) 21
7
(8) 3 ) 81
3 ) 27
3 ) 9
3

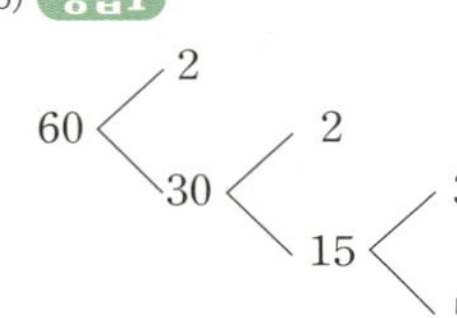

(9) 2 ) 84
   2 ) 42
   3 ) 21
      7

(10) 2 ) 90
    3 ) 45
    3 ) 15
       5

(11) 2 ) 108
    2 ) 54
    3 ) 27
    3 ) 9
       3

(12) 2 ) 120
    2 ) 60
    2 ) 30
    3 ) 15
       5

(13) 5 ) 175
    5 ) 35
       7

(14) 2 ) 198
    3 ) 99
    3 ) 33
      11

(15) 2 ) 364
    2 ) 182
    7 ) 91
      13

**04** ③ $64=2^6$

## 개념 04 소인수분해의 응용(1) - 약수 구하기

· 본문 012~013쪽

**01** (1) ① $2^2 \times 5$  ② 풀이 참조  ③ 1, 2, 4, 5, 10, 20
   (2) ① $2^2 \times 3^2$  ② 풀이 참조  ③ 1, 2, 3, 4, 6, 9, 12, 18, 36
**02** (1) 풀이 참조, 1, 2, 4, 7, 14, 28
   (2) 풀이 참조, 1, 2, 4, 5, 8, 10, 20, 40
   (3) 풀이 참조, 1, 2, 3, 4, 6, 8, 9, 12, 18, 24, 36, 72
**03** (1) 3개  (풀이) 2, 3  (2) 6개  (3) 12개  (풀이) 3, 2, 12
   (4) 6개  (5) 12개  (풀이) 2, 1, 1, 12  (6) 36개  (7) 48개
**04** (1) 6개  (2) 8개  (3) 10개  (4) 3개  (5) 9개
**05** ③

**01** (1) ②

| × | 1 | 2 | $2^2$ |
|---|---|---|---|
| 1 | $1 \times 1$ | $1 \times 2$ | $1 \times 2^2$ |
| 5 | $5 \times 1$ | $5 \times 2$ | $5 \times 2^2$ |

(2) ②

| × | 1 | 2 | $2^2$ |
|---|---|---|---|
| 1 | $1 \times 1$ | $1 \times 2$ | $1 \times 2^2$ |
| 3 | $3 \times 1$ | $3 \times 2$ | $3 \times 2^2$ |
| $3^2$ | $3^2 \times 1$ | $3^2 \times 2$ | $3^2 \times 2^2$ |

**02** (1)

| × | 1 | 2 | $2^2$ |
|---|---|---|---|
| 1 | $1 \times 1$ | $1 \times 2$ | $1 \times 2^2$ |
| 7 | $7 \times 1$ | $7 \times 2$ | $7 \times 2^2$ |

(2)

| × | 1 | 2 | $2^2$ | $2^3$ |
|---|---|---|---|---|
| 1 | $1 \times 1$ | $1 \times 2$ | $1 \times 2^2$ | $1 \times 2^3$ |
| 5 | $5 \times 1$ | $5 \times 2$ | $5 \times 2^2$ | $5 \times 2^3$ |

(3)

| × | 1 | 2 | $2^2$ | $2^3$ |
|---|---|---|---|---|
| 1 | $1 \times 1$ | $1 \times 2$ | $1 \times 2^2$ | $1 \times 2^3$ |
| 3 | $3 \times 1$ | $3 \times 2$ | $3 \times 2^2$ | $3 \times 2^3$ |
| $3^2$ | $3^2 \times 1$ | $3^2 \times 2$ | $3^2 \times 2^2$ | $3^2 \times 2^3$ |

**03** (2) $2^5$의 약수의 개수는 $5+1=6$(개)이다.
   (4) $5^2 \times 7$의 약수의 개수는 $(2+1) \times (1+1)=6$(개)이다.
   (6) $3^2 \times 5^3 \times 11^2$의 약수의 개수는
      $(2+1) \times (3+1) \times (2+1)=36$(개)이다.
   (7) $2^3 \times 3^2 \times 5^3$의 약수의 개수는
      $(3+1) \times (2+1) \times (3+1)=48$(개)이다.

**04** (1) $18=2 \times 3^2$이므로 18의 약수의 개수는
      $(1+1) \times (2+1)=6$(개)이다.
   (2) $24=2^3 \times 3$이므로 24의 약수의 개수는
      $(3+1) \times (1+1)=8$(개)이다.
   (3) $48=2^4 \times 3$이므로 48의 약수의 개수는
      $(4+1) \times (1+1)=10$(개)이다.
   (4) $121=11^2$이므로 121의 약수의 개수는 $2+1=3$(개)이다.
   (5) $225=3^2 \times 5^2$이므로 225의 약수의 개수는
      $(2+1) \times (2+1)=9$(개)이다.

**05** $56=2^3 \times 7$이므로 56의 약수는 ($2^3$의 약수)$\times$(7의 약수)의 꼴이다.
   ③ $7^2$은 7의 약수가 아니므로 56의 약수가 아니다.

## 개념 05 소인수분해의 응용(2) - 제곱인 수 만들기

· 본문 014~015쪽

**01** (1) ○  (2) ×  (3) ×  (4) ○  (5) ×
**02** (1) 3  (2) 2  (3) 5  (4) 6  (5) 14
**03** (1) 2  (2) 3  (3) 5  (4) 11  (5) 15  (6) 42  (7) 10
**04** (1) 7  (풀이) 7, 7  (2) 3  (3) 2  (4) 3  (5) 10
**05** (1) $2^2 \times 7$  (2) 7

**03** (1) 8을 소인수분해하면 $8=2^3$이다.
    제곱인 수가 되기 위해서는 지수가 모두 짝수가 되어야 하므로
    곱할 수 있는 가장 작은 자연수는 2이다.
   (2) 75를 소인수분해하면 $75=3 \times 5^2$이다.
    제곱인 수가 되기 위해서는 지수가 모두 짝수가 되어야 하므로
    곱할 수 있는 가장 작은 자연수는 3이다.
   (3) 80을 소인수분해하면 $80=2^4 \times 5$이다.
    제곱인 수가 되기 위해서는 지수가 모두 짝수가 되어야 하므로
    곱할 수 있는 가장 작은 자연수는 5이다.
   (4) 99를 소인수분해하면 $99=3^2 \times 11$이다.
    제곱인 수가 되기 위해서는 지수가 모두 짝수가 되어야 하므로
    곱할 수 있는 가장 작은 자연수는 11이다.

(5) 135를 소인수분해하면 $135=3^3\times5$이다.

제곱인 수가 되기 위해서는 지수가 모두 짝수가 되어야 하므로 곱할 수 있는 가장 작은 자연수는 $3\times5=15$이다.

(6) 168을 소인수분해하면 $168=2^3\times3\times7$이다.

제곱인 수가 되기 위해서는 지수가 모두 짝수가 되어야 하므로 곱할 수 있는 가장 작은 자연수는 $2\times3\times7=42$이다.

(7) 360을 소인수분해하면 $360=2^3\times3^2\times5$이다.

제곱인 수가 되기 위해서는 지수가 모두 짝수가 되어야 하므로 곱할 수 있는 가장 작은 자연수는 $2\times5=10$이다.

**04** (2) 27을 소인수분해하면 $27=3^3$이다.

제곱인 수가 되기 위해서는 지수가 모두 짝수가 되어야 하므로 나눌 수 있는 가장 작은 자연수는 3이다.

(3) 50을 소인수분해하면 $50=2\times5^2$이다.

제곱인 수가 되기 위해서는 지수가 모두 짝수가 되어야 하므로 나눌 수 있는 가장 작은 자연수는 2이다.

(4) 108을 소인수분해하면 $108=2^2\times3^3$이다.

제곱인 수가 되기 위해서는 지수가 모두 짝수가 되어야 하므로 나눌 수 있는 가장 작은 자연수는 3이다.

(5) 250을 소인수분해하면 $250=2\times5^3$이다.

제곱인 수가 되기 위해서는 지수가 모두 짝수가 되어야 하므로 나눌 수 있는 가장 작은 자연수는 $2\times5=10$이다.

**05** (2) $28=2^2\times7$에서 7의 지수가 짝수가 되어야 하므로 곱할 수 있는 가장 작은 자연수는 7이다.

**4** ① $24=2^3\times3$의 소인수는 2, 3이다.

② $48=2^4\times3$의 소인수는 2, 3이다.

③ $81=3^4$의 소인수는 3이다.

④ $96=2^5\times3$의 소인수는 2, 3이다.

⑤ $108=2^2\times3^3$의 소인수는 2, 3이다.

따라서 소인수가 나머지 넷과 다른 하나는 ③이다.

**5** $3^2\times5^2$의 약수는 ($3^2$의 약수)$\times$($5^2$의 약수)의 꼴이다.

ㄷ. $3^3$은 $3^2$의 약수가 아니다.

ㄹ. $5^4$은 $5^2$의 약수가 아니다.

ㅂ. $2\times5$에서 2는 $3^2$의 약수 또는 $5^2$의 약수가 아니다.

ㅅ. $3\times5^3$에서 $5^3$은 $5^2$의 약수가 아니다.

ㅇ. $3^4\times5^2$에서 $3^4$은 $3^2$의 약수가 아니다.

ㅈ. $3\times5\times7$에서 7은 $3^2$의 약수 또는 $5^2$의 약수가 아니다.

따라서 $3^2\times5^2$의 약수인 것은 ㄱ, ㄴ, ㅁ이다.

**6** ① $80=2^4\times5$의 약수의 개수는

$(4+1)\times(1+1)=10$(개)

② $120=2^3\times3\times5$의 약수의 개수는

$(3+1)\times(1+1)\times(1+1)=16$(개)

③ $2^3\times11$의 약수의 개수는

$(3+1)\times(1+1)=8$(개)

④ $3^8$의 약수의 개수는 $8+1=9$(개)

⑤ $2^2\times5^2\times7$의 약수의 개수는

$(2+1)\times(2+1)\times(1+1)=18$(개)

따라서 약수의 개수가 가장 많은 것은 ⑤이다.

**7** $54=2\times3^3$이고, 2, 3의 지수가 모두 짝수가 되어야 하므로 곱할 수 있는 가장 작은 자연수는 $2\times3=6$이다.

---

**기본기 탄탄 문제** 개념 **01~05**

• 본문 016쪽

| | | | |
|---|---|---|---|
| **1** ④ | **2** 22 | **3** 9 | **4** ③ |
| **5** ㄱ, ㄴ, ㅁ | **6** ⑤ | **7** 6 | |

**1** ① 2는 소수이지만 짝수이다.

② 2는 짝수이지만 소수이다.

③ 가장 작은 소수는 2이다.

④ 3의 배수 중 소수는 3의 1개뿐이다.

⑤ 소수는 1과 자기 자신의 곱으로 나타낼 수 있다.

따라서 옳은 것은 ④이다.

**2** $2^5=32$, $3^3=27$이므로

$a=5$, $b=27$

$\therefore b-a=27-5=22$

**3** $270=2\times3^3\times5$이므로

$a=1$, $b=3$, $c=5$

$\therefore a+b+c=1+3+5=9$

---

개념 **06** **최대공약수**

• 본문 017쪽

**01** (1) ① 1, 2, 4 ② 1, 2, 3, 6 ③ 1, 2 ④ 2

(2) ① 1, 3, 9 ② 1, 3, 5, 15 ③ 1, 3 ④ 3

(3) ① 1, 2, 3, 6, 9, 18 ② 1, 3, 9, 27 ③ 1, 3, 9 ④ 9

**02** (1) ○ (2) × (3) × (4) ○ **03** ⑤

**02** (1) 4와 7은 최대공약수가 1이므로 서로소이다.

(2) 9와 21은 최대공약수가 3이므로 서로소가 아니다.

(3) 16과 32는 최대공약수가 16이므로 서로소가 아니다.

(4) 27과 44는 최대공약수가 1이므로 서로소이다.

**03** 두 자연수의 공약수는 두 수의 최대공약수인 20의 약수이므로

1, 2, 4, 5, 10, 20이다.

따라서 두 자연수의 공약수가 아닌 것은 ⑤이다.

**01** (1) 2　(2) $2^3$ / 2　(3) $2^4$ / $2^2$, 4　(4) $3^3$ / $3^2$, 9
　　(5) $2^2$ / $2^2$, 3, 12　(6) $2^2$, 3 / 2, 3, 6　(7) $3^3$, $3^2$ / $3^2$, 18
　　(8) $2^3$, $3^2$ / $2^3$, 3, 24　(9) 3, 2 / 2　(10) $2^2$, 3 / 3, 6
　　(11) $2^4$, $2^2$, $3^2$ / $2^2$, 4　(12) $3^3$, $2^2$, $3^2$ / $3^2$, 9
　　(13) $3^2$, $3^3$, $2^3$ / 2, $3^2$, 18　(14) 3, $2^3$, $2^5$ / $2^3$, 3, 24

**02** (1) 6　(2) 8　(3) 18　(4) 28　(5) 4　(6) 14　(7) 12

**03** (1) $2^2$　(2) $3 \times 5$　(3) $2^2 \times 3 \times 5$　(4) 2　(5) $2^2 \times 3$

**04** $3^2$

**02** (1) $12 = 2^2 \times 3$, $30 = 2 \times 3 \times 5$이므로 (최대공약수)$= 2 \times 3 = 6$
　　(2) $24 = 2^3 \times 3$, $64 = 2^6$이므로 (최대공약수)$= 2^3 = 8$
　　(3) $36 = 2^2 \times 3^2$, $90 = 2 \times 3^2 \times 5$이므로 (최대공약수)$= 2 \times 3^2 = 18$
　　(4) $56 = 2^3 \times 7$, $84 = 2^2 \times 3 \times 7$이므로 (최대공약수)$= 2^2 \times 7 = 28$
　　(5) $16 = 2^4$, $28 = 2^2 \times 7$, $36 = 2^2 \times 3^2$이므로
　　　　(최대공약수)$= 2^2 = 4$
　　(6) $42 = 2 \times 3 \times 7$, $70 = 2 \times 5 \times 7$, $98 = 2 \times 7^2$이므로
　　　　(최대공약수)$= 2 \times 7 = 14$
　　(7) $24 = 2^3 \times 3$, $60 = 2^2 \times 3 \times 5$, $108 = 2^2 \times 3^3$이므로
　　　　(최대공약수)$= 2^2 \times 3 = 12$

**04** $126 = 2 \times 3^2 \times 7$이므로
　　(최대공약수)$= 3^2$



**01** (1) ① 2, 4, 6, 8, 10, …　② 3, 6, 9, 12, 15, …
　　　③ 6, 12, … ④ 6
　　(2) ① 8, 16, 24, 32, 40, …　② 10, 20, 30, 40, 50, …
　　　③ 40, 80, … ④ 40
　　(3) ① 9, 18, 27, 36, 45, …　② 12, 24, 36, 48, 60, …
　　　③ 36, 72, … ④ 36

**02** (1) 15, 30, 45, 60, 75, 90　<풀이> 45, 60, 75, 90
　　(2) 24, 48, 72, 96　(3) 36, 72

**03** ④

**02** (2) 공배수는 최소공배수의 배수이므로 24의 배수 중 100 이하인
　　　것은 24, 48, 72, 96이다.
　　(3) 공배수는 최소공배수의 배수이므로 36의 배수 중 100 이하인
　　　것은 36, 72이다.

**03** 두 자연수의 공배수는 두 수의 최소공배수인 33의 배수이므로
　　33, 66, 99, 132, 165, …이다.
　　따라서 두 자연수의 공배수가 아닌 것은 ④이다.



**01** (1) 3 / $2^3$, 24　(2) 2 / 2, 7, 70　(3) 7 / 3, 7, 105
　　(4) $2^4$, $2^3$ / $2^4$, 48　(5) $5^2$, $5^2$ / $5^2$, 100　(6) 3, $3^2$ / $3^2$, 7, 126
　　(7) $2^3$, $2^2$, 5 / $2^3$, 3, 5, 120　(8) $3^2$, $2^3$, 5 / $2^3$, $3^2$, 5, 360
　　(9) 3, 3 / $2^2$, 3, 420　(10) $2^2$, $3^2$ / $2^2$, 5, 180
　　(11) 2, 3, $3^3$ / $3^3$, 7, 378　(12) 3, $2^2$, 7 / $2^2$, 3, 7, 84
　　(13) $2^2$, $5^2$, 2, $3^2$ / $2^2$, $3^2$, $5^2$, 900
　　(14) 3, 5, $2^3$, $2^4$, $3^2$ / $2^4$, $3^2$, 5, 720

**02** (1) 45　(2) 252　(3) 168　(4) 160　(5) 252　(6) 216
　　(7) 360

**03** (1) $2 \times 3 \times 5$　(2) $2^2 \times 3 \times 5$　(3) $2 \times 3^2 \times 5^2$
　　(4) $2^2 \times 3^2 \times 5 \times 7$　(5) $2^2 \times 3^2 \times 5 \times 7$

**04** $2 \times 3^3 \times 5$

**02** (1) $9 = 3^2$, $15 = 3 \times 5$이므로
　　　(최소공배수)$= 3^2 \times 5 = 45$
　　(2) $21 = 3 \times 7$, $36 = 2^2 \times 3^2$이므로
　　　(최소공배수)$= 2^2 \times 3^2 \times 7 = 252$
　　(3) $24 = 2^3 \times 3$, $56 = 2^3 \times 7$이므로
　　　(최소공배수)$= 2^3 \times 3 \times 7 = 168$
　　(4) $32 = 2^5$, $40 = 2^3 \times 5$이므로
　　　(최소공배수)$= 2^5 \times 5 = 160$
　　(5) $9 = 3^2$, $36 = 2^2 \times 3^2$, $63 = 3^2 \times 7$이므로
　　　(최소공배수)$= 2^2 \times 3^2 \times 7 = 252$
　　(6) $18 = 2 \times 3^2$, $24 = 2^3 \times 3$, $54 = 2 \times 3^3$이므로
　　　(최소공배수)$= 2^3 \times 3^3 = 216$
　　(7) $20 = 2^2 \times 5$, $36 = 2^2 \times 3^2$, $40 = 2^3 \times 5$이므로
　　　(최소공배수)$= 2^3 \times 3^2 \times 5 = 360$

**04** $30 = 2 \times 3 \times 5$이므로
　　(최소공배수)$= 2 \times 3^3 \times 5$



**01** (1) 48　<풀이> 4, 12, 48　(2) 54　(3) 432
　　(4) 648　(5) 600

**02** 21　<풀이> 21

**03** 70　　　**04** 25　　　**05** 6

**01** (2) $A \times B = 3 \times 18 = 54$
　　(3) $A \times B = 12 \times 36 = 432$
　　(4) $A \times B = 9 \times 72 = 648$
　　(5) $A \times B = 10 \times 60 = 600$

**03** $20 \times A = 10 \times 140$이므로
$A = 70$

**04** $150 = 6 \times (\text{최소공배수})$
$\therefore (\text{최소공배수}) = 25$

**05** $2^4 \times 3 \times 5 = (\text{최대공약수}) \times (2^3 \times 5)$
$\therefore (\text{최대공약수}) = 2 \times 3 = 6$

## 기본기 탄탄 문제 개념 06~10
· 본문 026쪽

**1** ③   **2** ④   **3** 3개
**4** 최대공약수: $2^2 \times 5$, 최소공배수: $2^3 \times 3 \times 5^3 \times 7$
**5** 6   **6** ③

**1** ① 5와 11은 최대공약수가 1이므로 서로소이다.
② 9와 16은 최대공약수가 1이므로 서로소이다.
③ 12와 21은 최대공약수가 3이므로 서로소가 아니다.
④ 18과 25는 최대공약수가 1이므로 서로소이다.
⑤ 30과 49는 최대공약수가 1이므로 서로소이다.
따라서 서로소가 아닌 것은 ③이다.

**2** 두 수 $2^2 \times 3^3$, $2^3 \times 3^2 \times 7$의 최대공약수는 $2^2 \times 3^2$이므로
공약수는 ($2^2$의 약수)$\times$($3^2$의 약수)의 꼴이다.
④ $2^3 \times 3$에서 $2^3$은 $2^2$의 약수가 아니므로 두 수의 공약수가 아니다.

**3** 두 자연수의 공배수는 두 수의 최소공배수인 28의 배수이므로 두 수의 공배수 중 두 자리의 자연수는 28, 56, 84의 3개이다.

**4**
$$
\begin{array}{l}
2^3 \qquad \times 5 \\
2^3 \times 3 \times 5^2 \\
2^2 \qquad \times 5^3 \times 7 \\
\hline
(\text{최대공약수}) = 2^2 \qquad \times 5 \\
(\text{최소공배수}) = 2^3 \times 3 \times 5^3 \times 7
\end{array}
$$

**5**
$$
\begin{array}{l}
2^5 \times 3^3 \\
2^a \times 3 \times 5 \\
\hline
(\text{최대공약수}) = 2^3 \times 3 \\
(\text{최소공배수}) = 2^5 \times 3^b \times 5
\end{array}
$$
따라서 $a = 3$, $b = 3$이므로
$a + b = 3 + 3 = 6$

**6** $2^3 \times 3^5 \times 5^4 = (2 \times 3^3 \times 5) \times (\text{최소공배수})$
$\therefore (\text{최소공배수}) = 2^2 \times 3^2 \times 5^3$

## 2. 정수와 유리수

### 개념 11 양수와 음수
· 본문 028쪽

**01** (1) $+8\,℃$, $-5\,℃$  (2) $+7$점, $-2$점
(3) $+5000$원, $-3000$원  (4) $+10$년, $-4$년
(5) $+5\,\text{kg}$, $-3\,\text{kg}$
**02** (1) $+3$, 양수  (2) $-4$, 음수  (3) $+\dfrac{2}{3}$, 양수  (4) $-2.5$, 음수
**03** ⑤

**03** ① 5분 전 ➡ $-5$분   ② 4 % 증가 ➡ $+4$ %
③ 6 m 하강 ➡ $-6$ m   ④ 지상 3층 ➡ $+3$층
따라서 옳은 것은 ⑤이다.

### 개념 12 정수와 유리수
· 본문 029~030쪽

**01** 풀이 참조
**02** (1) ㄹ, ㅂ  (2) ㄴ  (3) ㄴ, ㄹ, ㅂ  (4) ㄱ, ㄹ, ㅂ
(5) ㄴ, ㄷ, ㅁ  (6) ㄱ, ㄷ, ㅁ
**03** (1) ○  (2) ×  (3) ○  (4) ○  (5) ○    **04** ②, ⑤

**01** (1)

| | 양의 정수 | 음의 정수 | 자연수 | 정수 |
|---|---|---|---|---|
| $+2$ | ○ | × | ○ | ○ |
| $+3$ | ○ | × | ○ | ○ |
| $-5$ | × | ○ | × | ○ |
| $-\dfrac{6}{3}$ | × | ○ | × | ○ |

(2)

| | 양의 정수 | 음의 정수 | 자연수 | 정수 |
|---|---|---|---|---|
| $+4$ | ○ | × | ○ | ○ |
| $-7$ | × | ○ | × | ○ |
| $-\dfrac{5}{2}$ | × | × | × | × |
| $+\dfrac{8}{4}$ | ○ | × | ○ | ○ |

(3)

| | 양의 정수 | 음의 정수 | 자연수 | 정수 |
|---|---|---|---|---|
| $-9$ | × | ○ | × | ○ |
| $1$ | ○ | × | ○ | ○ |
| $0$ | × | × | × | ○ |
| $-\dfrac{6}{2}$ | × | ○ | × | ○ |

(4)

| | 양의 정수 | 음의 정수 | 자연수 | 정수 |
|---|---|---|---|---|
| $-4$ | × | ○ | × | ○ |
| $7$ | ○ | × | ○ | ○ |
| $1.5$ | × | × | × | × |
| $-\dfrac{1}{3}$ | × | × | × | × |

**03** (2) $-3=-\dfrac{3}{1}$으로 분모와 분자가 정수인 분수로 나타낼 수 있다.

**04** $\dfrac{4}{2}(=2)$이므로 정수가 아닌 유리수는 ②, ⑤이다.



**01** (1) $-2, 0$  (2) $-1, +3$  (3) $-\dfrac{5}{2}, +\dfrac{1}{2}$  (4) $-\dfrac{4}{3}, +\dfrac{4}{3}$
**02** 풀이 참조  **03** ③

**02** (1)

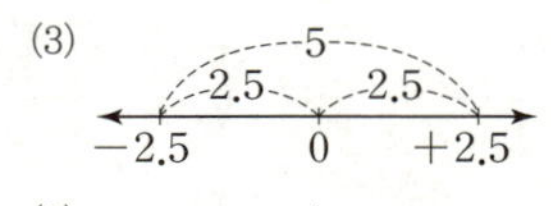

(2)

**03** ③ $C: -\dfrac{2}{3}$



**01** (1) 3  (2) 8  (3) 0  (4) 1.7  (5) 3.5  (6) $\dfrac{2}{9}$
**02** (1) 0  (2) $-5, +5$  (3) $-1.6, +1.6$
  (4) $-\dfrac{8}{5}, +\dfrac{8}{5}$  (5) $+4$  (6) $-\dfrac{4}{7}$
**03** (1) $-3, +3$  **풀이** ▶ $-3, +3 / -3, +3$
  (2) $-5, +5$  (3) $-10, +10$
  (4) $-1.5, +1.5$  (5) $-6.3, +6.3$
  (6) $-\dfrac{5}{6}, +\dfrac{5}{6}$  (7) $-\dfrac{11}{3}, +\dfrac{11}{3}$
**04** (1) $-2, +2$  **풀이** ▶ $-2, +2 / -2, +2$
  (2) $-5, +5$  (3) $-2.5, +2.5$  (4) $-1.2, +1.2$
  (5) $-\dfrac{2}{5}, +\dfrac{2}{5}$
**05** ④

**02** (5) 절댓값이 4인 수는 $-4, +4$이다. 이때 양수는 $+4$이다.
  (6) 절댓값이 $\dfrac{4}{7}$인 수는 $-\dfrac{4}{7}, +\dfrac{4}{7}$이다. 이때 음수는 $-\dfrac{4}{7}$이다.

**04** (2)

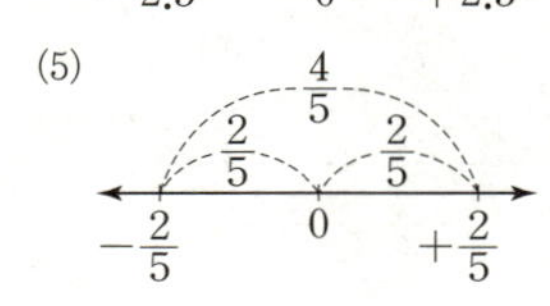

(3)

(4)

(5)

**05** ① $|-3|=3$  ② $|+4|=4$  ③ $\left|+\dfrac{11}{2}\right|=\dfrac{11}{2}$
  ④ $|-2.5|=2.5$  ⑤ $|-7|=7$
따라서 절댓값이 가장 작은 수는 ④이다.



**01** (1) >  (2) >  (3) >  (4) <  (5) >  (6) <  (7) >
**02** (1) $+5, -10$  (2) $+\dfrac{8}{3}, -3$  (3) $+2.4, -6$
**03** ③

**01** (7) $+\dfrac{12}{5}=+2.4$이므로 $+\dfrac{12}{5}>+1.8$

**02** (1) $+5>+3>0>-2>-10$
  $\therefore +5, -10$
  (2) $+\dfrac{8}{3}>+\dfrac{1}{2}>0>-2.5>-3$
  $\therefore +\dfrac{8}{3}, -3$
  (3) $+2.4>+\dfrac{7}{5}>-\dfrac{3}{4}>-2>-6$
  $\therefore +2.4, -6$

**03** ③ $\left|-\dfrac{3}{2}\right|=|-1.5|=1.5, \ |-1.4|=1.4$이므로
  $\left|-\dfrac{3}{2}\right|>|-1.4|$   $\therefore -\dfrac{3}{2}<-1.4$



**01** (1) $\leq$  (2) $\geq$  (3) $\geq$  (4) $<, \leq$  (5) $<, \leq$
**02** (1) $x<-5$  (2) $x\leq7$  (3) $x\geq-1$
  (4) $x\leq-\dfrac{3}{2}$  (5) $x>\dfrac{7}{5}$  (6) $x\leq-3$
**03** (1) $-3\leq x<2$  (2) $-2\leq x\leq3$  (3) $-\dfrac{2}{3}<x\leq5$
  (4) $-5\leq x\leq3$  (5) $-\dfrac{5}{2}\leq x\leq1$  (6) $0\leq x\leq\dfrac{9}{4}$
  (7) $-4\leq x<\dfrac{2}{3}$
**04** (1) $-1, 0, 1, 2, 3$  **풀이** ▶ $-1, 0, 1, 2, 3$
  (2) $-1, 0, 1, 2, 3$  (3) $-5, -4, -3, -2, -1, 0$
  (4) $-1, 0, 1, 2$  (5) $-2, -1, 0$
**05** ②

**05** '$x$는 $-\dfrac{3}{2}$보다 크고 5보다 작거나 같다.'를 부등호를 사용하여 나타내면 $-\dfrac{3}{2}<x\leq5$이다.

## 기본기 탄탄 문제 개념 11 ~ 16

| | | | |
|---|---|---|---|
| 1 ④ | 2 ①, ③ | 3 ④ | 4 $-4$, $+4$ |
| 5 ⑤ | 6 5개 | | |

**1** ① $-20\%$ ② $-10\,\mathrm{m}$ ③ $-3\,\mathrm{kg}$
④ $+5$일 ⑤ $-4000$원
따라서 부호가 나머지 넷과 다른 하나는 ④이다.

**2** ② 가장 작은 양의 정수는 1이다.
④ 유리수는 양의 유리수, 0, 음의 유리수로 이루어져 있다.
⑤ 0과 1 사이에는 정수가 없다.
따라서 옳은 것은 ①, ③이다.

**3** 주어진 수에 대응하는 점을 수직선 위에 나타내면 다음 그림과 같다.

따라서 가장 왼쪽에 있는 수는 $-2$이다.

**4** 두 점 사이의 거리가 8이므로 두 수는 수직선에서 원점으로부터 각각
$8 \times \dfrac{1}{2} = 4$만큼씩 떨어져 있는 점에 대응하는 수이다.
따라서 구하는 두 수는 절댓값이 4인 수이므로 $-4$, $+4$이다.

**5** $+5 = +\dfrac{20}{4}$이므로 $+5 > \dfrac{7}{4}$
$|-3.8| = 3.8 = \dfrac{38}{10}$, $\left|-\dfrac{3}{2}\right| = \dfrac{3}{2} = \dfrac{15}{10}$이므로
$-3.8 < -\dfrac{3}{2}$
$\left|-\dfrac{3}{2}\right| = \dfrac{3}{2}$, $|-1| = 1 = \dfrac{2}{2}$이므로 $-\dfrac{3}{2} < -1$
이때 (양수)>(음수)이므로 큰 수부터 차례로 나열하면
$+5$, $\dfrac{7}{4}$, $-1$, $-\dfrac{3}{2}$, $-3.8$
따라서 세 번째에 오는 수는 $-1$이다.

**6** $-2 \le x < \dfrac{5}{2}$를 만족시키는 정수 $x$는 $-2$, $-1$, 0, 1, 2의 5개이다.

## 개념 17 정수와 유리수의 덧셈



**01** (1) $+7$ (2) $-7$ (3) $-8$ (4) $+4$ (5) $-4$ (6) $-3$
**02** (1) $+9$ (풀이) ▶ 2, 9 (2) $+12$ (3) $+21$
(4) $-9$ (풀이) ▶ 3, 9 (5) $-12$ (6) $-15$ (7) $-30$
**03** (1) $+\dfrac{5}{3}$ (2) $+2.3$ (3) $+\dfrac{11}{4}$ (4) $-\dfrac{13}{7}$ (5) $-3.8$
(6) $-\dfrac{11}{6}$ (7) $-3$

**04** (1) $+4$ (풀이) ▶ 6, 2, 4 (2) $+2$ (3) $+5$ (4) $-12$
(5) $-6$ (6) $-2$ (7) $-3$
**05** (1) $+\dfrac{6}{7}$ (2) $-0.3$ (3) $-0.6$ (4) $-\dfrac{5}{4}$ (5) $-\dfrac{6}{5}$
**06** ③

**02** (2) $(+9)+(+3) = +(9+3) = +12$
(3) $(+15)+(+6) = +(15+6) = +21$
(5) $(-8)+(-4) = -(8+4) = -12$
(6) $(-10)+(-5) = -(10+5) = -15$
(7) $(-17)+(-13) = -(17+13) = -30$

**03** (1) $\left(+\dfrac{1}{3}\right)+\left(+\dfrac{4}{3}\right) = +\left(\dfrac{1}{3}+\dfrac{4}{3}\right) = +\dfrac{5}{3}$
(2) $(+0.9)+(+1.4) = +(0.9+1.4) = +2.3$
(3) $\left(+\dfrac{9}{4}\right)+\left(+\dfrac{1}{2}\right) = +\left(\dfrac{9}{4}+\dfrac{2}{4}\right) = +\dfrac{11}{4}$
(4) $\left(-\dfrac{4}{7}\right)+\left(-\dfrac{9}{7}\right) = -\left(\dfrac{4}{7}+\dfrac{9}{7}\right) = -\dfrac{13}{7}$
(5) $(-1.3)+(-2.5) = -(1.3+2.5) = -3.8$
(6) $\left(-\dfrac{5}{3}\right)+\left(-\dfrac{1}{6}\right) = -\left(\dfrac{10}{6}+\dfrac{1}{6}\right) = -\dfrac{11}{6}$
(7) $\left(-\dfrac{3}{5}\right)+(-2.4) = -\left(\dfrac{3}{5}+\dfrac{24}{10}\right)$
$\qquad = -\left(\dfrac{3}{5}+\dfrac{12}{5}\right) = -\dfrac{15}{5} = -3$

**04** (2) $-8$과 $+10$ 중 절댓값이 큰 수는 $+10$이므로
$(-8)+(+10) = +(10-8) = +2$
(3) $+12$와 $-7$ 중 절댓값이 큰 수는 $+12$이므로
$(+12)+(-7) = +(12-7) = +5$
(4) $-18$과 $+6$ 중 절댓값이 큰 수는 $-18$이므로
$(-18)+(+6) = -(18-6) = -12$
(5) $+14$와 $-20$ 중 절댓값이 큰 수는 $-20$이므로
$(+14)+(-20) = -(20-14) = -6$
(6) $+9$와 $-11$ 중 절댓값이 큰 수는 $-11$이므로
$(+9)+(-11) = -(11-9) = -2$
(7) $-15$와 $+12$ 중 절댓값이 큰 수는 $-15$이므로
$(-15)+(+12) = -(15-12) = -3$

**05** (1) $+\dfrac{10}{7}$과 $-\dfrac{4}{7}$ 중 절댓값이 큰 수는 $+\dfrac{10}{7}$이므로
$\left(+\dfrac{10}{7}\right)+\left(-\dfrac{4}{7}\right) = +\left(\dfrac{10}{7}-\dfrac{4}{7}\right) = +\dfrac{6}{7}$
(2) $+0.5$와 $-0.8$ 중 절댓값이 큰 수는 $-0.8$이므로
$(+0.5)+(-0.8) = -(0.8-0.5) = -0.3$
(3) $-2.3$과 $+1.7$ 중 절댓값이 큰 수는 $-2.3$이므로
$(-2.3)+(+1.7) = -(2.3-1.7) = -0.6$
(4) $+\dfrac{1}{4}$과 $-\dfrac{3}{2}$ 중 절댓값이 큰 수는 $-\dfrac{3}{2}$이므로
$\left(+\dfrac{1}{4}\right)+\left(-\dfrac{3}{2}\right) = -\left(\dfrac{6}{4}-\dfrac{1}{4}\right) = -\dfrac{5}{4}$

(5) $-1.8$과 $+\dfrac{3}{5}$ 중 절댓값이 큰 수는 $-1.8$이므로

$$(-1.8)+\left(+\dfrac{3}{5}\right)=-\left(\dfrac{18}{10}-\dfrac{3}{5}\right)$$
$$=-\left(\dfrac{9}{5}-\dfrac{3}{5}\right)=-\dfrac{6}{5}$$

**06** ① $(+4)+(-7)=-(7-4)=-3$
② $(+5)+(-3)=+(5-3)=+2$
③ $(-2)+(+11)=+(11-2)=+9$
④ $(+5)+(-7.5)=-(7.5-5)=-2.5$
⑤ $\left(-\dfrac{1}{2}\right)+\left(+\dfrac{1}{2}\right)=0$
따라서 계산 결과가 옳은 것은 ③이다.

## 개념 18 덧셈의 계산 법칙
• 본문 041~042쪽

**01** (1) 교환, 결합  (2) 교환, 결합  (3) 교환, 결합
**02** (1) $-9,\ -5$  (2) $+10,\ +15$  (3) $+10,\ +4$
**03** (1) $+3$  (2) $+4$  (3) $0$  (4) $-2$  (5) $-11$  (6) $+10$
  (7) $-23$
**04** (1) $-\dfrac{1}{5}$  (2) $0$  (3) $+\dfrac{7}{20}$        **05** ⑤

**03** (1) $(+5)+(-4)+(+2)=(+5)+(+2)+(-4)$
$$=(+7)+(-4)=+3$$
(2) $(+6)+(-5)+(+3)=(+6)+(+3)+(-5)$
$$=(+9)+(-5)=+4$$
(3) $(-3)+(+5)+(-2)=(-3)+(-2)+(+5)$
$$=(-5)+(+5)=0$$
(4) $(-7)+(+8)+(-3)=(-7)+(-3)+(+8)$
$$=(-10)+(+8)=-2$$
(5) $(+9)+(-8)+(-12)=(+9)+\{(-8)+(-12)\}$
$$=(+9)+(-20)=-11$$
(6) $(+11)+(-5)+(+4)=(+11)+(+4)+(-5)$
$$=(+15)+(-5)=+10$$
(7) $(-13)+(+7)+(-17)=(-13)+(-17)+(+7)$
$$=(-30)+(+7)=-23$$

**04** (1) $\left(+\dfrac{1}{5}\right)+\left(-\dfrac{4}{5}\right)+\left(+\dfrac{2}{5}\right)$
$$=\left(+\dfrac{1}{5}\right)+\left(+\dfrac{2}{5}\right)+\left(-\dfrac{4}{5}\right)$$
$$=\left(+\dfrac{3}{5}\right)+\left(-\dfrac{4}{5}\right)=-\dfrac{1}{5}$$
(2) $(-1.6)+(+2)+(-0.4)$
$$=(-1.6)+(-0.4)+(+2)$$
$$=(-2)+(+2)=0$$

---

(3) $\left(+\dfrac{2}{5}\right)+\left(-\dfrac{3}{4}\right)+\left(+\dfrac{7}{10}\right)=\left(+\dfrac{4}{10}\right)+\left(+\dfrac{7}{10}\right)+\left(-\dfrac{3}{4}\right)$
$$=\left(+\dfrac{11}{10}\right)+\left(-\dfrac{3}{4}\right)$$
$$=\left(+\dfrac{22}{20}\right)+\left(-\dfrac{15}{20}\right)=+\dfrac{7}{20}$$

**05** ⑤ (마) $+\dfrac{3}{4}$

## 개념 19 정수와 유리수의 뺄셈
• 본문 043~044쪽

**01** (1) $-,\ -$  (2) $-,\ +$  (3) $+,\ -$  (4) $-,\ -$  (5) $+,\ +$
**02** (1) $+6$  (2) $-17$  (3) $+15$  (4) $+2$  (5) $-8$
**03** (1) $+\dfrac{1}{5}$  (2) $+2$  (3) $-\dfrac{13}{21}$  (4) $-\dfrac{1}{4}$  (5) $-5.5$
  (6) $-1.1$  (7) $+\dfrac{11}{10}$
**04** (1) $+5$  (2) $+7$  (3) $-6$  (4) $+\dfrac{13}{5}$  (5) $+\dfrac{10}{9}$
**05** ④

**02** (1) $(+9)-(+3)=(+9)+(-3)=+6$
(2) $(-12)-(+5)=(-12)+(-5)=-17$
(3) $(+11)-(-4)=(+11)+(+4)=+15$
(4) $(-6)-(-8)=(-6)+(+8)=+2$
(5) $(-15)-(-7)=(-15)+(+7)=-8$

**03** (1) $\left(+\dfrac{3}{5}\right)-\left(+\dfrac{2}{5}\right)=\left(+\dfrac{3}{5}\right)+\left(-\dfrac{2}{5}\right)=+\dfrac{1}{5}$
(2) $\left(+\dfrac{5}{6}\right)-\left(-\dfrac{7}{6}\right)=\left(+\dfrac{5}{6}\right)+\left(+\dfrac{7}{6}\right)=+\dfrac{12}{6}=+2$
(3) $\left(-\dfrac{1}{3}\right)-\left(+\dfrac{2}{7}\right)=\left(-\dfrac{7}{21}\right)+\left(-\dfrac{6}{21}\right)=-\dfrac{13}{21}$
(4) $\left(-\dfrac{2}{5}\right)-\left(-\dfrac{3}{20}\right)=\left(-\dfrac{8}{20}\right)+\left(+\dfrac{3}{20}\right)$
$$=-\dfrac{5}{20}=-\dfrac{1}{4}$$
(5) $(-2.3)-(+3.2)=(-2.3)+(-3.2)=-5.5$
(6) $(-1.8)-(-0.7)=(-1.8)+(+0.7)=-1.1$
(7) $\left(+\dfrac{7}{2}\right)-(+2.4)=\left(+\dfrac{35}{10}\right)-\left(+\dfrac{24}{10}\right)$
$$=\left(+\dfrac{35}{10}\right)+\left(-\dfrac{24}{10}\right)=+\dfrac{11}{10}$$

**04** (1) $(-1)-(-6)=(-1)+(+6)=+5$
(2) $(+2)-(-5)=(+2)+(+5)=+7$
(3) $(+5)-(+11)=(+5)+(-11)=-6$
(4) $\left(-\dfrac{2}{5}\right)-(-3)=\left(-\dfrac{2}{5}\right)+\left(+\dfrac{15}{5}\right)=+\dfrac{13}{5}$
(5) $\left(+\dfrac{2}{3}\right)-\left(-\dfrac{4}{9}\right)=\left(+\dfrac{6}{9}\right)+\left(+\dfrac{4}{9}\right)=+\dfrac{10}{9}$

**05** ④ $(-7)-(-4)=(-7)+(+4)$

**01** (1) $+18$  풀이▶ $+3,\ +8,\ +18$  (2) $-10$  (3) $+3$
  (4) $-2$  (5) $-14$  (6) $-3$  (7) $+21$  (8) $0$  (9) $+28$

**02** (1) $+\dfrac{7}{3}$  풀이▶ $+\dfrac{8}{6},\ +\dfrac{13}{6},\ 14,\ +\dfrac{7}{3}$  (2) $+\dfrac{3}{8}$
  (3) $-\dfrac{8}{9}$  (4) $+\dfrac{5}{3}$  (5) $+9.1$  (6) $-4.6$  (7) $+2.3$
  (8) $+\dfrac{9}{5}$  (9) $-\dfrac{19}{20}$  (10) $-\dfrac{19}{10}$

**03** ②

**01** (2) $(-9)+(+3)-(+4)$
$=(-9)+(+3)+(-4)$
$=(-9)+(-4)+(+3)$
$=(-13)+(+3)=-10$

(3) $(-12)+(+8)-(-7)$
$=(-12)+(+8)+(+7)$
$=(-12)+\{(+8)+(+7)\}$
$=(-12)+(+15)=+3$

(4) $(+3)+(-7)-(-2)$
$=(+3)+(-7)+(+2)$
$=(+3)+(+2)+(-7)$
$=(+5)+(-7)=-2$

(5) $(-11)+(+3)-(+6)$
$=(-11)+(+3)+(-6)$
$=(-11)+(-6)+(+3)$
$=(-17)+(+3)=-14$

(6) $(+4)-(-1)-(+8)$
$=(+4)+(+1)+(-8)$
$=(+5)+(-8)=-3$

(7) $(+8)-(-10)+(+3)$
$=(+8)+(+10)+(+3)$
$=(+18)+(+3)=+21$

(8) $(-15)-(-9)+(+6)$
$=(-15)+(+9)+(+6)$
$=(-15)+\{(+9)+(+6)\}$
$=(-15)+(+15)=0$

(9) $(+16)+(+8)-(-4)$
$=(+16)+(+8)+(+4)$
$=(+24)+(+4)=+28$

**02** (2) $\left(+\dfrac{1}{8}\right)+\left(-\dfrac{3}{8}\right)-\left(-\dfrac{5}{8}\right)$
$=\left(+\dfrac{1}{8}\right)+\left(-\dfrac{3}{8}\right)+\left(+\dfrac{5}{8}\right)$
$=\left(+\dfrac{1}{8}\right)+\left(+\dfrac{5}{8}\right)+\left(-\dfrac{3}{8}\right)$
$=\left(+\dfrac{6}{8}\right)+\left(-\dfrac{3}{8}\right)=+\dfrac{3}{8}$

(3) $\left(+\dfrac{1}{9}\right)-\left(+\dfrac{7}{9}\right)+\left(-\dfrac{2}{9}\right)$
$=\left(+\dfrac{1}{9}\right)+\left(-\dfrac{7}{9}\right)+\left(-\dfrac{2}{9}\right)$
$=\left(+\dfrac{1}{9}\right)+\left\{\left(-\dfrac{7}{9}\right)+\left(-\dfrac{2}{9}\right)\right\}$
$=\left(+\dfrac{1}{9}\right)+\left(-\dfrac{9}{9}\right)=-\dfrac{8}{9}$

(4) $\left(+\dfrac{4}{3}\right)+\left(-\dfrac{1}{2}\right)-\left(-\dfrac{5}{6}\right)$
$=\left(+\dfrac{4}{3}\right)+\left(-\dfrac{1}{2}\right)+\left(+\dfrac{5}{6}\right)$
$=\left(+\dfrac{8}{6}\right)+\left(+\dfrac{5}{6}\right)+\left(-\dfrac{1}{2}\right)$
$=\left(+\dfrac{13}{6}\right)+\left(-\dfrac{3}{6}\right)=+\dfrac{5}{3}$

(5) $(+5.4)+(+2.1)-(-1.6)$
$=(+5.4)+(+2.1)+(+1.6)$
$=(+7.5)+(+1.6)=+9.1$

(6) $(-2.7)+(-1.1)-(+0.8)$
$=(-2.7)+(-1.1)+(-0.8)$
$=(-3.8)+(-0.8)=-4.6$

(7) $(+8.1)-(+3.5)+(-2.3)$
$=(+8.1)+(-3.5)+(-2.3)$
$=(+8.1)+\{(-3.5)+(-2.3)\}$
$=(+8.1)+(-5.8)=+2.3$

(8) $(+0.4)-\left(-\dfrac{1}{2}\right)+(+0.9)$
$=\left(+\dfrac{4}{10}\right)+\left(+\dfrac{5}{10}\right)+(+0.9)$
$=\left(+\dfrac{9}{10}\right)+\left(+\dfrac{9}{10}\right)=+\dfrac{9}{5}$

(9) $\left(-\dfrac{3}{4}\right)-\left(-\dfrac{2}{5}\right)-(+0.6)$
$=\left(-\dfrac{3}{4}\right)+\left(+\dfrac{2}{5}\right)+(-0.6)$
$=\left(-\dfrac{15}{20}\right)+\left(-\dfrac{12}{20}\right)+\left(+\dfrac{2}{5}\right)$
$=\left(-\dfrac{27}{20}\right)+\left(+\dfrac{8}{20}\right)=-\dfrac{19}{20}$

(10) $\left(-\dfrac{3}{5}\right)+(-2)-(-0.7)$
$=\left(-\dfrac{3}{5}\right)+\left(-\dfrac{10}{5}\right)+(+0.7)$
$=\left(-\dfrac{26}{10}\right)+\left(+\dfrac{7}{10}\right)=-\dfrac{19}{10}$

**03** $\left(-\dfrac{4}{7}\right)+(-1)-\left(+\dfrac{5}{7}\right)$
$=\left(-\dfrac{4}{7}\right)+\left(-\dfrac{7}{7}\right)+\left(-\dfrac{5}{7}\right)$
$=\left(-\dfrac{11}{7}\right)+\left(-\dfrac{5}{7}\right)$
$=-\dfrac{16}{7}$

**01** (1) 3 풀이 ▶ +8, 3　(2) −7　(3) −5　(4) −6　(5) 1
　　(6) 2　(7) −7　풀이 ▶ −15, −7　(8) −3　(9) −8

**02** (1) $-\dfrac{4}{5}$　풀이 ▶ $-\dfrac{8}{5}$, $-\dfrac{4}{5}$　(2) $-\dfrac{1}{6}$　(3) $-\dfrac{9}{4}$

　　(4) −0.5　(5) −2.2　(6) −4.2　(7) $\dfrac{3}{7}$　(8) $-\dfrac{1}{30}$

　　(9) $-\dfrac{7}{3}$　풀이 ▶ $-2$, $-\dfrac{6}{3}$, $-\dfrac{7}{3}$　(10) $-\dfrac{8}{5}$

**03** ③

**01** (2) $-4-3=(-4)+(-3)=-7$
　(3) $2-7=(+2)+(-7)=-5$
　(4) $-9+3=(-9)+(+3)=-6$
　(5) $8-10+3=(+8)+(-10)+(+3)$
　　　　　　$=(-2)+(+3)=1$
　(6) $-13+14+1=(-13)+(+14)+(+1)$
　　　　　　　$=(+1)+(+1)=2$
　(8) $-2+5+3-9=3+3-9$
　　　　　　　$=6-9=-3$
　(9) $4-6+1-7=-2+1-7$
　　　　　　$=-1-7=-8$

**02** (2) $\dfrac{1}{2}-\dfrac{2}{3}=\left(+\dfrac{1}{2}\right)+\left(-\dfrac{2}{3}\right)$
　　　　$=\left(+\dfrac{3}{6}\right)+\left(-\dfrac{4}{6}\right)=-\dfrac{1}{6}$
　(3) $-2-\dfrac{1}{4}=\left(-\dfrac{8}{4}\right)+\left(-\dfrac{1}{4}\right)=-\dfrac{9}{4}$
　(4) $2.7-3.2=(+2.7)+(-3.2)=-0.5$
　(5) $-5.6+3.4=(-5.6)+(+3.4)=-2.2$
　(6) $-1.4-2.8=(-1.4)+(-2.8)=-4.2$
　(7) $\dfrac{2}{7}+\dfrac{4}{7}-\dfrac{3}{7}=\left(+\dfrac{2}{7}\right)+\left(+\dfrac{4}{7}\right)+\left(-\dfrac{3}{7}\right)$
　　　　$=\left(+\dfrac{6}{7}\right)+\left(-\dfrac{3}{7}\right)=\dfrac{3}{7}$
　(8) $\dfrac{2}{3}-\dfrac{1}{5}-\dfrac{1}{2}=\left(+\dfrac{10}{15}\right)+\left(-\dfrac{3}{15}\right)+\left(-\dfrac{1}{2}\right)$
　　　　$=\left(+\dfrac{14}{30}\right)+\left(-\dfrac{15}{30}\right)=-\dfrac{1}{30}$
　(10) $-\dfrac{1}{5}-\dfrac{3}{2}+\dfrac{7}{10}-\dfrac{3}{5}=-\dfrac{2}{10}-\dfrac{15}{10}+\dfrac{7}{10}-\dfrac{3}{5}$
　　　　　　$=-\dfrac{17}{10}+\dfrac{7}{10}-\dfrac{3}{5}$
　　　　　　$=-1-\dfrac{3}{5}=-\dfrac{8}{5}$

**03** $-\dfrac{1}{2}+1.8+\dfrac{2}{5}-0.6=-\dfrac{5}{10}+\dfrac{18}{10}+\dfrac{2}{5}-0.6$
　　　　　　$=\dfrac{13}{10}+\dfrac{4}{10}-0.6$
　　　　　　$=\dfrac{17}{10}-\dfrac{6}{10}$
　　　　　　$=\dfrac{11}{10}$

---



**1** ①, ⑤　　**2** $-\dfrac{4}{3}$　　**3** $a=+4,\ b=+\dfrac{4}{3}$
**4** $+\dfrac{19}{5}$　　**5** 5　　**6** 4

**1** ② $(-4)+(+5)=+1$
　③ $(-6)-(+2)=(-6)+(-2)=-8$
　④ $(-1)-(-6)=(-1)+(+6)=+5$
따라서 계산 결과가 옳은 것은 ①, ⑤이다.

**2** $\left(-\dfrac{10}{7}\right)+\left(-\dfrac{1}{6}\right)+\left(-\dfrac{4}{7}\right)+\left(+\dfrac{5}{6}\right)$
　$=\left\{\left(-\dfrac{10}{7}\right)+\left(-\dfrac{4}{7}\right)\right\}+\left\{\left(-\dfrac{1}{6}\right)+\left(+\dfrac{5}{6}\right)\right\}$
　$=(-2)+\left(+\dfrac{2}{3}\right)$
　$=\left(-\dfrac{6}{3}\right)+\left(+\dfrac{2}{3}\right)=-\dfrac{4}{3}$

**3** $a$는 $-3$보다 $+7$만큼 큰 수이므로
　$a=(-3)+(+7)=+4$
　$b$는 $+\dfrac{1}{3}$보다 $-1$만큼 작은 수이므로
　$b=\left(+\dfrac{1}{3}\right)-(-1)=\left(+\dfrac{1}{3}\right)+(+1)$
　　$=\left(+\dfrac{1}{3}\right)+\left(+\dfrac{3}{3}\right)=+\dfrac{4}{3}$

**4** $\square=3-\left(-\dfrac{4}{5}\right)=(+3)+\left(+\dfrac{4}{5}\right)$
　　$=\left(+\dfrac{15}{5}\right)+\left(+\dfrac{4}{5}\right)=+\dfrac{19}{5}$

**5** $\left(-\dfrac{3}{8}\right)-(-2)-\left(+\dfrac{5}{12}\right)$
　$=\left(-\dfrac{3}{8}\right)+\left(+\dfrac{16}{8}\right)+\left(-\dfrac{5}{12}\right)$
　$=\left(+\dfrac{39}{24}\right)+\left(-\dfrac{10}{24}\right)$
　$=\dfrac{29}{24}$
따라서 $a=24,\ b=29$이므로
$b-a=29-24=5$

**6** $A=-1+6-2+5$
　　$=5-2+5$
　　$=3+5$
　　$=8$
　$B=-4.8+3-0.5-1.7$
　　$=-1.8-0.5-1.7$
　　$=-2.3-1.7$
　　$=-4$
　$\therefore A+B=8+(-4)=4$

## 개념 22 정수와 유리수의 곱셈

• 본문 050~051쪽

**01** (1) $+18$ (풀이) 6, $+18$ (2) $+28$ (3) $-45$ (4) $-16$
(5) $-33$ (6) $+56$ (7) $+54$ (8) $-50$ (9) $-48$

**02** (1) $-2$ (2) $+\dfrac{3}{14}$ (3) $-12$ (4) $-\dfrac{3}{5}$ (5) $+\dfrac{1}{12}$ (6) $0$
(7) $-2$ (8) $-2.4$ (9) $+3$ (10) $+3.6$ (11) $-\dfrac{3}{10}$ (12) $+\dfrac{2}{3}$

**03** ③, ⑤

---

**01** (2) $(-4) \times (-7) = +(4 \times 7)$
$= +28$
(3) $(-9) \times (+5) = -(9 \times 5)$
$= -45$
(4) $(+8) \times (-2) = -(8 \times 2)$
$= -16$
(5) $(-11) \times (+3) = -(11 \times 3)$
$= -33$
(6) $(-7) \times (-8) = +(7 \times 8)$
$= +56$
(7) $(+9) \times (+6) = +(9 \times 6)$
$= +54$
(8) $(+10) \times (-5) = -(10 \times 5)$
$= -50$
(9) $(-6) \times (+8) = -(6 \times 8)$
$= -48$

**02** (1) $(-4) \times \left( +\dfrac{1}{2} \right) = -\left( 4 \times \dfrac{1}{2} \right) = -2$
(2) $\left( +\dfrac{2}{7} \right) \times \left( +\dfrac{3}{4} \right) = +\left( \dfrac{2}{7} \times \dfrac{3}{4} \right) = +\dfrac{3}{14}$
(3) $\left( +\dfrac{3}{4} \right) \times (-16) = -\left( \dfrac{3}{4} \times 16 \right) = -12$
(4) $\left( -\dfrac{2}{3} \right) \times \left( +\dfrac{9}{10} \right) = -\left( \dfrac{2}{3} \times \dfrac{9}{10} \right) = -\dfrac{3}{5}$
(5) $\left( -\dfrac{1}{4} \right) \times \left( -\dfrac{1}{3} \right) = +\left( \dfrac{1}{4} \times \dfrac{1}{3} \right) = +\dfrac{1}{12}$
(6) 어떤 수와 0의 곱은 항상 0이다.
(7) $\left( -\dfrac{5}{7} \right) \times \left( +\dfrac{14}{5} \right) = -\left( \dfrac{5}{7} \times \dfrac{14}{5} \right) = -2$
(8) $(+2) \times (-1.2) = -(2 \times 1.2) = -2.4$
(9) $(-0.6) \times (-5) = +(0.6 \times 5) = +3$
(10) $(+4) \times (+0.9) = +(4 \times 0.9) = +3.6$
(11) $\left( +\dfrac{3}{2} \right) \times (-0.2) = -\left( \dfrac{3}{2} \times \dfrac{1}{5} \right) = -\dfrac{3}{10}$
(12) $(-0.5) \times \left( -\dfrac{4}{3} \right) = +\left( \dfrac{1}{2} \times \dfrac{4}{3} \right) = +\dfrac{2}{3}$

**03** ③ $(-4) \times (+4) = -(4 \times 4) = -16$
⑤ $\left( -\dfrac{5}{3} \right) \times \left( -\dfrac{9}{20} \right) = +\left( \dfrac{5}{3} \times \dfrac{9}{20} \right) = +\dfrac{3}{4}$

---

## 개념 23 곱셈의 계산 법칙 / 세 수 이상의 곱셈

• 본문 052~053쪽

**01** (1) 교환, 결합 (2) 교환, 결합

**02** (1) $-4$, $-4$, $+12$, $+24$ (2) $+6$, $+6$, $+4$, $-\dfrac{5}{2}$

**03** (1) $+70$ (풀이) $+$, 7, $+70$ (2) $-120$ (3) $-27$
(4) $-9$ (5) $-6$ (6) $+30$ (7) $-\dfrac{1}{4}$ (8) $-3$

**04** $-37$, (개) 곱셈의 교환법칙, (내) 곱셈의 결합법칙

---

**03** (2) $(+8) \times (+5) \times (-3)$
$= -(8 \times 5 \times 3) = -120$
(3) $(-1) \times (-3) \times (-9)$
$= -(1 \times 3 \times 9) = -27$
(4) $\left( +\dfrac{3}{8} \right) \times (-6) \times (+4)$
$= -\left( \dfrac{3}{8} \times 6 \times 4 \right) = -9$
(5) $(+9) \times \left( -\dfrac{8}{15} \right) \times \left( +\dfrac{5}{4} \right)$
$= -\left( 9 \times \dfrac{8}{15} \times \dfrac{5}{4} \right) = -6$
(6) $(+4) \times (-2.5) \times (-3)$
$= +(4 \times 2.5 \times 3) = +30$
(7) $\left( +\dfrac{7}{8} \right) \times \left( +\dfrac{5}{14} \right) \times \left( -\dfrac{4}{5} \right)$
$= -\left( \dfrac{7}{8} \times \dfrac{5}{14} \times \dfrac{4}{5} \right) = -\dfrac{1}{4}$
(8) $\left( -\dfrac{3}{10} \right) \times \left( -\dfrac{4}{9} \right) \times (+15) \times \left( -\dfrac{3}{2} \right)$
$= -\left( \dfrac{3}{10} \times \dfrac{4}{9} \times 15 \times \dfrac{3}{2} \right) = -3$

**04** $(-20) \times (+0.37) \times (+5)$ —— 곱셈의 교환법칙
$= (-20) \times (+5) \times (+0.37)$
$= \{ (-20) \times (+5) \} \times (+0.37)$ —— 곱셈의 결합법칙
$= (-100) \times (+0.37)$
$= -(100 \times 0.37) = -37$

---

## 개념 24 거듭제곱의 계산

• 본문 054~055쪽

**01** (1) $+9$ (2) $+9$ (3) $-27$ (4) $-27$

**02** (1) $+\dfrac{1}{64}$ (2) $-\dfrac{8}{27}$ (3) $-\dfrac{1}{9}$ (4) $+\dfrac{1}{25}$

**03** (1) $-45$ (풀이) 3, 3, $-45$ (2) $+50$ (3) $-32$
(4) $-36$ (5) $+200$ (6) $+\dfrac{8}{49}$ (7) $-\dfrac{1}{24}$ (8) $+\dfrac{1}{8}$
(9) $+24$ (10) $-54$ (11) $-\dfrac{3}{4}$ (12) $-\dfrac{1}{6}$

**04** ⑤

**01** (1) $(+3)^2=(+3)\times(+3)$
$\qquad\qquad =+(3\times3)=+9$
(2) $(-3)^2=(-3)\times(-3)$
$\qquad\qquad =+(3\times3)=+9$
(3) $(-3)^3=(-3)\times(-3)\times(-3)$
$\qquad\qquad =-(3\times3\times3)=-27$
(4) $-3^3=-(3\times3\times3)=-27$

**02** (1) $\left(+\dfrac{1}{4}\right)^3=\left(+\dfrac{1}{4}\right)\times\left(+\dfrac{1}{4}\right)\times\left(+\dfrac{1}{4}\right)$
$\qquad\qquad =+\left(\dfrac{1}{4}\times\dfrac{1}{4}\times\dfrac{1}{4}\right)=+\dfrac{1}{64}$
(2) $\left(-\dfrac{2}{3}\right)^3=\left(-\dfrac{2}{3}\right)\times\left(-\dfrac{2}{3}\right)\times\left(-\dfrac{2}{3}\right)$
$\qquad\qquad =-\left(\dfrac{2}{3}\times\dfrac{2}{3}\times\dfrac{2}{3}\right)=-\dfrac{8}{27}$
(3) $-\left(\dfrac{1}{3}\right)^2=-\left(\dfrac{1}{3}\times\dfrac{1}{3}\right)=-\dfrac{1}{9}$
(4) $\left(-\dfrac{1}{5}\right)^2=\left(-\dfrac{1}{5}\right)\times\left(-\dfrac{1}{5}\right)$
$\qquad\qquad =+\left(\dfrac{1}{5}\times\dfrac{1}{5}\right)=+\dfrac{1}{25}$

**03** (2) $2\times(-5)^2=2\times(-5)\times(-5)=+50$
(3) $(-2)^3\times4=(-2)\times(-2)\times(-2)\times4=-32$
(4) $-3^2\times(-2)^2=-(3\times3)\times(-2)\times(-2)$
$\qquad\qquad\qquad =(-9)\times(-2)\times(-2)=-36$
(5) $-5^2\times(-2)^3=-(5\times5)\times(-2)\times(-2)\times(-2)$
$\qquad\qquad\qquad =(-25)\times(-2)\times(-2)\times(-2)=+200$
(6) $2^3\times\left(-\dfrac{1}{7}\right)^2=2\times2\times2\times\left(-\dfrac{1}{7}\right)\times\left(-\dfrac{1}{7}\right)=+\dfrac{8}{49}$
(7) $3^2\times\left(-\dfrac{1}{6}\right)^3=3\times3\times\left(-\dfrac{1}{6}\right)\times\left(-\dfrac{1}{6}\right)\times\left(-\dfrac{1}{6}\right)=-\dfrac{1}{24}$
(8) $\left(-\dfrac{1}{4}\right)^3\times(-2)^3$
$\qquad =\left(-\dfrac{1}{4}\right)\times\left(-\dfrac{1}{4}\right)\times\left(-\dfrac{1}{4}\right)\times(-2)\times(-2)\times(-2)$
$\qquad =+\dfrac{1}{8}$
(9) $-4^2\times\left(-\dfrac{3}{2}\right)=-(4\times4)\times\left(-\dfrac{3}{2}\right)=(-16)\times\left(-\dfrac{3}{2}\right)$
$\qquad\qquad\qquad =+24$
(10) $(-1)^2\times6\times(-9)=(-1)\times(-1)\times6\times(-9)=-54$
(11) $(-4)\times\left(-\dfrac{1}{4}\right)^2\times3=(-4)\times\left(-\dfrac{1}{4}\right)\times\left(-\dfrac{1}{4}\right)\times3$
$\qquad\qquad\qquad =-\dfrac{3}{4}$
(12) $-2^2\times\left(-\dfrac{1}{4}\right)^2\times\left(+\dfrac{2}{3}\right)$
$\qquad =(-4)\times\left(-\dfrac{1}{4}\right)\times\left(-\dfrac{1}{4}\right)\times\left(+\dfrac{2}{3}\right)$
$\qquad =-\dfrac{1}{6}$

**04** ⑤ $-(-3)^3=-\{(-3)\times(-3)\times(-3)\}=-(-27)=27$

---

**개념 25 분배법칙** · 본문 056쪽

**01** (1) 1344　**풀이** ▶ 50, 2, 1344　(2) 4545　(3) 128
(4) $-300$　(5) $\dfrac{7}{5}$　(6) $-\dfrac{3}{4}$　(7) 8

**02** 3, 3, 51, 1751

**01** (2) $45\times(100+1)=45\times100+45\times1$
$\qquad\qquad\qquad =4500+45=4545$
(3) $128\times99-128\times98=128\times(99-98)$
$\qquad\qquad\qquad =128\times1=128$
(4) $15\times(+25)+15\times(-45)=15\times\{(+25)+(-45)\}$
$\qquad\qquad\qquad =15\times(-20)=-300$
(5) $\dfrac{2}{3}\times\left(\dfrac{9}{10}+\dfrac{6}{5}\right)=\dfrac{2}{3}\times\dfrac{9}{10}+\dfrac{2}{3}\times\dfrac{6}{5}$
$\qquad\qquad\qquad =\dfrac{3}{5}+\dfrac{4}{5}=\dfrac{7}{5}$
(6) $\left(\dfrac{1}{3}-\dfrac{5}{12}\right)\times9=\dfrac{1}{3}\times9-\dfrac{5}{12}\times9$
$\qquad\qquad\qquad =3-\dfrac{15}{4}=-\dfrac{3}{4}$
(7) $2\times\dfrac{4}{5}+8\times\dfrac{4}{5}=(2+8)\times\dfrac{4}{5}$
$\qquad\qquad\qquad =10\times\dfrac{4}{5}=8$

**02** $17\times103=17\times(100+3)$
$\qquad\qquad =17\times100+17\times3$
$\qquad\qquad =1700+51=1751$

---

**개념 26 정수와 유리수의 나눗셈** · 본문 057~058쪽

**01** (1) $+5$　**풀이** ▶ $+$, $+5$　(2) $+4$　(3) $-6$　(4) $-3$　(5) 0
**02** (1) $\dfrac{1}{5}$　(2) $-\dfrac{1}{2}$　(3) $\dfrac{4}{3}$　(4) $-\dfrac{7}{4}$　(5) $-\dfrac{3}{4}$
(6) $\dfrac{2}{5}$　(7) $-\dfrac{10}{7}$
**03** (1) $-10$　**풀이** ▶ $+\dfrac{5}{3}$, $\dfrac{5}{3}$, $-10$　(2) $-18$
(3) $\dfrac{3}{5}$　(4) 3　(5) $\dfrac{35}{2}$
**04** ③

**01** (2) $(-24)\div(-6)=+(24\div6)=+4$
(3) $(-30)\div(+5)=-(30\div5)=-6$
(4) $(+42)\div(-14)=-(42\div14)=-3$
(5) 0을 0이 아닌 수로 나누면 그 몫은 항상 0이다.

**02** (1) $5=\dfrac{5}{1}$ ➡ $\dfrac{1}{5}$

(2) $-2=-\dfrac{2}{1}$ ➡ $-\dfrac{1}{2}$

(5) $-1\dfrac{1}{3}=-\dfrac{4}{3}$ ➡ $-\dfrac{3}{4}$

(6) $2.5=\dfrac{25}{10}=\dfrac{5}{2}$ ➡ $\dfrac{2}{5}$

(7) $-0.7=-\dfrac{7}{10}$ ➡ $-\dfrac{10}{7}$

**03** (2) $(+8)\div\left(-\dfrac{4}{9}\right)=(+8)\times\left(-\dfrac{9}{4}\right)$
$$=-\left(8\times\dfrac{9}{4}\right)=-18$$

(3) $\left(+\dfrac{2}{5}\right)\div\left(+\dfrac{2}{3}\right)=\left(+\dfrac{2}{5}\right)\times\left(+\dfrac{3}{2}\right)$
$$=+\left(\dfrac{2}{5}\times\dfrac{3}{2}\right)=\dfrac{3}{5}$$

(4) $(+1.2)\div(+0.4)$
$$=\left(+\dfrac{6}{5}\right)\div\left(+\dfrac{2}{5}\right)=\left(+\dfrac{6}{5}\right)\times\left(+\dfrac{5}{2}\right)$$
$$=+\left(\dfrac{6}{5}\times\dfrac{5}{2}\right)=3$$

(5) $(-3.5)\div\left(-\dfrac{1}{5}\right)=\left(-\dfrac{7}{2}\right)\times(-5)$
$$=+\left(\dfrac{7}{2}\times5\right)=\dfrac{35}{2}$$

**04** ③ 1의 역수는 1이고, $-1$의 역수는 $-1$이다.

• 본문 059~061쪽

## 개념 **27** 정수와 유리수의 혼합 계산

**01** (1) $-\dfrac{1}{2},\ \dfrac{1}{2},\ 16$ (2) $-\dfrac{1}{4},\ \dfrac{1}{4},\ \dfrac{9}{4}$ (3) $-\dfrac{4}{9},\ \dfrac{4}{9},\ -2$

**02** (1) $-14$ (2) $-15$ (3) $-\dfrac{1}{2}$ (4) $18$

**03** (1) $32$ (2) $22$ (3) $\dfrac{1}{24}$ (4) $-\dfrac{4}{5}$ (5) $\dfrac{2}{5}$ (6) $-13$

**04** (1) $5,\ 2,\ -6$ (2) $-1,\ -9,\ -6,\ -8$

(3) $-4,\ \dfrac{5}{12},\ -4,\ -\dfrac{1}{2},\ -4,\ \dfrac{1}{3},\ -\dfrac{11}{3}$

(4) $-2,\ 1,\ \dfrac{3}{2},\ 3,\ -5$

**05** (1) $-33$ (2) $-\dfrac{7}{3}$ (3) $-20$ (4) $-3$ (5) $10$ (6) $\dfrac{1}{2}$

(7) $0$ (8) $\dfrac{4}{5}$ (9) $-21$

**06** (1) ㉡, ㉠, ㉢, ㉣, ㉤ (2) $18$

**01** (1) $(+4)\times(-8)\div(-2)$
$$=(+4)\times(-8)\times\left(-\dfrac{1}{2}\right)$$
$$=+\left(4\times8\times\dfrac{1}{2}\right)=+16$$

(2) $\left(-\dfrac{3}{4}\right)\times(+12)\div(-4)$
$$=\left(-\dfrac{3}{4}\right)\times(+12)\times\left(-\dfrac{1}{4}\right)$$
$$=+\left(\dfrac{3}{4}\times12\times\dfrac{1}{4}\right)=+\dfrac{9}{4}$$

(3) $\left(-\dfrac{3}{8}\right)\div\left(-\dfrac{9}{4}\right)\times(-12)$
$$=\left(-\dfrac{3}{8}\right)\times\left(-\dfrac{4}{9}\right)\times(-12)$$
$$=-\left(\dfrac{3}{8}\times\dfrac{4}{9}\times12\right)=-2$$

**02** (1) $(+35)\div(-5)\times(+2)$
$$=(+35)\times\left(-\dfrac{1}{5}\right)\times(+2)$$
$$=-\left(35\times\dfrac{1}{5}\times2\right)=-14$$

(2) $(+4)\times\left(+\dfrac{3}{2}\right)\div\left(-\dfrac{2}{5}\right)$
$$=(+4)\times\left(+\dfrac{3}{2}\right)\times\left(-\dfrac{5}{2}\right)$$
$$=-\left(4\times\dfrac{3}{2}\times\dfrac{5}{2}\right)=-15$$

(3) $\left(-\dfrac{5}{6}\right)\times\left(-\dfrac{2}{3}\right)\div\left(-\dfrac{10}{9}\right)$
$$=\left(-\dfrac{5}{6}\right)\times\left(-\dfrac{2}{3}\right)\times\left(-\dfrac{9}{10}\right)$$
$$=-\left(\dfrac{5}{6}\times\dfrac{2}{3}\times\dfrac{9}{10}\right)=-\dfrac{1}{2}$$

(4) $(-4)\div(-0.5)\times\left(-\dfrac{3}{2}\right)^2$
$$=(-4)\div\left(-\dfrac{1}{2}\right)\times\left(+\dfrac{9}{4}\right)$$
$$=(-4)\times(-2)\times\left(+\dfrac{9}{4}\right)$$
$$=+\left(4\times2\times\dfrac{9}{4}\right)=18$$

**03** (1) $(-3)\times(-9)+5=(+27)+5=32$

(2) $17-45\div(-9)=17-(-5)$
$$=17+(+5)=22$$

(3) $\dfrac{2}{3}+\dfrac{5}{6}\times\left(-\dfrac{3}{4}\right)=\dfrac{2}{3}+\left(-\dfrac{5}{8}\right)$
$$=\dfrac{16}{24}+\left(-\dfrac{15}{24}\right)=\dfrac{1}{24}$$

(4) $\left(-\dfrac{1}{8}\right)\div\dfrac{5}{12}-\dfrac{1}{2}=\left(-\dfrac{1}{8}\right)\times\dfrac{12}{5}-\dfrac{1}{2}$
$$=\left(-\dfrac{3}{10}\right)+\left(-\dfrac{5}{10}\right)=-\dfrac{4}{5}$$

(5) $\dfrac{3}{10}+\left(-\dfrac{1}{5}\right)^2\times\dfrac{5}{2}=\dfrac{3}{10}+\dfrac{1}{25}\times\dfrac{5}{2}$
$$=\dfrac{3}{10}+\dfrac{1}{10}=\dfrac{2}{5}$$

(6) $\dfrac{1}{8}\times(-4)^2-(-3)^2\div\dfrac{3}{5}=\dfrac{1}{8}\times16-9\times\dfrac{5}{3}$
$$=2-15=-13$$

**04** (1) $-\{-3+(-2+7)\}-4$
$=-(-3+5)-4$
$=-2-4=-6$

(2) $\{-8+(5-6)+3\}-2$
$=\{-8+(-1)+3\}-2$
$=\{(-9)+3\}-2$
$=-6-2=-8$

(3) $-2^2-\dfrac{2}{3}\times\left\{\left(\dfrac{1}{4}+\dfrac{1}{6}\right)\div\left(-\dfrac{5}{6}\right)\right\}$
$=-4-\dfrac{2}{3}\times\left\{\dfrac{5}{12}\times\left(-\dfrac{6}{5}\right)\right\}$
$=-4-\dfrac{2}{3}\times\left(-\dfrac{1}{2}\right)$
$=-4+\dfrac{1}{3}=-\dfrac{11}{3}$

(4) $2\times\left[\dfrac{1}{2}-\left\{\dfrac{3}{5}\div\left(-\dfrac{3}{10}\right)+1\right\}\right]-8$
$=2\times\left[\dfrac{1}{2}-\{(-2)+1\}\right]-8$
$=2\times\left(\dfrac{1}{2}+1\right)-8$
$=2\times\dfrac{3}{2}-8$
$=3-8=-5$

**05** (1) $(-3)\times\{9-(3-5)\}$
$=(-3)\times\{9-(-2)\}$
$=(-3)\times11=-33$

(2) $21\div\{(-2)^3-1\}$
$=21\div\{(-8)-1\}=21\div(-9)$
$=21\times\left(-\dfrac{1}{9}\right)=-\dfrac{7}{3}$

(3) $45\div9+\{3+(-7)\times4\}$
$=45\div9+\{3+(-28)\}$
$=5+(-25)=-20$

(4) $28-\{6+(-3)^2\times4-11\}$
$=28-(6+9\times4-11)$
$=28-(6+36-11)$
$=28-31=-3$

(5) $20-12\times\left\{1+\left(\dfrac{1}{2}-\dfrac{2}{3}\right)\right\}$
$=20-12\times\left\{1+\left(-\dfrac{1}{6}\right)\right\}$
$=20-12\times\dfrac{5}{6}$
$=20-10=10$

(6) $\dfrac{4}{5}\times\left\{\left(+\dfrac{3}{4}\right)-(-3)\right\}-\dfrac{5}{2}$
$=\dfrac{4}{5}\times\dfrac{15}{4}-\dfrac{5}{2}$
$=3-\dfrac{5}{2}=\dfrac{1}{2}$

(7) $24\times\left\{\dfrac{3}{4}+(-2)^2\times\dfrac{1}{16}-\dfrac{1}{2}\right\}-12$
$=24\times\left(\dfrac{3}{4}+4\times\dfrac{1}{16}-\dfrac{1}{2}\right)-12$
$=24\times\left(\dfrac{3}{4}+\dfrac{1}{4}-\dfrac{1}{2}\right)-12$
$=24\times\dfrac{1}{2}-12$
$=12-12=0$

(8) $1-\left\{-\dfrac{1}{5}+12\times\left(-\dfrac{1}{3}\right)^2\right\}\times\dfrac{3}{17}$
$=1-\left(-\dfrac{1}{5}+12\times\dfrac{1}{9}\right)\times\dfrac{3}{17}$
$=1-\left(-\dfrac{1}{5}+\dfrac{4}{3}\right)\times\dfrac{3}{17}$
$=1-\dfrac{17}{15}\times\dfrac{3}{17}$
$=1-\dfrac{1}{5}=\dfrac{4}{5}$

(9) $3-\left[\left\{\left(-\dfrac{3}{5}\right)^2-1\right\}\times\dfrac{5}{8}+(-2)\right]\times(-10)$
$=3-\left\{\left(\dfrac{9}{25}-1\right)\times\dfrac{5}{8}+(-2)\right\}\times(-10)$
$=3-\left\{\left(-\dfrac{16}{25}\right)\times\dfrac{5}{8}+(-2)\right\}\times(-10)$
$=3-\left\{\left(-\dfrac{2}{5}\right)+(-2)\right\}\times(-10)$
$=3-\left(-\dfrac{12}{5}\right)\times(-10)$
$=3-24=-21$

**06** (2) $[\{-4\times(8-2)\}\div3-(-2)]\times(-3)$
$=\left\{(-4\times6)\times\dfrac{1}{3}-(-2)\right\}\times(-3)$
$=\left\{-24\times\dfrac{1}{3}-(-2)\right\}\times(-3)$
$=(-8+2)\times(-3)$
$=(-6)\times(-3)=18$



**1** ① $(+3)\times\left(+\dfrac{1}{9}\right)=+\left(3\times\dfrac{1}{9}\right)=\dfrac{1}{3}$

② $\left(-\dfrac{1}{28}\right)\times(-4)=+\left(\dfrac{1}{28}\times4\right)=\dfrac{1}{7}$

③ $\left(+\dfrac{7}{3}\right)\times\left(-\dfrac{3}{14}\right)=-\left(\dfrac{7}{3}\times\dfrac{3}{14}\right)=-\dfrac{1}{2}$

④ $\left(-\dfrac{1}{6}\right)\times\left(+\dfrac{2}{3}\right)=-\left(\dfrac{1}{6}\times\dfrac{2}{3}\right)=-\dfrac{1}{9}$

⑤ $\left(-\dfrac{4}{5}\right)\times\left(-\dfrac{15}{8}\right)=+\left(\dfrac{4}{5}\times\dfrac{15}{8}\right)=\dfrac{3}{2}$

따라서 계산 결과가 가장 큰 것은 ⑤이다.

**2** $(-0.2) \times \left(-\dfrac{6}{11}\right) \times (-5) = \left(-\dfrac{1}{5}\right) \times \left(-\dfrac{6}{11}\right) \times (-5)$

$\qquad\qquad = \left\{\left(-\dfrac{1}{5}\right) \times (-5)\right\} \times \left(-\dfrac{6}{11}\right)$

$\qquad\qquad = (+1) \times \left(-\dfrac{6}{11}\right)$

$\qquad\qquad = -\dfrac{6}{11}$

**3** ① $(-1)^2 = 1$

② $(-1)^5 = -1$

③ $-(-1)^7 = -(-1) = 1$

④ $\{-(-1)\}^3 = 1^3 = 1$

⑤ $\{-(-1)\}^6 = 1^6 = 1$

따라서 계산 결과가 나머지 넷과 다른 하나는 ②이다.

**4** $(-3.14) \times 16 + 1.14 \times 16 = (-3.14 + 1.14) \times 16$

$\qquad\qquad\qquad\qquad = (-2) \times 16$

$\qquad\qquad\qquad\qquad = -32$

**5** 7의 역수는 $\dfrac{1}{7}$이므로 $a = \dfrac{1}{7}$

$-\dfrac{7}{8}$의 역수는 $-\dfrac{8}{7}$이므로 $b = -\dfrac{8}{7}$

$\therefore a + b = \dfrac{1}{7} + \left(-\dfrac{8}{7}\right) = \dfrac{1}{7} - \dfrac{8}{7} = -1$

**6** $\dfrac{1}{4} - \dfrac{1}{2} \times \left\{\dfrac{1}{5} \div 0.4 - \dfrac{2}{3} \times \left(-\dfrac{3}{10}\right)^2\right\}$

$= \dfrac{1}{4} - \dfrac{1}{2} \times \left(\dfrac{1}{5} \div \dfrac{4}{10} - \dfrac{2}{3} \times \dfrac{9}{100}\right)$

$= \dfrac{1}{4} - \dfrac{1}{2} \times \left(\dfrac{1}{5} \times \dfrac{10}{4} - \dfrac{3}{50}\right)$

$= \dfrac{1}{4} - \dfrac{1}{2} \times \left(\dfrac{1}{2} - \dfrac{3}{50}\right)$

$= \dfrac{1}{4} - \dfrac{1}{2} \times \dfrac{22}{50}$

$= \dfrac{1}{4} - \dfrac{11}{50} = \dfrac{3}{100}$



### 개념 **28** 문자의 사용 / 곱셈, 나눗셈 기호의 생략

· 본문 064~066쪽

**01** (1) $8x$　(2) $ac$　(3) $y^2$　(4) $-2b$　(5) $0.1ah$　(6) $7(x+y)$

(7) $-a - 5b$　풀이▶ $1, -, 5$　(8) $-4y + z^3$

**02** (1) $\dfrac{a}{2}$　풀이▶ $2, \dfrac{a}{2}$　(2) $-\dfrac{x}{3}$　(3) $-\dfrac{7}{b}$　(4) $\dfrac{2z}{9}$

(5) $\dfrac{a}{2b}$　풀이▶ $2, \dfrac{1}{b}, \dfrac{a}{2b}$　(6) $-\dfrac{x}{3y}$

**03** (1) $\dfrac{ab}{5}$　풀이▶ $5, b, \dfrac{ab}{5}$　(2) $\dfrac{a}{7} + \dfrac{c}{b}$　(3) $\dfrac{xy}{7z}$

(4) $\dfrac{xz}{1+y}$　(5) $a^2 - \dfrac{ab}{c}$　(6) $-3x + \dfrac{x}{y}$

(7) $a + \dfrac{9(b-3)}{c}$　풀이▶ $\dfrac{b-3}{c}, \dfrac{b-3}{c}, 9, 9, c$

**04** (1) $500a$원　(2) $(3000 - 5x)$원

(3) $(3y + 5)$세　풀이▶ $3, 3y, 3, 5, 3y + 5$

(4) $10a + 8$　풀이▶ $a, 8, 10a + 8$

(5) $2ab\,\text{cm}^2$　풀이▶ $2a, 2ab$　(6) $4x\,\text{cm}$

(7) $60t\,\text{km}$　풀이▶ $t, 60t$　(8) 시속 $\dfrac{x}{2}\,\text{km}$

(9) $\dfrac{2}{3}a\,\%$　(10) $\dfrac{3x}{5}\,\text{g}$　풀이▶ $x, 60, 3x$

**05** ㄴ, ㄹ

**02** (2) $x \div (-3) = x \times \left(-\dfrac{1}{3}\right) = -\dfrac{x}{3}$

(3) $(-7) \div b = (-7) \times \dfrac{1}{b} = -\dfrac{7}{b}$

(4) $2z \div 9 = 2z \times \dfrac{1}{9} = \dfrac{2z}{9}$

(6) $x \div (-3) \div y = x \times \left(-\dfrac{1}{3}\right) \times \dfrac{1}{y} = -\dfrac{x}{3y}$

**03** (4) $x \div (1+y) \times z = x \times \dfrac{1}{1+y} \times z = \dfrac{xz}{1+y}$

**04** (2) 한 개에 $x$원인 오이 5개의 가격은 $x \times 5 = 5x$(원)이므로

3000원을 냈을 때의 거스름돈은 $(3000 - 5x)$원이다.

(6) (정사각형의 둘레의 길이)

$= (\text{한 변의 길이}) \times 4 = x \times 4 = 4x\,(\text{cm})$

(8) (속력)$= \dfrac{(\text{거리})}{(\text{시간})}$이므로 속력은 시속 $\dfrac{x}{2}\,\text{km}$이다.

(9) (소금물의 농도)$= \dfrac{(\text{소금의 양})}{(\text{소금물의 양})} \times 100$

$= \dfrac{a}{150} \times 100 = \dfrac{2}{3}a\,(\%)$

**05** ㄱ. $0.1 \times x = 0.1x$

ㄷ. $a - b \div 3 = a - b \times \dfrac{1}{3} = a - \dfrac{b}{3}$

ㄹ. $a \div b \div 4 = a \times \dfrac{1}{b} \times \dfrac{1}{4} = \dfrac{a}{4b}$

따라서 옳은 것은 ㄴ, ㄹ이다.

**01** (1) 6, 7 **풀이** ▶ 1, 2, 6, 3, 7　(2) 1, 5　(3) 4, $-2$

　　(4) $-8$, $-13$, $-18$

**02** (1) $-5$ **풀이** ▶ $-3$, $-5$　(2) 8　(3) 10　(4) 9　(5) $-\dfrac{5}{3}$

**03** (1) 3　(2) 14　(3) 1　(4) $-36$　(5) 0　(6) $-\dfrac{7}{3}$　(7) $\dfrac{9}{4}$

**04** (1) 4　(2) $-19$　(3) 26　(4) 49　(5) $\dfrac{9}{2}$　(6) $-7$　(7) 6

**05** (1) $-3$　(2) $-15$　(3) 2　(4) $-12$

**06** (1) 4　(2) $-21$　(3) 32

**07** (1) $-1$　(2) 13　(3) 5　(4) 2　　　　**08** ⑤

---

**01** (2) $x=1$일 때, $2x-1$의 값은 $2\times1-1=2-1=1$

　　$x=2$일 때, $2x-1$의 값은 $2\times2-1=4-1=3$

　　$x=3$일 때, $2x-1$의 값은 $2\times3-1=6-1=5$

　(3) $x=1$일 때, $-3x+7$의 값은 $-3\times1+7=-3+7=4$

　　$x=2$일 때, $-3x+7$의 값은 $-3\times2+7=-6+7=1$

　　$x=3$일 때, $-3x+7$의 값은 $-3\times3+7=-9+7=-2$

　(4) $x=1$일 때, $-5x-3$의 값은 $-5\times1-3=-5-3=-8$

　　$x=2$일 때, $-5x-3$의 값은 $-5\times2-3=-10-3=-13$

　　$x=3$일 때, $-5x-3$의 값은 $-5\times3-3=-15-3=-18$

**02** (2) $5-a=5-(-3)=5+3=8$

　(3) $-a+7=-(-3)+7=3+7=10$

　(4) $a^2=a\times a=(-3)\times(-3)=9$

　(5) $\dfrac{a-2}{3}=\dfrac{(-3)-2}{3}=-\dfrac{5}{3}$

**03** (1) $5x-7=5\times2-7=10-7=3$

　(2) $-3x+5=-3\times(-3)+5=9+5=14$

　(3) $|2x-9|=|2\times4-9|=|8-9|=|-1|=1$

　(4) $-x^2=-6^2=-36$

　(5) $-\dfrac{1}{2}x+\dfrac{1}{4}=-\dfrac{1}{2}\times\dfrac{1}{2}+\dfrac{1}{4}=-\dfrac{1}{4}+\dfrac{1}{4}=0$

　(6) $\dfrac{-3x+4}{2x-1}=\dfrac{-3\times(-1)+4}{2\times(-1)-1}$

　　　$=\dfrac{3+4}{-2-1}=-\dfrac{7}{3}$

　(7) $x-\dfrac{7}{x}=4-\dfrac{7}{4}=\dfrac{9}{4}$

**04** (1) $x+y=(-1)+5=4$

　(2) $4x-3y=4\times(-1)-3\times5$

　　　　$=-4-15=-19$

　(3) $-x+7y-10=-(-1)+7\times5-10$

　　　　　$=1+35-10=26$

　(4) $(-2x+y)^2=\{-2\times(-1)+5\}^2$

　　　　　$=(2+5)^2=7^2=49$

　(5) $-\dfrac{1}{2}x^2+\dfrac{1}{5}y^2=-\dfrac{1}{2}\times(-1)^2+\dfrac{1}{5}\times5^2$

　　　　　$=-\dfrac{1}{2}\times1+\dfrac{1}{5}\times25$

　　　　　$=-\dfrac{1}{2}+5=\dfrac{9}{2}$

　(6) $3x^2-2y=3\times(-1)^2-2\times5$

　　　　　$=3\times1-2\times5$

　　　　　$=3-10=-7$

　(7) $x(x-y)=x\times(x-y)$

　　　　　$=(-1)\times\{(-1)-5\}$

　　　　　$=(-1)\times(-6)=6$

**05** (1) $\dfrac{a-b}{3}=\dfrac{-4-5}{3}=\dfrac{-9}{3}=-3$

　(2) $\dfrac{3}{4}ab=\dfrac{3}{4}\times(-4)\times5=-15$

　(3) $\dfrac{-b-1}{a+1}=\dfrac{-5-1}{-4+1}=\dfrac{-6}{-3}=2$

　(4) $4a+\dfrac{20}{b}=4\times(-4)+\dfrac{20}{5}=-16+4=-12$

**06** (1) $x^2+xy=4^2+4\times(-3)=16-12=4$

　(2) $xy-9=4\times(-3)-9=-12-9=-21$

　(3) $2x^2(x+y)=2\times4^2\times\{4+(-3)\}=2\times16\times1=32$

**07** (1) $\dfrac{1}{a}+\dfrac{1}{b}=1\div a+1\div b$

　　　　$=1\div\dfrac{1}{2}+1\div\left(-\dfrac{1}{3}\right)$

　　　　$=1\times2+1\times(-3)$

　　　　$=2-3=-1$

　(2) $\dfrac{2}{a}-\dfrac{3}{b}=2\div a-3\div b$

　　　　$=2\div\dfrac{1}{2}-3\div\left(-\dfrac{1}{3}\right)$

　　　　$=2\times2-3\times(-3)$

　　　　$=4+9=13$

　(3) $4a^2-24ab=4\times\left(\dfrac{1}{2}\right)^2-24\times\dfrac{1}{2}\times\left(-\dfrac{1}{3}\right)$

　　　　　$=4\times\dfrac{1}{4}+4$

　　　　　$=1+4=5$

　(4) $12(a+b)=12\times\left\{\dfrac{1}{2}+\left(-\dfrac{1}{3}\right)\right\}$

　　　　　$=12\times\dfrac{1}{6}=2$

**08** ① $2x=2\times(-2)=-4$

　② $\dfrac{8}{x}=\dfrac{8}{-2}=-4$

　③ $3x+2=3\times(-2)+2=-6+2=-4$

　④ $x^3+4=(-2)^3+4=-8+4=-4$

　⑤ $(-x)^2=\{-(-2)\}^2=2^2=4$

따라서 식의 값이 나머지 넷과 다른 하나는 ⑤이다.

**01** (1) $a$, $b$, $-1$　(2) $x^2$, $-xy$, $y$

**02** (1) $-7$, $x^2$, $xy^2$에 ○표　(2) $\dfrac{ab}{2}$, $0$에 ○표

**03** 풀이 참조

**04** (1) 2　풀이 ▶ 2, 1, 0, $-2x^2$, 2　(2) 3　(3) 1　(4) 3　(5) 2

**05** (1) ○　(2) ×　(3) ○　(4) ×　(5) ○

**06** ⑤

**03** (1)

|  | $-5x+9y$ | $7x-3y+\dfrac{4}{3}$ |
|---|---|---|
| 항 | $-5x$, $9y$ | $7x$, $-3y$, $\dfrac{4}{3}$ |
| 상수항 | 0 | $\dfrac{4}{3}$ |
| $x$의 계수 | $-5$ | 7 |
| $y$의 계수 | 9 | $-3$ |

(2)

|  | $4x^2+2x-3$ | $10x^2+\dfrac{1}{2}$ |
|---|---|---|
| 항 | $4x^2$, $2x$, $-3$ | $10x^2$, $\dfrac{1}{2}$ |
| 상수항 | $-3$ | $\dfrac{1}{2}$ |
| $x^2$의 계수 | 4 | 10 |
| $x$의 계수 | 2 | 0 |

**06** ① 항은 $\dfrac{x^2}{3}$, $-4x$, $-1$이다.

② 상수항은 $-1$이다.

③ $x$의 계수는 $-4$이다.

④ $x^2$의 계수는 $\dfrac{1}{3}$이다.

따라서 옳은 것은 ⑤이다.



**01** (1) $-20x$　풀이 ▶ $-4$, 5, $-4$, 5, $-20x$

(2) $-12y$　(3) $-12x$　(4) $14y$

**02** (1) $14x$　풀이 ▶ 6, $\dfrac{7}{3}$, 6, $\dfrac{7}{3}$, $14x$

(2) $15x$　(3) $-12y$　(4) $3a$

**03** (1) $6x$　풀이 ▶ 24, $\dfrac{1}{4}$, 24, $\dfrac{1}{4}$, $6x$

(2) $-4y$　(3) $-8a$　(4) $8b$

**04** (1) $21b$　풀이 ▶ 15, $\dfrac{7}{5}$, 15, $\dfrac{7}{5}$, $21b$

(2) $63x$　(3) $-\dfrac{a}{2}$　(4) $128y$

**05** (1) $6x+8$　풀이 ▶ 2, 2, 6, 8　(2) $-10x+45$

(3) $6a-12$　풀이 ▶ 3, 3, 6, 12　(4) $15-10x$

**06** (1) $15-10y$　(2) $-x-2$　(3) $-4x-7$　(4) $5-30x$

(5) $1+2y$　(6) $-20x+2$　(7) $9y-10$

**07** (1) $2x+5$　풀이 ▶ $\dfrac{1}{5}$, $\dfrac{1}{5}$, $\dfrac{1}{5}$, 2, 5

(2) $4x-2$　(3) $-2x+1$　(4) $-2x-3$

(5) $-\dfrac{2}{3}a+\dfrac{1}{3}$　(6) $-x-7$

**08** (1) $3x+9$　풀이 ▶ $\dfrac{3}{5}$, $\dfrac{3}{5}$, $\dfrac{3}{5}$, 3, 9

(2) $4x+1$　(3) $\dfrac{1}{2}a-\dfrac{2}{5}$　(4) $-\dfrac{21}{5}x-\dfrac{1}{4}$

(5) $12x-24$　(6) $-\dfrac{5}{6}x-\dfrac{1}{3}$

**09** (1) $8y-12$　풀이 ▶ $6y$, 9, $\dfrac{1}{3}$, 24, 36, $\dfrac{1}{3}$, 8, 12

(2) $-\dfrac{2}{3}x+2$　(3) $-10y-10$

**10** ④

**01** (2) $6y\times(-2)=6\times(-2)\times y=-12y$

(3) $4\times(-3x)=4\times(-3)\times x=-12x$

(4) $-14\times(-y)=(-14)\times(-1)\times y=14y$

**02** (2) $12\times\dfrac{5}{4}x=12\times\dfrac{5}{4}\times x=15x$

(3) $-\dfrac{3}{7}\times28y=\left(-\dfrac{3}{7}\right)\times28\times y=-12y$

(4) $-0.5a\times(-6)=(-0.5)\times(-6)\times a=3a$

**03** (2) $-32y\div8=(-32)\times\dfrac{1}{8}\times y=-4y$

(3) $48a\div(-6)=48\times\left(-\dfrac{1}{6}\right)\times a=-8a$

(4) $-16b\div(-2)=(-16)\times\left(-\dfrac{1}{2}\right)\times b=8b$

**04** (2) $7x\div\dfrac{1}{9}=7\times9\times x=63x$

(3) $\left(-\dfrac{3}{4}a\right)\div\dfrac{3}{2}=\left(-\dfrac{3}{4}\right)\times\dfrac{2}{3}\times a=-\dfrac{a}{2}$

(4) $(-32y)\div\left(-\dfrac{1}{4}\right)=(-32)\times(-4)\times y=128y$

**05** (2) $-5(2x-9)=(-5)\times2x+(-5)\times(-9)$
$$=-10x+45$$

(4) $(-3+2x)\times(-5)=(-3)\times(-5)+2x\times(-5)$
$$=15-10x$$

**06** (1) $\dfrac{5}{3}(9-6y)=\dfrac{5}{3}\times9+\dfrac{5}{3}\times(-6y)=15-10y$

(2) $\dfrac{1}{2}(-2x-4)=\dfrac{1}{2}\times(-2x)+\dfrac{1}{2}\times(-4)=-x-2$

(3) $(16x+28)\times\left(-\dfrac{1}{4}\right)=16x\times\left(-\dfrac{1}{4}\right)+28\times\left(-\dfrac{1}{4}\right)$
$$=-4x-7$$

(4) $10\left(\dfrac{1}{2}-3x\right)=10\times\dfrac{1}{2}+10\times(-3x)$
$$=5-30x$$

(5) $0.2(5+10y)=0.2\times5+0.2\times10y=1+2y$

(6) $-5\left(4x-\dfrac{2}{5}\right)=(-5)\times4x+(-5)\times\left(-\dfrac{2}{5}\right)$
$$=-20x+2$$

(7) $\left(\dfrac{3}{4}y-\dfrac{5}{6}\right)\times12=\dfrac{3}{4}y\times12-\dfrac{5}{6}\times12$
$$=9y-10$$

**07** (2) $(12x-6)\div3=(12x-6)\times\dfrac{1}{3}$
$$=12x\times\dfrac{1}{3}-6\times\dfrac{1}{3}=4x-2$$

(3) $(8x-4)\div(-4)=(8x-4)\times\left(-\dfrac{1}{4}\right)$
$$=8x\times\left(-\dfrac{1}{4}\right)-4\times\left(-\dfrac{1}{4}\right)=-2x+1$$

(4) $(6x+9)\div(-3)=(6x+9)\times\left(-\dfrac{1}{3}\right)$
$$=6x\times\left(-\dfrac{1}{3}\right)+9\times\left(-\dfrac{1}{3}\right)=-2x-3$$

(5) $(-10a+5)\div15=(-10a+5)\times\dfrac{1}{15}$
$$=(-10a)\times\dfrac{1}{15}+5\times\dfrac{1}{15}=-\dfrac{2}{3}a+\dfrac{1}{3}$$

(6) $(-6x-42)\div6=(-6x-42)\times\dfrac{1}{6}$
$$=(-6x)\times\dfrac{1}{6}-42\times\dfrac{1}{6}=-x-7$$

**08** (2) $\left(x+\dfrac{1}{4}\right)\div\dfrac{1}{4}=\left(x+\dfrac{1}{4}\right)\times4$
$$=x\times4+\dfrac{1}{4}\times4=4x+1$$

(3) $\left(\dfrac{3}{2}a-\dfrac{6}{5}\right)\div3=\left(\dfrac{3}{2}a-\dfrac{6}{5}\right)\times\dfrac{1}{3}$
$$=\dfrac{3}{2}a\times\dfrac{1}{3}-\dfrac{6}{5}\times\dfrac{1}{3}=\dfrac{1}{2}a-\dfrac{2}{5}$$

(4) $\left(-14x-\dfrac{5}{6}\right)\div\dfrac{10}{3}=\left(-14x-\dfrac{5}{6}\right)\times\dfrac{3}{10}$
$$=(-14x)\times\dfrac{3}{10}-\dfrac{5}{6}\times\dfrac{3}{10}$$
$$=-\dfrac{21}{5}x-\dfrac{1}{4}$$

(5) $(1.2x-2.4)\div\dfrac{1}{10}=(1.2x-2.4)\times10$
$$=1.2x\times10-2.4\times10=12x-24$$

(6) $\left(\dfrac{5}{8}x+\dfrac{1}{4}\right)\div\left(-\dfrac{3}{4}\right)=\left(\dfrac{5}{8}x+\dfrac{1}{4}\right)\times\left(-\dfrac{4}{3}\right)$
$$=\dfrac{5}{8}x\times\left(-\dfrac{4}{3}\right)+\dfrac{1}{4}\times\left(-\dfrac{4}{3}\right)$$
$$=-\dfrac{5}{6}x-\dfrac{1}{3}$$

**09** (2) $-\dfrac{1}{2}(4x-12)\div3$
$$=\left\{\left(-\dfrac{1}{2}\right)\times4x-\left(-\dfrac{1}{2}\right)\times12\right\}\times\dfrac{1}{3}$$
$$=(-2x+6)\times\dfrac{1}{3}=(-2x)\times\dfrac{1}{3}+6\times\dfrac{1}{3}$$
$$=-\dfrac{2}{3}x+2$$

(3) $-5(y+1)\div\dfrac{1}{2}$
$$=\{(-5)\times y+(-5)\times1\}\times2$$
$$=(-5y-5)\times2=(-5y)\times2-5\times2$$
$$=-10y-10$$

**10** ④ $(-2y)\div\left(-\dfrac{1}{2}\right)=(-2y)\times(-2)$
$$=4y$$



**01** (1) $y$, 1 / 아니다    (2) $x$, $x$, 1, 1 / 이다

**02** ㄱ, ㄹ, ㅁ

**03** (1) $2x$와 $3x$, $-1$과 4    **풀이** ▶ $x$, 1, $3x$, 동류항, 4

    (2) $-5x$와 $x$    (3) $\dfrac{1}{3}y$와 $-y$    (4) $\dfrac{3}{4}a$와 $a$, $-\dfrac{3}{4}$과 9

**04** (1) $11x$    **풀이** ▶ 8, $11x$

    (2) $-a$    (3) $17x$    (4) $-4y$    (5) $3x$    (6) $24x$    (7) $2a$

**05** (1) $-4x$    (2) $5y$    (3) $-5x$    (4) $-9a$    (5) 0

**06** ③

**04** (2) $-9a+8a=(-9+8)a=-a$

    (3) $4x+13x=(4+13)x=17x$

    (4) $-11y+7y=(-11+7)y=-4y$

    (5) $-4x+2x+5x=(-4+2+5)x=3x$

    (6) $4x+11x+9x=(4+11+9)x=24x$

    (7) $a-2a+3a=(1-2+3)a=2a$

**05** (1) $5x-9x=(5-9)x=-4x$

    (2) $7y-2y=(7-2)y=5y$

    (3) $x-6x=(1-6)x=-5x$

    (4) $-4a-5a=(-4-5)a=-9a$

    (5) $\dfrac{2}{3}y-\dfrac{1}{2}y-\dfrac{1}{6}y=\left(\dfrac{2}{3}-\dfrac{1}{2}-\dfrac{1}{6}\right)y=0$

**06** ① 문자가 다르므로 동류항이 아니다.

    ② 차수가 다르므로 동류항이 아니다.

    ④ $\dfrac{2}{x}$는 다항식이 아니므로 $\dfrac{x}{2}$와 $\dfrac{2}{x}$는 동류항이 아니다.

    ⑤ 문자가 다르므로 동류항이 아니다.

    따라서 동류항끼리 짝 지어진 것은 ③이다.

## 개념 **33** 일차식의 덧셈과 뺄셈

**01** (1) $11a+13$ [풀이] ▶ $4a$, $8$, $11$, $13$　(2) $-3x-7$
　(3) $8x+5$　(4) $-6b-13$　(5) $\dfrac{5}{6}y+5$

**02** (1) $6y-20$　(2) $3y-2$　(3) $-a+6$　(4) $6x+5$
　(5) $-4x-9$

**03** (1) $-2a+1$ [풀이] ▶ $5a$, $7a$, $2$, $-2a$, $1$　(2) $-x+3$
　(3) $-6x+8$　(4) $-4a+1$　(5) $x-6$　(6) $6a+35$

**04** (1) $5x+1$ [풀이] ▶ $4x$, $x$, $5x$, $1$　(2) $a-3$　(3) $14x-7$

**05** ④

**01** (2) $2x-4-3-5x=2x-5x-4-3$
$$=-3x-7$$
(3) $6x-4+2x+9=6x+2x-4+9$
$$=8x+5$$
(4) $-6+5b-7-11b=5b-11b-6-7$
$$=-6b-13$$
(5) $\dfrac{2}{3}y-3+\dfrac{1}{6}y+8=\dfrac{2}{3}y+\dfrac{1}{6}y-3+8$
$$=\dfrac{5}{6}y+5$$

**02** (1) $11y+(-5y-20)=11y-5y-20=6y-20$
(2) $(2y+1)+(y-3)=2y+1+y-3$
$$=2y+y+1-3=3y-2$$
(3) $(5a+9)+(-6a-3)=5a+9-6a-3$
$$=5a-6a+9-3=-a+6$$
(4) $2(x+4)+(4x-3)=2x+8+4x-3$
$$=2x+4x+8-3=6x+5$$
(5) $(3x-2+x)+(-8x-7)$
$$=(4x-2)+(-8x-7)=4x-2-8x-7$$
$$=4x-8x-2-7=-4x-9$$

**03** (2) $(4x-3)-(5x-6)=4x-3-5x+6$
$$=4x-5x-3+6=-x+3$$
(3) $(-2x+5)-(4x-3)=-2x+5-4x+3$
$$=-2x-4x+5+3$$
$$=-6x+8$$
(4) $(-9a-7)-(-5a-8)=-9a-7+5a+8$
$$=-9a+5a-7+8$$
$$=-4a+1$$
(5) $-(3x+1)-(-4x+5)$
$$=-3x-1+4x-5$$
$$=-3x+4x-1-5=x-6$$
(6) $3(-2a+9)-4(-3a-2)$
$$=-6a+27+12a+8$$
$$=-6a+12a+27+8=6a+35$$

**04** (2) $12\left(\dfrac{1}{4}a-\dfrac{1}{3}\right)-\dfrac{1}{4}(8a-4)$
$$=3a-4-2a+1$$
$$=3a-2a-4+1$$
$$=a-3$$
(3) $\dfrac{1}{2}(4x-6)-\dfrac{2}{3}(-18x+6)$
$$=2x-3+12x-4$$
$$=2x+12x-3-4$$
$$=14x-7$$

**05** ④ $(6x+2)-2(2x-1)=6x+2-4x+2$
$$\qquad\qquad\qquad\quad=2x+4$$

## 개념 **34** 여러 가지 일차식의 덧셈과 뺄셈 · 본문 080~081쪽

**01** (1) $\dfrac{3x-1}{4}$ [풀이] ▶ $2$, $2$, $2$, $\dfrac{3x-1}{4}$　(2) $\dfrac{11x-7}{6}$
　(3) $\dfrac{24x+3}{14}$　(4) $\dfrac{6x+1}{20}$　(5) $\dfrac{-9x+1}{15}$　(6) $\dfrac{13x+13}{21}$
　(7) $\dfrac{-7x+10}{12}$

**02** (1) $-2a+5$　(2) $5x+2$　(3) $-x-17$　(4) $4x-10$
　(5) $6x-30$　(6) $11y-55$

**03** (1) $-6x+10$ [풀이] ▶ $2$, $-6x$, $10$　(2) $x-5$　(3) $x+2$

**04** $\dfrac{-17x-4}{6}$

**01** (2) $\dfrac{3x+1}{2}+\dfrac{x-5}{3}=\dfrac{3(3x+1)+2(x-5)}{6}$
$$=\dfrac{9x+3+2x-10}{6}=\dfrac{11x-7}{6}$$
(3) $\dfrac{5x-2}{7}+\dfrac{2x+1}{2}=\dfrac{2(5x-2)+7(2x+1)}{14}$
$$=\dfrac{10x-4+14x+7}{14}=\dfrac{24x+3}{14}$$
(4) $\dfrac{4x+9}{5}+\dfrac{-2x-7}{4}=\dfrac{4(4x+9)+5(-2x-7)}{20}$
$$=\dfrac{16x+36-10x-35}{20}=\dfrac{6x+1}{20}$$
(5) $\dfrac{2x-3}{5}-\dfrac{3x-2}{3}=\dfrac{3(2x-3)-5(3x-2)}{15}$
$$=\dfrac{6x-9-15x+10}{15}=\dfrac{-9x+1}{15}$$
(6) $\dfrac{4x+1}{3}-\dfrac{5x-2}{7}=\dfrac{7(4x+1)-3(5x-2)}{21}$
$$=\dfrac{28x+7-15x+6}{21}=\dfrac{13x+13}{21}$$
(7) $\dfrac{1}{12}(3x+4)-\dfrac{1}{6}(5x-3)=\dfrac{3x+4-2(5x-3)}{12}$
$$=\dfrac{3x+4-10x+6}{12}=\dfrac{-7x+10}{12}$$

**02** (1) $a+\{2-3(a-1)\}$

$\quad =a+(2-3a+3)$

$\quad =a+(-3a+5)$

$\quad =a-3a+5$

$\quad =-2a+5$

(2) $3(x+1)-\{2x+(1-4x)\}$

$\quad =3x+3-(2x+1-4x)$

$\quad =3x+3-(-2x+1)$

$\quad =3x+3+2x-1$

$\quad =5x+2$

(3) $-2x+\{3x-5-2(x+6)\}$

$\quad =-2x+(3x-5-2x-12)$

$\quad =-2x+(x-17)$

$\quad =-2x+x-17$

$\quad =-x-17$

(4) $-x-[6-\{3(2x+1)-(x+7)\}]$

$\quad =-x-\{6-(6x+3-x-7)\}$

$\quad =-x-\{6-(5x-4)\}$

$\quad =-x-(6-5x+4)$

$\quad =-x-(-5x+10)$

$\quad =-x+5x-10$

$\quad =4x-10$

(5) $10x-[(x+10)-\{4x-(7x+20)\}]$

$\quad =10x-\{x+10-(4x-7x-20)\}$

$\quad =10x-\{x+10-(-3x-20)\}$

$\quad =10x-(x+10+3x+20)$

$\quad =10x-(4x+30)$

$\quad =10x-4x-30$

$\quad =6x-30$

(6) $-5[y+(y-2)-\{3+4(y-4)\}]+y$

$\quad =-5\{y+y-2-(3+4y-16)\}+y$

$\quad =-5\{2y-2-(4y-13)\}+y$

$\quad =-5(2y-2-4y+13)+y$

$\quad =-5(-2y+11)+y$

$\quad =10y-55+y$

$\quad =11y-55$

**03** (2) $(x+4)+\square=2x-1$

$\Rightarrow \square=2x-1-(x+4)$

$\quad\quad =2x-1-x-4=x-5$

(3) $\square-(2x+1)=-x+1$

$\Rightarrow \square=-x+1+(2x+1)$

$\quad\quad =-x+1+2x+1=x+2$

**04** $\dfrac{5x-8}{3}+\dfrac{-9x+4}{2}=\dfrac{2(5x-8)+3(-9x+4)}{6}$

$\quad\quad\quad\quad\quad\quad\quad =\dfrac{10x-16-27x+12}{6}$

$\quad\quad\quad\quad\quad\quad\quad =\dfrac{-17x-4}{6}$



| | | | |
|---|---|---|---|
| **1** ⑤ | **2** 18 | **3** ③, ⑤ | **4** 6 |
| **5** ④ | **6** $-18$ | **7** (1) $-x-8$ | (2) $x-11$ |

**1** ⑤ 4000원의 $a\,\%$는 $4000\times\dfrac{a}{100}=40a$(원)이므로

정가가 4000원인 물건을 $a\,\%$ 할인한 가격은 $(4000-40a)$원이다.

**2** $\dfrac{4}{x}-\dfrac{3}{y}=4\div x-3\div y$

$\quad\quad\quad\quad =4\div\dfrac{2}{3}-3\div\left(-\dfrac{1}{4}\right)$

$\quad\quad\quad\quad =4\times\dfrac{3}{2}-3\times(-4)$

$\quad\quad\quad\quad =6+12=18$

**3** ① 분모에 문자가 있는 항이 있으므로 다항식이 아니다.

즉, 일차식이 아니다.

② 다항식의 차수가 2이므로 일차식이 아니다.

④ $0\times x-7=-7$이므로 일차식이 아니다.

따라서 일차식은 ③, ⑤이다.

**4** $-4(2y+3)\div\dfrac{2}{3}$

$\quad =\{(-4)\times2y+(-4)\times3\}\times\dfrac{3}{2}$

$\quad =(-8y-12)\times\dfrac{3}{2}$

$\quad =(-8y)\times\dfrac{3}{2}-12\times\dfrac{3}{2}$

$\quad =-12y-18$

따라서 $a=-12$, $b=-18$이므로

$a-b=-12-(-18)=-12+18=6$

**5** ① $3a-7a=-4a$

② $b-2b+12b=11b$

③ $a$, $5b$는 동류항이 아니므로 더 이상 계산할 수 없다.

⑤ $y+1+\dfrac{1}{4}y=\dfrac{5}{4}y+1$

따라서 옳은 것은 ④이다.

**6** $3(x-1)-\dfrac{3}{2}(4x-6)=3x-3-6x+9$

$\quad\quad\quad\quad\quad\quad\quad\quad =-3x+6$

따라서 $x$의 계수는 $-3$, 상수항은 6이므로

$-3\times6=-18$

**7** (1) 어떤 다항식을 $\square$라 하면

$\square-(2x-3)=-3x-5$

$\therefore \square=-3x-5+(2x-3)=-x-8$

(2) 바르게 계산한 식은

$-x-8+(2x-3)=x-11$

# 4. 일차방정식

## 개념 35 방정식과 그 해
· 본문 084~085쪽

**01** (1) ○ (2) × (3) × (4) ○ (5) ○
**02** (1) $2x+5=7$ (2) $x-3=30$ (3) $850x+1500=4900$
   (4) $6x=42$
**03** (1) × (2) ○ (3) ○ (4) × (5) ○
**04** (1) ○ [풀이] $-1$, $0$, 해이다 (2) × (3) × (4) ○
   (5) ○ (6) × (7) ○
**05** ③

**03** (1) $3\times2=6\neq0$
   (2) $4\times2-1=7$
   (3) $(-5)\times2-5=-10-5=-15$
   (4) (좌변)$=2\times(2-1)=2$,
      (우변)$=5\times2-7=3$
   (5) $\dfrac{2}{2}=1$

**04** (2) $5-2=3\neq-3$
   (3) (좌변)$=3\times0=0$,
      (우변)$=2\times0+1=1$
   (4) $1-\dfrac{1}{3}\times6=-1$
   (5) $-(-3+1)=2$
   (6) (좌변)$=7\times(-2)-8=-22$,
      (우변)$=9\times(-2)-10=-28$
   (7) (좌변)$=2\times3+1=7$,
      (우변)$=2\times(3+1)-1=7$

**05** 어떤 수 $x$의 3배에서 5를 뺀 것은 $3x-5$이고,
   어떤 수 $x$에 1을 더한 수의 2배는 $2(x+1)$이므로
   $3x-5=2(x+1)$

## 개념 36 항등식
· 본문 086쪽

**01** (1) 방 (2) 항 (3) 항 (4) 방 (5) 항
**02** (1) 2, 1 (2) $a=5$, $b=-7$ (3) $a=-1$, $b=1$
**03** ⑤

**02** (3) $1-ax=x+b$가 $x$에 대한 항등식이므로
   $-a=1$, $1=b$   ∴ $a=-1$, $b=1$

**03** $x$의 값에 관계없이 항상 참인 등식은 항등식이다.
   ⑤ (우변)$=x+2(2x+1)=x+4x+2=5x+2$
   즉, (좌변)$=$(우변)이므로 항등식이다.

## 개념 37 등식의 성질
· 본문 087~088쪽

**01** (1) 2 (2) $m$ (3) 5 (4) $k$ (5) $d$
**02** (1) ○ (2) ○ (3) ○ (4) × (5) ×
**03** (1) 2, 2, 2, 3 (2) 4, 4, 4, 48 (3) 4, 4, 4, 5
   (4) 1, 1, 1, 4, 4, 2, 2 (5) 5, 5, $-12$, $-12$, 3, $-4$
**04** (1) $x=-4$ (2) $x=4$ (3) $x=-6$ (4) $x=-2$
   (5) $x=-6$
**05** ②, ④

**02** (4) $\dfrac{x}{3}=\dfrac{y}{5}$의 양변에 15를 곱하면 $5x=3y$
   (5) $x=2y$의 양변에서 2를 빼면 $x-2=2y-2$
      즉, $x-2=2(y-1)$

**04** (1) $7x+4-4=-24-4$
   $7x=-28$, $\dfrac{7x}{7}=-\dfrac{28}{7}$
   ∴ $x=-4$
   (2) $3x-8+8=4+8$
   $3x=12$, $\dfrac{3x}{3}=\dfrac{12}{3}$
   ∴ $x=4$
   (3) $-\dfrac{3}{2}x\times\left(-\dfrac{2}{3}\right)=9\times\left(-\dfrac{2}{3}\right)$
   ∴ $x=-6$
   (4) $-5x-4+4=6+4$
   $-5x=10$, $\dfrac{-5x}{-5}=\dfrac{10}{-5}$
   ∴ $x=-2$
   (5) $-\dfrac{2}{9}x+\dfrac{1}{3}-\dfrac{1}{3}=\dfrac{5}{3}-\dfrac{1}{3}$
   $-\dfrac{2}{9}x=\dfrac{4}{3}$, $-\dfrac{2}{9}x\times\left(-\dfrac{9}{2}\right)=\dfrac{4}{3}\times\left(-\dfrac{9}{2}\right)$
   ∴ $x=-6$

**05** ② $2a=3b$에서 $\dfrac{a}{3}=\dfrac{b}{2}$
   ④ $a=3b$에서 $a-3=3b-3$   ∴ $a-3=3(b-1)$

## 개념 38 이항 / 일차방정식
· 본문 089~090쪽

**01** (1) $x=6-2$ [풀이] 2 (2) $2x=-7+6$ (3) $x=2+3$
   (4) $x+3x=12$ (5) $4x+2x=6$
**02** (1) $x=2$ [풀이] $2x$, 1, $x$ (2) $4x=8$ (3) $6x=-1$
   (4) $5x=13$
**03** (1) ○ [풀이] $2x$, $x-4$, 0, 이다 (2) × (3) × (4) ○
   (5) × (6) ○ (7) ○
**04** (1) $a\neq2$ [풀이] 2, 2, 2, 2 (2) $a\neq2$ (3) $a\neq4$ (4) $a\neq1$
**05** ㄴ, ㄹ

**02** (2) $5x-2=x+6$에서

　　$5x-x=6+2$

　　$\therefore 4x=8$

(3) $5x+4=-x+3$에서

　　$5x+x=3-4$

　　$\therefore 6x=-1$

(4) $2x-9=-3x+4$에서

　　$2x+3x=4+9$

　　$\therefore 5x=13$

**03** (2) 등식이 아니므로 일차방정식이 아니다.

(3) $2x+5=3+2x$에서

　　$2x+5-3-2x=0$

　　$\therefore 2=0$, 즉 일차방정식이 아니다.

(4) $-(x-9)=x-9$에서

　　$-x+9=x-9$

　　$-x+9-x+9=0$

　　$\therefore -2x+18=0$, 즉 일차방정식이다.

(5) $x^2+2x+1=0$의 좌변이 $x$에 대한 이차식이므로 일차방정식이 아니다.

(6) $x^2-3x+2=x^2$에서

　　$x^2-3x+2-x^2=0$

　　$\therefore -3x+2=0$, 즉 일차방정식이다.

(7) $0.5x+5=-0.3x-1.2$에서

　　$0.5x+5+0.3x+1.2=0$

　　$\therefore 0.8x+6.2=0$, 즉 일차방정식이다.

**04** (2) $2x+5=3+ax$에서

　　$2x-ax+5-3=0$

　　$(2-a)x+2=0$

　　$x$에 대한 일차방정식이 되려면

　　$2-a\neq0$　$\therefore a\neq2$

(3) $4x=ax-6$에서

　　$4x-ax+6=0$

　　$(4-a)x+6=0$

　　$x$에 대한 일차방정식이 되려면

　　$4-a\neq0$　$\therefore a\neq4$

(4) $ax-1=x+4$에서

　　$ax-x-1-4=0$

　　$(a-1)x-5=0$

　　$x$에 대한 일차방정식이 되려면

　　$a-1\neq0$　$\therefore a\neq1$

**05** ㄱ. $x-5=7$에서 $x=7+5$

ㄷ. $-x+9=2x$에서 $-x-2x=-9$

따라서 바르게 이항한 것은 ㄴ, ㄹ이다.

---



**01** (1) $x=6$　**풀이** 2, 6

(2) $x=4$　**풀이** 4, 12, 4

(3) $x=2$　(4) $x=-1$　(5) $x=-3$　(6) $x=3$

(7) $x=5$　(8) $x=-6$　(9) $x=9$　(10) $x=-2$

**02** (1) $x=6$　**풀이** $x$, 12, 6

(2) $x=-3$　(3) $x=4$　(4) $x=-18$　(5) $x=\dfrac{5}{2}$

(6) $x=-3$　(7) $x=4$　(8) $x=\dfrac{2}{5}$　(9) $x=-3$

(10) $x=-6$　(11) $x=-11$　(12) $x=-7$　(13) $x=-11$

**03** (1) $x=-1$　**풀이** 2, $-2$, 2, $-1$

(2) $x=3$　(3) $x=5$　(4) $x=\dfrac{2}{3}$　(5) $x=17$

(6) $x=-3$　(7) $x=-3$　(8) $x=-\dfrac{13}{10}$　(9) $x=-9$

**04** ④

**01** (3) $-2x-1=-5$에서

　　$-2x=-5+1$

　　$-2x=-4$　$\therefore x=2$

(4) $10=-4x+6$에서

　　$4x=6-10$

　　$4x=-4$　$\therefore x=-1$

(5) $-6x=18$　$\therefore x=-3$

(6) $5x=12+x$에서

　　$5x-x=12$

　　$4x=12$　$\therefore x=3$

(7) $10x-25=25$에서

　　$10x=25+25$

　　$10x=50$　$\therefore x=5$

(8) $9=-2x-3$에서

　　$2x=-3-9$

　　$2x=-12$　$\therefore x=-6$

(9) $-x+7=-2$에서

　　$-x=-2-7$

　　$-x=-9$　$\therefore x=9$

(10) $x=5x+8$에서

　　$x-5x=8$

　　$-4x=8$　$\therefore x=-2$

**02** (2) $3x+12=-x$에서

　　$3x+x=-12$

　　$4x=-12$　$\therefore x=-3$

(3) $x-8=-x$에서

　　$x+x=8$

　　$2x=8$　$\therefore x=4$

(4) $x-6=2x+12$에서
$$x-2x=12+6$$
$$-x=18 \quad \therefore x=-18$$

(5) $3x+1=11-x$에서
$$3x+x=11-1$$
$$4x=10 \quad \therefore x=\frac{5}{2}$$

(6) $5-10x=26-3x$에서
$$-10x+3x=26-5$$
$$-7x=21 \quad \therefore x=-3$$

(7) $-x+4=3x-12$에서
$$-x-3x=-12-4$$
$$-4x=-16 \quad \therefore x=4$$

(8) $-4x-1=x-3$에서
$$-4x-x=-3+1$$
$$-5x=-2 \quad \therefore x=\frac{2}{5}$$

(9) $7x-2=4x-11$에서
$$7x-4x=-11+2$$
$$3x=-9 \quad \therefore x=-3$$

(10) $15-7x=45-2x$에서
$$-7x+2x=45-15$$
$$-5x=30 \quad \therefore x=-6$$

(11) $-6x+15=-8x-7$에서
$$-6x+8x=-7-15$$
$$2x=-22 \quad \therefore x=-11$$

(12) $-3x+69=-12x+6$에서
$$-3x+12x=6-69$$
$$9x=-63 \quad \therefore x=-7$$

(13) $7x+7+x=6x-15$에서
$$8x-6x=-15-7$$
$$2x=-22 \quad \therefore x=-11$$

**03** (2) $4(2x-1)=20$에서
$$8x-4=20, \ 8x=20+4$$
$$8x=24 \quad \therefore x=3$$

(3) $5(x+2)=7x$에서
$$5x+10=7x, \ 5x-7x=-10$$
$$-2x=-10 \quad \therefore x=5$$

(4) $4(2x-1)=2x$에서
$$8x-4=2x, \ 8x-2x=4$$
$$6x=4 \quad \therefore x=\frac{2}{3}$$

(5) $3(x-9)=x+7$에서
$$3x-27=x+7, \ 3x-x=7+27$$
$$2x=34 \quad \therefore x=17$$

(6) $5x+3=2(x-3)$에서
$$5x+3=2x-6, \ 5x-2x=-6-3$$
$$3x=-9 \quad \therefore x=-3$$

(7) $-(9+7x)=-4x$에서
$$-9-7x=-4x, \ -7x+4x=9$$
$$-3x=9 \quad \therefore x=-3$$

(8) $3(2x+1)=-2(5+2x)$에서
$$6x+3=-10-4x, \ 6x+4x=-10-3$$
$$10x=-13 \quad \therefore x=-\frac{13}{10}$$

(9) $2(2x+3)+5=2x-7$에서
$$4x+6+5=2x-7, \ 4x-2x=-7-11$$
$$2x=-18 \quad \therefore x=-9$$

**04** $-9x+4=x-6$에서
$$-10x=-10 \quad \therefore x=1$$



**01** (1) $x=-2$ **풀이** ▶ $10, -6, -2$
　　(2) $x=10$　(3) $x=3$

**02** (1) $x=-5$ **풀이** ▶ $20, 4, -20, -5$
　　(2) $x=10$　(3) $x=11$

**03** (1) $x=-12$　(2) $x=20$　(3) $x=2$　(4) $x=-\frac{10}{3}$
　　(5) $x=-\frac{14}{15}$　(6) $x=-10$　(7) $x=6$

**04** (1) $x=\frac{1}{5}$　(2) $x=4$　(3) $x=14$　(4) $x=-\frac{3}{2}$　(5) $x=3$
　　(6) $x=-4$　(7) $x=\frac{3}{5}$

**05** (1) $x=2$ **풀이** ▶ $8, 2, 1, 5, 2, 4, 2$
　　(2) $x=\frac{5}{4}$　(3) $x=-3$　(4) $x=4$　(5) $x=\frac{42}{5}$

**06** (1) $x=1$ **풀이** ▶ $6, 3, 2, 1, 3, 3, 1$
　　(2) $x=\frac{3}{2}$　(3) $x=\frac{5}{2}$　(4) $x=-2$　(5) $x=-4$

**07** (1) $x=2$　(2) $x=-3$　(3) $x=-1$　(4) $x=20$
　　(5) $x=-3$　(6) $x=5$　(7) $x=-10$

**08** (1) $x=-18$　(2) $x=1$　(3) $x=1$　(4) $x=4$
　　(5) $x=-16$

**09** ④

**01** (2) $0.2x+1=0.3x$의 양변에 $10$을 곱하면
$$2x+10=3x, \ 2x-3x=-10$$
$$-x=-10 \quad \therefore x=10$$

(3) $-0.4x+0.4=-0.8$의 양변에 $10$을 곱하면
$$-4x+4=-8, \ -4x=-8-4$$
$$-4x=-12 \quad \therefore x=3$$

**02** (2) $0.02x-0.05=0.15$의 양변에 100을 곱하면
$2x-5=15,\ 2x=15+5$
$2x=20\qquad\therefore x=10$

(3) $0.07x-0.1=0.05x+0.12$의 양변에 100을 곱하면
$7x-10=5x+12,\ 7x-5x=12+10$
$2x=22\qquad\therefore x=11$

**03** (1) $0.1x+2.2=1$의 양변에 10을 곱하면
$x+22=10\qquad\therefore x=-12$

(2) $0.45x=0.3x+3$의 양변에 100을 곱하면
$45x=30x+300,\ 15x=300\qquad\therefore x=20$

(3) $0.01x+0.06=0.08$의 양변에 100을 곱하면
$x+6=8\qquad\therefore x=2$

(4) $0.3x-0.2=-1.2$의 양변에 10을 곱하면
$3x-2=-12$
$3x=-10\qquad\therefore x=-\dfrac{10}{3}$

(5) $0.16=0.15x+0.3$의 양변에 100을 곱하면
$16=15x+30$
$-15x=14\qquad\therefore x=-\dfrac{14}{15}$

(6) $-0.5x=8+0.3x$의 양변에 10을 곱하면
$-5x=80+3x,\ -8x=80\qquad\therefore x=-10$

(7) $0.03x+0.27=0.45$의 양변에 100을 곱하면
$3x+27=45,\ 3x=18\qquad\therefore x=6$

**04** (1) $0.08(x+1)=0.03(x+3)$의 양변에 100을 곱하면
$8(x+1)=3(x+3),\ 8x+8=3x+9$
$5x=1\qquad\therefore x=\dfrac{1}{5}$

(2) $0.9-0.4(x-3)=0.5$의 양변에 10을 곱하면
$9-4(x-3)=5,\ 9-4x+12=5,\ -4x+21=5$
$-4x=-16\qquad\therefore x=4$

(3) $0.1(3x-1)=0.15x+2$의 양변에 100을 곱하면
$10(3x-1)=15x+200,\ 30x-10=15x+200$
$15x=210\qquad\therefore x=14$

(4) $1.1x+2.7=0.3(3x+8)$의 양변에 10을 곱하면
$11x+27=3(3x+8),\ 11x+27=9x+24$
$2x=-3\qquad\therefore x=-\dfrac{3}{2}$

(5) $0.3(2x-3)=0.1x+0.6$의 양변에 10을 곱하면
$3(2x-3)=x+6,\ 6x-9=x+6$
$5x=15\qquad\therefore x=3$

(6) $0.2(3x+4)=-(0.3x+2.8)$에서
$0.6x+0.8=-0.3x-2.8$
이 식의 양변에 10을 곱하면
$6x+8=-3x-28,\ 9x=-36\qquad\therefore x=-4$

(7) $0.25(x+5)=1.5x+0.5$의 양변에 100을 곱하면
$25(x+5)=150x+50,\ 25x+125=150x+50$
$-125x=-75\qquad\therefore x=\dfrac{3}{5}$

**05** (2) $\dfrac{2}{5}x-1=-\dfrac{1}{2}$의 양변에 10을 곱하면
$4x-10=-5$
$4x=5\qquad\therefore x=\dfrac{5}{4}$

(3) $\dfrac{1}{3}x-\dfrac{1}{2}=\dfrac{1}{2}x$의 양변에 6을 곱하면
$2x-3=3x$
$-x=3\qquad\therefore x=-3$

(4) $\dfrac{1}{2}x+1=\dfrac{3}{4}x$의 양변에 4를 곱하면
$2x+4=3x$
$-x=-4\qquad\therefore x=4$

(5) $\dfrac{2}{7}x-1=\dfrac{1}{6}x$의 양변에 42를 곱하면
$12x-42=7x$
$5x=42\qquad\therefore x=\dfrac{42}{5}$

**06** (2) $\dfrac{5}{3}x=\dfrac{1}{2}x+\dfrac{7}{4}$의 양변에 12를 곱하면
$20x=6x+21$
$14x=21\qquad\therefore x=\dfrac{3}{2}$

(3) $\dfrac{2}{5}x=\dfrac{7}{10}x-\dfrac{3}{4}$의 양변에 20을 곱하면
$8x=14x-15$
$-6x=-15\qquad\therefore x=\dfrac{5}{2}$

(4) $\dfrac{x}{4}-\dfrac{5}{6}=\dfrac{2}{3}x$의 양변에 12를 곱하면
$3x-10=8x$
$-5x=10\qquad\therefore x=-2$

(5) $\dfrac{3}{4}x+\dfrac{7}{3}=\dfrac{x}{6}$의 양변에 12를 곱하면
$9x+28=2x$
$7x=-28\qquad\therefore x=-4$

**07** (1) $\dfrac{7}{10}x-\dfrac{4}{5}=-\dfrac{x}{5}+1$의 양변에 10을 곱하면
$7x-8=-2x+10$
$9x=18\qquad\therefore x=2$

(2) $\dfrac{2}{3}-\dfrac{10}{9}x=3-\dfrac{1}{3}x$의 양변에 9를 곱하면
$6-10x=27-3x$
$-7x=21\qquad\therefore x=-3$

(3) $\dfrac{1}{3}-\dfrac{1}{4}x=\dfrac{1}{2}x+\dfrac{13}{12}$의 양변에 12를 곱하면

$$4-3x=6x+13$$
$$-9x=9 \quad \therefore x=-1$$

(4) $\dfrac{x}{6}-1=\dfrac{x}{10}+\dfrac{1}{3}$의 양변에 30을 곱하면

$$5x-30=3x+10$$
$$2x=40 \quad \therefore x=20$$

(5) $\dfrac{3}{5}x-1=-\dfrac{x}{15}-3$의 양변에 15를 곱하면

$$9x-15=-x-45$$
$$10x=-30 \quad \therefore x=-3$$

(6) $\dfrac{6}{5}x-\dfrac{21}{10}=\dfrac{3}{10}x+\dfrac{12}{5}$의 양변에 10을 곱하면

$$12x-21=3x+24$$
$$9x=45 \quad \therefore x=5$$

(7) $\dfrac{3}{5}x+\dfrac{1}{2}=\dfrac{1}{4}x-3$의 양변에 20을 곱하면

$$12x+10=5x-60$$
$$7x=-70 \quad \therefore x=-10$$

**08** (1) $\dfrac{x-6}{3}=\dfrac{x+2}{2}$의 양변에 6을 곱하면

$$2(x-6)=3(x+2)$$
$$2x-12=3x+6$$
$$-x=18 \quad \therefore x=-18$$

(2) $\dfrac{2x-1}{2}=\dfrac{x+1}{4}$의 양변에 4를 곱하면

$$2(2x-1)=x+1$$
$$4x-2=x+1$$
$$3x=3 \quad \therefore x=1$$

(3) $\dfrac{2-x}{3}=\dfrac{3x-1}{6}$의 양변에 6을 곱하면

$$2(2-x)=3x-1$$
$$4-2x=3x-1$$
$$-5x=-5 \quad \therefore x=1$$

(4) $\dfrac{4-x}{4}+\dfrac{2x-5}{3}=1$의 양변에 12를 곱하면

$$3(4-x)+4(2x-5)=12$$
$$12-3x+8x-20=12$$
$$5x-8=12, \ 5x=20 \quad \therefore x=4$$

(5) $\dfrac{x}{6}-2=\dfrac{x+2}{3}$의 양변에 6을 곱하면

$$x-12=2(x+2)$$
$$x-12=2x+4$$
$$-x=16 \quad \therefore x=-16$$

**09** $1.4x+0.2=0.5(x+4)$의 양변에 10을 곱하면

$$14x+2=5(x+4), \ 14x+2=5x+20$$
$$9x=18 \quad \therefore x=2$$

**01** (1) $x=3$  풀이 $\dfrac{1}{5}, \dfrac{2}{5}, 5, x, 2, 3$

(2) $x=4$  (3) $x=4$  (4) $x=1$

**02** (1) $x=4$  (2) $x=\dfrac{10}{3}$  (3) $x=7$

**03** ③

**01** (2) $\dfrac{1}{4}x-0.8=\dfrac{1}{5}$에서 $\dfrac{1}{4}x-\dfrac{4}{5}=\dfrac{1}{5}$

이 식의 양변에 20을 곱하면

$$5x-16=4, \ 5x=20 \quad \therefore x=4$$

(3) $\dfrac{5}{2}x-3=1.6x+\dfrac{3}{5}$에서 $\dfrac{5}{2}x-3=\dfrac{8}{5}x+\dfrac{3}{5}$

이 식의 양변에 10을 곱하면

$$25x-30=16x+6, \ 9x=36 \quad \therefore x=4$$

(4) $\dfrac{2x+4}{3}-1.5=0.5x$에서 $\dfrac{2x+4}{3}-\dfrac{3}{2}=\dfrac{1}{2}x$

이 식의 양변에 6을 곱하면

$$2(2x+4)-9=3x, \ 4x+8-9=3x$$
$$4x-1=3x \quad \therefore x=1$$

**02** (1) $0.3x-\dfrac{1}{5}(x+2)=0$에서

$$\dfrac{3}{10}x-\dfrac{1}{5}(x+2)=0$$

이 식의 양변에 10을 곱하면

$$3x-2(x+2)=0, \ 3x-2x-4=0 \quad \therefore x=4$$

(2) $\dfrac{x}{2}-0.1x=-0.5(x-6)$에서

$$0.5x-0.1x=-0.5(x-6)$$

이 식의 양변에 10을 곱하면

$$5x-x=-5(x-6), \ 4x=-5x+30$$
$$9x=30 \quad \therefore x=\dfrac{10}{3}$$

(3) $0.3(x+1)-\dfrac{1}{5}(x-1)=1.2$에서

$$\dfrac{3}{10}(x+1)-\dfrac{1}{5}(x-1)=\dfrac{6}{5}$$

이 식의 양변에 10을 곱하면

$$3(x+1)-2(x-1)=12, \ 3x+3-2x+2=12$$
$$x+5=12 \quad \therefore x=7$$

**03** $\dfrac{x}{5}-\dfrac{x-3}{2}=0.1$에서 $\dfrac{x}{5}-\dfrac{x-3}{2}=\dfrac{1}{10}$

이 식의 양변에 10을 곱하면

$$2x-5(x-3)=1, \ 2x-5x+15=1$$
$$-3x=-14 \quad \therefore x=\dfrac{14}{3}$$

## 개념 42 방정식의 해가 주어지는 경우

**01** (1) 3  **풀이** ▶ 1, 3
(2) 8  (3) $-3$  (4) 0  (5) 3
**02** (1) 1  **풀이** ▶ 3, 3, 9, 1
(2) $-6$  (3) 8
**03** ③

---

**01** (2) $x=2$를 방정식에 대입하면
$2+a=3\times2+4$, $2+a=10$  $\therefore a=8$
(3) $x=-2$를 방정식에 대입하면
$-2\times(-2)+5=a\times(-2)+3$
$9=-2a+3$, $2a=-6$  $\therefore a=-3$
(4) $x=-3$을 방정식에 대입하면
$\dfrac{-3+1}{2}=\dfrac{1}{3}\times(-3)+a$
$-1=-1+a$, $-a=0$  $\therefore a=0$
(5) $x=0$을 방정식에 대입하면
$2(2\times0-a)=-(0+6)$, $-2a=-6$  $\therefore a=3$

**02** (2) $2x+7=5$에서 $2x=-2$  $\therefore x=-1$
$x=-1$을 $2x-a=4$에 대입하면
$-2-a=4$, $-a=6$  $\therefore a=-6$
(3) $x+2=5x-6$에서 $-4x=-8$  $\therefore x=2$
$x=2$를 $3x=-x+a$에 대입하면
$6=-2+a$, $-a=-8$  $\therefore a=8$

**03** $x=4$를 $x-3=ax+5$에 대입하면
$4-3=4a+5$
$-4a=4$  $\therefore a=-1$

---

### 기본기 탄탄 문제  개념 35 ~ 42



| | | | |
|---|---|---|---|
| **1** ③, ⑤ | **2** ②, ⑤ | **3** 6 | **4** ①, ④ |
| **5** (가) ㄴ, (나) ㄹ | **6** ④ | **7** ③ | **8** 9 |
| **9** (1) ㉠ (2) $x=2$ | | **10** $x=15$ | **11** 4 |
| **12** $-2$ | | | |

**1** ③ ㄹ은 부등호를 사용한 식이므로 방정식이 아니다.
④, ⑤ ㅁ. (좌변)$=x+x+x=3x$, (우변)$=3x$
즉, (좌변)$=$(우변)이므로 항등식이다.
ㅂ. (좌변)$=5(x-1)+2=5x-3$,
(우변)$=5x-3$
즉, (좌변)$=$(우변)이므로 항등식이다.
따라서 옳지 않은 것은 ③, ⑤이다.

**2** 주어진 방정식에 $x=-3$을 각각 대입하면
① $-3+2\neq5$
② $-(-3)+3=6$
③ $-(-3+1)\neq-2$
④ $-2\times(-3)+1\neq-3-4$
⑤ $\dfrac{-3}{3}+1=-3+3$
따라서 방정식의 해가 $x=-3$인 것은 ②, ⑤이다.

**3** $3ax+4=6x-b$가 $x$에 대한 항등식이므로
$3a=6$에서 $a=2$
$4=-b$에서 $b=-4$
$\therefore a-b=2-(-4)=6$

**4** ① $a=b$의 양변에 2를 더하면 $a+2=b+2$
② $a=b$의 양변에서 5를 빼면 $a-5=b-5$
③ $a=b$의 양변에 3을 곱하면 $3a=3b$
④ $a=b$의 양변을 4로 나누면 $\dfrac{a}{4}=\dfrac{b}{4}$
⑤ $a=b$의 양변에 2를 곱하면 $2a=2b$
$2a=2b$의 양변에 1을 더하면 $2a+1=2b+1$
따라서 옳지 않은 것은 ①, ④이다.

**5** (가) $4x+1=9$의 양변에서 1을 뺀다. ➡ ㄴ
(나) $4x=8$의 양변을 4로 나눈다. ➡ ㄹ

**6** $x$에 대한 일차방정식이려면 $x$의 계수가 0이 아니어야 하므로
$k-5\neq0$  $\therefore k\neq5$

**7** ① $6x-4=4x$에서 $2x=4$  $\therefore x=2$
② $-2x+7=x+1$에서 $-3x=-6$  $\therefore x=2$
③ $-3x-2=-7x-6$에서 $4x=-4$  $\therefore x=-1$
④ $-x+2=2(x-2)$에서 $-x+2=2x-4$
$-3x=-6$  $\therefore x=2$
⑤ $4(-x-2)=-5(2+x)+4$에서 $-4x-8=-10-5x+4$
$-4x-8=-5x-6$  $\therefore x=2$
따라서 해가 나머지 넷과 다른 하나는 ③이다.

**8** $3x+4=8x-6$에서 $-5x=-10$  $\therefore x=2$
$7x-4=5(x+2)$에서 $7x-4=5x+10$
$2x=14$  $\therefore x=7$
따라서 $a=2$, $b=7$이므로
$a+b=2+7=9$

**9** (1) 분수인 계수를 정수로 만들기 위해 양변에 6을 곱할 때,
모든 항에 곱하지 않았으므로 처음으로 틀린 곳은 ㉠이다.
(2) $\dfrac{3}{2}x-1=-\dfrac{2}{3}(x-5)$의 양변에 6을 곱하면
$9x-6=-4(x-5)$, $9x-6=-4x+20$
$13x=26$  $\therefore x=2$

10 $\dfrac{3x-1}{5}=\dfrac{2x+5}{4}+0.05$에서

$\dfrac{3x-1}{5}=\dfrac{2x+5}{4}+\dfrac{1}{20}$

이 식의 양변에 20을 곱하면

$4(3x-1)=5(2x+5)+1$

$12x-4=10x+25+1$

$2x=30$   $\therefore x=15$

11 $\dfrac{x+a}{2}=x-\dfrac{2x-5}{3}$에 $x=-2$를 대입하면

$\dfrac{-2+a}{2}=-2-\dfrac{2\times(-2)-5}{3}$

$\dfrac{-2+a}{2}=1$

이 식의 양변에 2를 곱하면

$-2+a=2$   $\therefore a=4$

12 $x-2=-2x+7$에서

$3x=9$   $\therefore x=3$

따라서 $2x+a=4$에 $x=3$을 대입하면

$6+a=4$   $\therefore a=-2$

## 개념 43 일차방정식의 활용(1) - 수
· 본문 102~103쪽

01 (1) $x+8=13$  (2) $x=5$  (3) 5
02 1                    03 $-3$
04 (1) $x-1$, $x+1$  (2) $x-1$, $x+1$  (3) $x=10$  (4) 9, 10, 11
05 21, 22, 23
06 (1) $x-2$, $x+2$  (2) $x-2$, $x+2$  (3) $x=16$  (4) 14, 16, 18
07 38, 40, 42              08 31, 33, 35
09 (1) $10x+2$  (2) $10x+2$, $20+x$  (3) $x=4$  (4) 24
10 ③

02 어떤 수를 $x$라 하면

$x-3=3x-5$

$-2x=-2$   $\therefore x=1$

따라서 어떤 수는 1이다.

03 어떤 수를 $x$라 하면

$2(x-4)=5x+1$

$-3x=9$   $\therefore x=-3$

따라서 어떤 수는 $-3$이다.

04 (2), (3) $(x-1)+x+(x+1)=30$에서

$3x=30$   $\therefore x=10$

(4) $x=10$이므로

$x-1=10-1=9$, $x+1=10+1=11$

따라서 구하는 세 자연수는 9, 10, 11이다.

05 가운데 수를 $x$라 하면 세 자연수는 $x-1$, $x$, $x+1$이다.

이 세 자연수의 합이 66이므로

$(x-1)+x+(x+1)=66$

$3x=66$   $\therefore x=22$

따라서 구하는 세 자연수는 21, 22, 23이다.

06 (2), (3) $(x-2)+x+(x+2)=48$에서

$3x=48$   $\therefore x=16$

(4) $x=16$이므로

$x-2=16-2=14$, $x+2=16+2=18$

따라서 구하는 세 짝수는 14, 16, 18이다.

07 가운데 수를 $x$라 하면 세 짝수는 $x-2$, $x$, $x+2$이다.

이 세 짝수의 합이 120이므로

$(x-2)+x+(x+2)=120$

$3x=120$   $\therefore x=40$

따라서 구하는 세 짝수는 38, 40, 42이다.

08 가운데 수를 $x$라 하면 세 홀수는 $x-2$, $x$, $x+2$이다.

이 세 홀수의 합이 99이므로

$(x-2)+x+(x+2)=99$

$3x=99$   $\therefore x=33$

따라서 구하는 세 홀수는 31, 33, 35이다.

09 (2), (3) $10x+2=(20+x)+18$에서

$9x=36$   $\therefore x=4$

(4) $x=4$이므로 $20+x=20+4=24$

10 연속하는 세 자연수 중 가장 작은 수를 $x$라 하면 세 자연수는

$x$, $x+1$, $x+2$이므로

$x+(x+1)+(x+2)=84$

$3x+3=84$, $3x=81$   $\therefore x=27$

따라서 연속하는 세 자연수 중 가장 작은 수는 27이다.

## 개념 44 일차방정식의 활용(2)
· 본문 104~105쪽

01 (1) $(48+x)$세, $(12+x)$세  (2) $48+x$, $12+x$
 (3) $x=6$  (4) 6년 후
02 2년 후
03 (1) $(11-x)$개  (2) $11-x$  (3) $x=4$  (4) 4개
04 6개
05 (1) $6x-5$  (2) $6x-5$  (3) $x=4$  (4) 4명, 19개
06 17개
07 (1) $0.2x$, $1.2x$  (2) $1.2x$  (3) $1.2x$  (4) $x=5000$
 (5) 5000원
08 14세

**01** (2), (3) $48+x=3(12+x)$에서

$$48+x=36+3x$$
$$-2x=-12 \quad \therefore x=6$$

**02** $x$년 후의 어머니의 나이는 $(43+x)$세이고,
현아의 나이는 $(13+x)$세이다.
$x$년 후에 어머니의 나이는 현아의 나이의 3배가 되므로

$$43+x=3(13+x)$$
$$43+x=39+3x$$
$$-2x=-4 \quad \therefore x=2$$

따라서 어머니의 나이가 현아의 나이의 3배가 되는 것은 2년 후이다.

**03** (2), (3) $400x+600(11-x)=5800$의 양변을 100으로 나누면

$$4x+6(11-x)=58$$
$$4x+66-6x=58$$
$$-2x=-8 \quad \therefore x=4$$

**04** 사과를 $x$개 샀다고 하면 배는 $(10-x)$개를 샀다.
사과와 배를 사고 24000원을 지불하였으므로

$$2000x+3000(10-x)=24000$$

이 식의 양변을 1000으로 나누면

$$2x+3(10-x)=24$$
$$2x+30-3x=24$$
$$-x=-6 \quad \therefore x=6$$

따라서 사과를 6개 샀다.

**05** (2), (3) $4x+3=6x-5$

$$-2x=-8 \quad \therefore x=4$$

(4) $x=4$이므로 학생 수는 4명이고,
귤의 개수는 $4x+3=4\times4+3=19$(개)이다.

**06** 학생 수를 $x$명이라 하면 구슬을 5개씩 나누어 주면 2개가 남으므로 구슬의 개수는 $(5x+2)$개이고, 7개씩 나누어 주면 4개가 부족하므로 구슬의 개수는 $(7x-4)$개이다.
구슬의 개수는 일정하므로

$$5x+2=7x-4$$
$$-2x=-6 \quad \therefore x=3$$

따라서 학생 수가 3명이므로 구슬의 개수는 $5\times3+2=17$(개)이다.

**07** (3), (4) $(1.2x-500)-x=500$에서

$$0.2x-500=500$$
$$0.2x=1000 \quad \therefore x=5000$$

**08** 지원이의 현재 나이를 $x$세라 하면

$$x+15=2x+1$$
$$-x=-14 \quad \therefore x=14$$

따라서 지원이의 현재 나이는 14세이다.

---

**01** (1) $x\,\text{km}$, $\dfrac{x}{3}$시간  (2) $\dfrac{x}{2}$, $\dfrac{x}{3}$  (3) $x=6$  (4) $6\,\text{km}$

**02** (1) $(100-x)\,\text{km}$, $\dfrac{100-x}{60}$시간  (2) $\dfrac{x}{40}$, $\dfrac{100-x}{60}$
(3) $x=40$  (4) $40\,\text{km}$

**03** $\dfrac{8}{5}\,\text{km}$    **04** $8\,\text{km}$    **05** $8\,\text{km}$

**06** (1) $x\,\text{km}$, $\dfrac{x}{3}$시간  (2) $\dfrac{x}{3}$, $\dfrac{x}{4}$  (3) $x=6$  (4) $6\,\text{km}$

**07** ④

**01** (2), (3) $\dfrac{x}{2}+\dfrac{x}{3}=5$의 양변에 6을 곱하면

$$3x+2x=30, \ 5x=30 \quad \therefore x=6$$

**02** (2), (3) $\dfrac{x}{40}+\dfrac{100-x}{60}=2$의 양변에 120을 곱하면

$$3x+2(100-x)=240$$
$$3x+200-2x=240 \quad \therefore x=40$$

**03** 집과 학교 사이의 거리를 $x\,\text{km}$라 하면
(갈 때 걸린 시간)$+$(올 때 걸린 시간)$=$(총 시간)이므로

$$x+\dfrac{x}{4}=2, \ 4x+x=8$$
$$5x=8 \quad \therefore x=\dfrac{8}{5}$$

따라서 집과 학교 사이의 거리는 $\dfrac{8}{5}\,\text{km}$이다.

**04** 민서가 시속 $8\,\text{km}$로 간 거리를 $x\,\text{km}$라 하면
(시속 $8\,\text{km}$로 간 시간)$+$(시속 $6\,\text{km}$로 간 시간)$=$(총 시간)이므로

$$\dfrac{x}{8}+\dfrac{x+2}{6}=\dfrac{8}{3}, \ 3x+4(x+2)=64$$
$$7x=56 \quad \therefore x=8$$

따라서 민서가 시속 $8\,\text{km}$로 간 거리는 $8\,\text{km}$이다.

**05** 집에서 학교까지의 거리의 절반을 $x\,\text{km}$라 하면
(자전거를 탄 시간)$+$(걸은 시간)$=$(총 시간)이므로

$$\dfrac{x}{8}+\dfrac{x}{4}=\dfrac{3}{2}, \ x+2x=12$$
$$3x=12 \quad \therefore x=4$$

따라서 집에서 학교까지의 거리는 $4+4=8(\text{km})$이다.

**06** (2), (3) $\dfrac{x}{3}-\dfrac{x}{4}=\dfrac{1}{2}$의 양변에 12를 곱하면

$$4x-3x=6 \quad \therefore x=6$$

**07** 해인이가 올라간 거리를 $x\,\text{km}$라 하면 총 3시간 30분이 걸렸으므로

$$\dfrac{x}{3}+\dfrac{x}{4}=\dfrac{7}{2}, \ 4x+3x=42$$
$$7x=42 \quad \therefore x=6$$

따라서 해인이가 등산한 총 거리는 $6+6=12(\text{km})$이다.

## 기본기 탄탄 문제  개념 43~45

| | | | |
|---|---|---|---|
| **1** 69 | **2** 8마리 | **3** ② | **4** 7000원 |
| **5** $\dfrac{45}{7}$ km | **6** 36 km | | |

**1** 처음 수의 일의 자리의 숫자를 $x$라 하면 처음 수는 $60+x$이고,
바꾼 수는 $10x+6$이다.
바꾼 수는 처음 수보다 27만큼 크므로
$10x+6=(60+x)+27$
$9x=81$  $\therefore x=9$
따라서 처음 수는 $60+x=60+9=69$이다.

**2** 닭을 $x$마리라 하면 염소는 $(17-x)$마리이므로
$2x+4(17-x)=52$
$2x+68-4x=52$
$-2x=-16$  $\therefore x=8$
따라서 닭은 8마리이다.

**3** 한 줄에 3명씩 설 때의 줄의 수를 $x$줄이라 하면 4명씩 설 때의
줄의 수는 $(x-1)$줄이므로
$3x+2=4(x-1)+1$
$3x+2=4x-3, \; -x=-5$  $\therefore x=5$
따라서 줄의 수는 5줄이므로 학생 수는
$3x+2=3\times5+2=17$(명)

**4** 상품의 원가를 $x$원이라 하면
정가는 $x+0.3x=1.3x$(원),
판매 가격은 $1.3x-2000$(원),
이익은 $(1.3x-2000)-x$(원)이므로
$(1.3x-2000)-x=100$
$0.3x-2000=100, \; 0.3x=2100$
$3x=21000$  $\therefore x=7000$
따라서 상품의 원가는 7000원이다.

**5** 건지가 올라간 거리를 $x$ km라 하면 내려온 거리는
$(x+1)$ km이고 총 4시간이 걸렸으므로
$\dfrac{x}{3}+\dfrac{x+1}{4}=4$
$4x+3(x+1)=48, \; 4x+3x+3=48$
$7x=45$  $\therefore x=\dfrac{45}{7}$
따라서 건지가 올라간 거리는 $\dfrac{45}{7}$ km이다.

**6** 집에서 공원까지의 거리를 $x$ km라 하면
$\dfrac{x}{8}-\dfrac{x}{12}=\dfrac{3}{2}$
$3x-2x=36$  $\therefore x=36$
따라서 집에서 공원까지의 거리는 36 km이다.

---

## 5. 좌표와 그래프

### 개념 46 순서쌍과 좌표



**01** (1) 0, 2, 3  (2) A$(-4)$, B$\left(-\dfrac{3}{2}\right)$, C$(1)$, D$(4)$

  (3) A$\left(-\dfrac{5}{2}\right)$, B$(-1)$, C$\left(\dfrac{1}{3}\right)$, D$(2)$

**02** 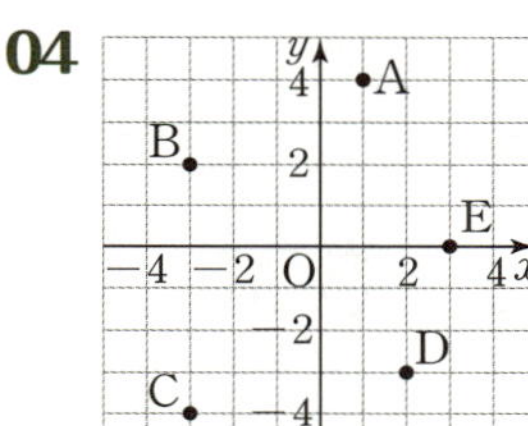


**03** (1) 3, $-2$, 4, $-2$, 3, 4  (2) $-3$, 3, $-2$, $-4$

  (3) A$(0, 3)$, B$(-2, 1)$, C$(3, -4)$, D$(-3, -3)$

  (4) A$(-2, 0)$, B$(3, 2)$, C$(-4, -4)$, D$(4, -1)$

**04** 풀이 참조

**05** (1) $(-1, 1)$  (2) $(3, 2)$  (3) $(-4, -7)$  (4) $(0, 0)$

**06** (1) $\left(\dfrac{3}{2}, 0\right)$  (2) $(4, 0)$  (3) $\left(-\dfrac{3}{4}, 0\right)$  (4) $(0, 1)$

  (5) $(0, -6)$  (6) $\left(0, \dfrac{3}{10}\right)$

**07** (1) 풀이 참조, 12  **풀이** ▶ 6, 4, 12

  (2) 풀이 참조, $\dfrac{35}{2}$

**08** $a=-1, \; b=1$

**04** 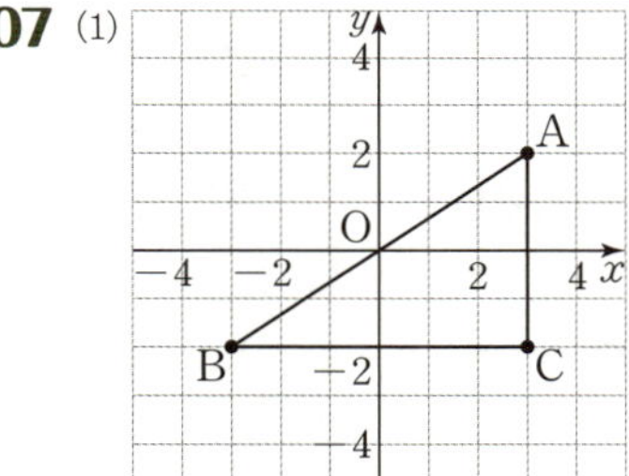

**07** (1) 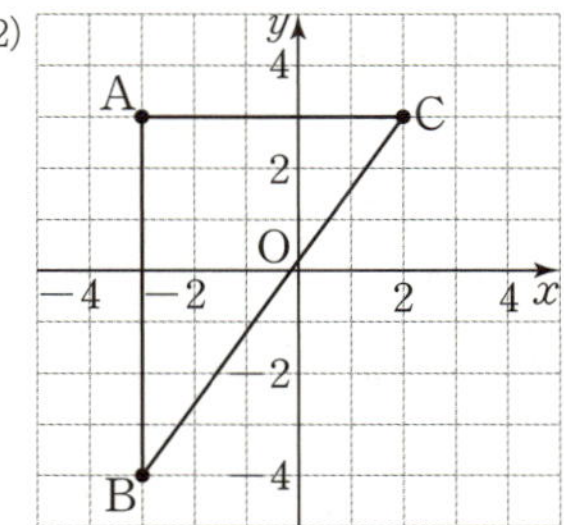

(2)

(삼각형 ABC의 넓이)$=\dfrac{1}{2}\times5\times7=\dfrac{35}{2}$

**08** $-3=b-4, \; a+2=1$이므로
$a=-1, \; b=1$

01 풀이 참조 (1) 2 (2) 제1사분면 (3) 제4사분면
(4) 제3사분면 (5) 제2사분면
02 (1) 점 D, 점 J (2) 점 C (3) 점 A, 점 E (4) 점 F, 점 G
(5) 점 B, 점 H, 점 I
03 (1) 제1사분면 **풀이** ▶ <, >, +, 1
(2) 제3사분면 (3) 제4사분면
04 (1) 제3사분면 (2) 제2사분면 (3) 제4사분면 (4) 제1사분면
05 (1) 제2사분면 **풀이** ▶ >, +, 2
(2) 제1사분면 (3) 제3사분면 (4) 제4사분면
06 ⑤

**01**

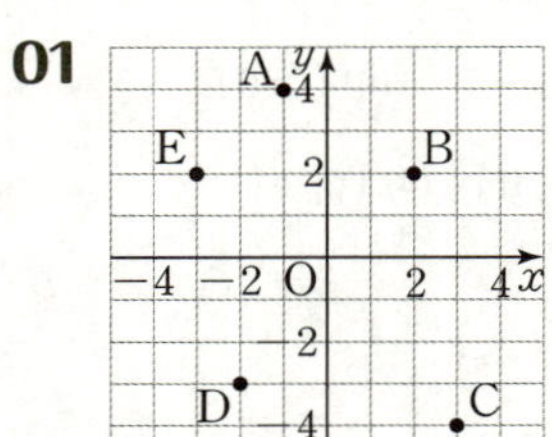

**03** (2) $a<0$, $-b<0$이므로
$(a, -b) \Rightarrow (-, -) \Rightarrow$ 제3사분면
(3) $-a>0$, $-b<0$이므로
$(-a, -b) \Rightarrow (+, -) \Rightarrow$ 제4사분면

**04** 점 P$(a, b)$가 제3사분면 위의 점이므로 $a<0$, $b<0$이다.
(1) $b<0$, $a<0$이므로
$(b, a) \Rightarrow (-, -) \Rightarrow$ 제3사분면
(2) $a<0$, $-2b>0$이므로
$(a, -2b) \Rightarrow (-, +) \Rightarrow$ 제2사분면
(3) $ab>0$, $a<0$이므로
$(ab, a) \Rightarrow (+, -) \Rightarrow$ 제4사분면
(4) $-a>0$, $-b>0$이므로
$(-a, -b) \Rightarrow (+, +) \Rightarrow$ 제1사분면

**05** (2) $-a>0$, $b>0$이므로
$(-a, b) \Rightarrow (+, +) \Rightarrow$ 제1사분면
(3) $a<0$, $-b<0$이므로
$(a, -b) \Rightarrow (-, -) \Rightarrow$ 제3사분면
(4) $-a>0$, $-b<0$이므로
$(-a, -b) \Rightarrow (+, -) \Rightarrow$ 제4사분면

**06** ① $x$축 위의 점은 어느 사분면에도 속하지 않는다.
② 제1사분면
③ 제2사분면
④ 제3사분면
따라서 바르게 연결된 것은 ⑤이다.

---



01 (1) 4, 6, 8, 10, 12 (2) 풀이 참조
02 (1) $(0, 20)$, $(1, 16)$, $(2, 12)$, $(3, 8)$, $(4, 4)$
(2) 풀이 참조
03 (1) ㄱ (2) ㄹ (3) ㄷ (4) ㄴ
04 ㄴ
05 ㄷ
06 (1) 20분 (2) 2 km (3) 1 km (4) 15분 후
(5) 10분 후 (6) 5분
07 (1) 8분 (2) 5분
08 (1) ㄴ (2) ㄷ (3) ㄱ

**01** (2)

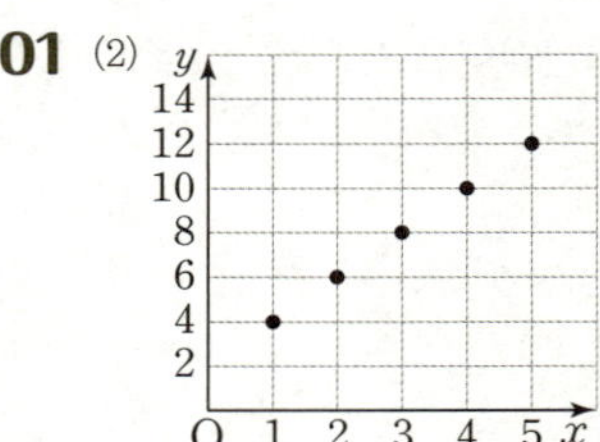

**02** (2)

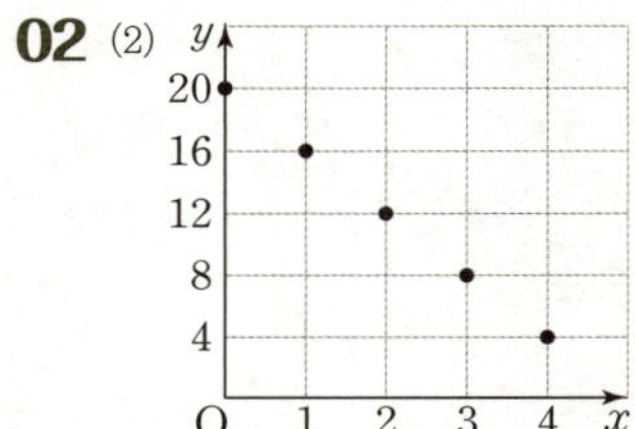

**03** (1) 자전거를 타고 갈 때: 거리가 증가하므로 그래프 모양은 오른쪽 위로 향한다.
자전거를 타고 올 때: 거리가 감소하므로 그래프 모양은 오른쪽 아래를 향한다.
(2) 자전거를 타고 갈 때: 거리가 증가하므로 그래프 모양은 오른쪽 위로 향한다.
공원에서 쉴 때: 거리가 변함없으므로 그래프 모양은 수평이다.
자전거를 타고 올 때: 거리가 감소하므로 그래프 모양은 오른쪽 아래를 향한다.
(3) 자전거를 타고 갈 때: 거리가 증가하므로 그래프 모양은 오른쪽 위로 향한다.
잠시 쉴 때: 거리가 변함없으므로 그래프 모양은 수평이다.
걸어서 갈 때: 거리가 증가하므로 그래프 모양은 오른쪽 위로 향한다.
(4) 뛰어서 갈 때: 거리가 증가하므로 그래프 모양은 오른쪽 위로 향한다.

**06** (3) $x$좌표가 5인 점의 좌표는 $(5, 1)$이므로 윤아가 집에서 출발한 후 5분 동안 이동한 거리는 1 km이다.
(4) $y$좌표가 1.5인 점의 좌표는 $(15, 1.5)$이므로 윤아가 이동한 거리가 1.5 km가 되는 것은 집에서 출발한 지 15분 후이다.

(5) 윤아는 집에서 출발한 후 5분 동안 이동하고 5분에서 10분까지
    멈춰 있다가 다시 이동하기 시작하였다.
    따라서 윤아가 집에서 출발한 후 멈춰 있다가 다시 이동하기
    시작한 것은 집에서 출발한 지 10분 후이다.

(6) 윤아는 집에서 출발한 후 5분 후부터 10분 후까지 이동한 거리가
    변함없으므로 $10-5=5$(분) 동안 멈춰 있었다.

**07** (1) $x$의 값이 4에서 12까지 증가할 때, $y$의 값은 600으로 일정하므로
    민우가 문구점에 머문 시간은 $12-4=8$(분)이다.

(2) $x$의 값이 12에서 17까지 증가할 때, $y$의 값은 600에서 0까지
    감소하므로 민우가 문구점에서 집으로 돌아오는 데 걸린 시간은
    $17-12=5$(분)이다.

**08** (1) 용기의 폭이 위로 갈수록 넓어지므로 물의 높이는 점점 느리게
    증가한다.
    따라서 그래프로 알맞은 것은 ㄴ이다.

(2) 용기의 폭이 위로 갈수록 좁아지므로 물의 높이는 점점 빠르게
    증가한다.
    따라서 그래프로 알맞은 것은 ㄷ이다.

(3) 용기의 폭이 일정하므로 물의 높이는 일정하게 증가한다.
    따라서 그래프로 알맞은 것은 ㄱ이다.

| 참고 | 용기의 폭에 따라 시간당 증가하는 물의 높이의 변화

(ⅰ) 용기의 폭이 일정하면
    ➡ 물의 높이는 일정하게 증가

(ⅱ) 용기의 폭이 위로 갈수록 넓어지면
    ➡ 물의 높이는 점점 느리게 증가

(ⅲ) 용기의 폭이 위로 갈수록 좁아지면
    ➡ 물의 높이는 점점 빠르게 증가

(2) (사각형 ABCD의 넓이)
    =(가로의 길이)×(세로의 길이)
    $=\{3-(-2)\}\times\{3-(-4)\}$
    $=5\times7=35$

**3** $ab>0$이므로 $a$와 $b$는 서로 같은 부호이다.
    이때 $a+b>0$이므로 $a>0$, $b>0$
    따라서 $b>0$, $-a<0$이므로 점 $(b,\ -a)$는 제4사분면 위의 점이다.

**4** (1) 양초를 전부 태우면 양초의 길이는 0이 된다.
    따라서 그래프로 알맞은 것은 A, B이다.

(2) 양초를 절반만 태우고 불을 껐으므로 양초의 길이는 줄어들다가
    그 길이가 절반이 된 순간부터 변함없이 일정하다.
    따라서 그래프로 알맞은 것은 C이다.

(3) 양초를 태우는 도중에 멈추면 그 순간부터 양초의 길이는 변함없
    이 일정하고, 그 후 남은 양초를 전부 태웠으므로 양초의 길이는
    줄어들다가 0이 된다.
    따라서 그래프로 알맞은 것은 B이다.

**5** (2) 동생은 형이 도착한 지 $30-20=10$(분) 후에 도착한다.

**기본기 탄탄 문제** 개념 **46~48**

• 본문 118쪽

| | | |
|---|---|---|
| **1** 12 | **2** (1) 풀이 참조  (2) 35 | **3** 제4사분면 |
| **4** (1) A, B  (2) C  (3) B | | |
| **5** (1) 형: 20분, 동생: 30분  (2) 10분 후 | | |

**1** 점 $(a+1,\ a+4)$는 $x$축 위의 점이므로
    $a+4=0$  ∴ $a=-4$
    점 $(b+3,\ b-1)$은 $y$축 위의 점이므로
    $b+3=0$  ∴ $b=-3$
    ∴ $ab=-4\times(-3)=12$

**2** (1)
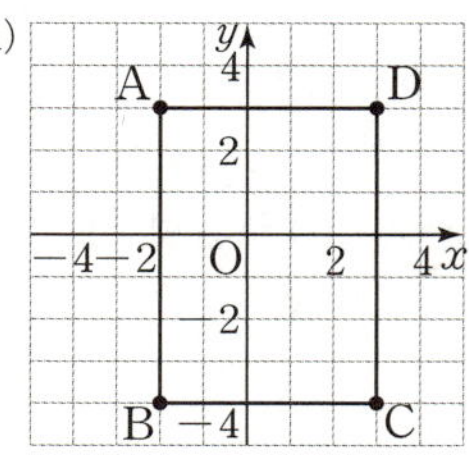

## 개념 **49** 정비례 관계

• 본문 120~123쪽

---

**01** (1) 50, 100, 150, 200

　(2) 정비례 관계

　(3) $y=50x$

**02** (1) 600, 1200, 1800, 2400

　(2) 정비례 관계

　(3) $y=600x$

**03** (1) ○ (2) × (3) ○ (4) × (5) × (6) ○

　(7) ○ (8) ×

**04** (1) × (2) ○ (3) × (4) ○ (5) ○ (6) ○

**05** (1) ○ 　풀이 ▶ $-3$, 1, 점이다

　(2) × (3) × (4) ○ (5) ○ (6) ×

**06** (1) $-2$ 　풀이 ▶ $-2$

　(2) 10 (3) $-3$ (4) $-12$ (5) $-3$

**07** (1) $-1$ 　풀이 ▶ $-2$, $-1$

　(2) 3 (3) $-\dfrac{1}{2}$ (4) $-1$ (5) 3 (6) $-2$

　(7) $-8$ (8) $-6$ (9) $-2$ (10) $-\dfrac{1}{3}$

**08** ①

---

**01** (3) $x$의 값이 1, 2, 3, 4, …로 변함에 따라 $y$의 값이 50, 100, 150, 200, …으로 변하므로

$$y=50x$$

**02** (3) $x$의 값이 1, 2, 3, 4, …로 변함에 따라 $y$의 값이 600, 1200, 1800, 2400, …으로 변하므로

$$y=600x$$

**04** (1) $y=100-10x$

(2) (거리)$=$(속력)$\times$(시간)이므로

$$y=2x$$

(3) $y=\dfrac{30}{x}$

(4) $y=500x$

(5) $y=20x$

(6) (소금물의 농도)$=\dfrac{(\text{소금의 양})}{(\text{소금물의 양})}\times100(\%)$이므로

$$\dfrac{y}{x}\times100=10 \qquad \therefore y=\dfrac{1}{10}x$$

**05** (2) $y=-3x$에 $x=2$, $y=-5$를 대입하면

$$-5\neq-3\times2=-6$$

(3) $y=-3x$에 $x=-3$, $y=-9$를 대입하면

$$-9\neq-3\times(-3)=9$$

(4) $y=-3x$에 $x=0$, $y=0$을 대입하면

$$0=-3\times0$$

(5) $y=-3x$에 $x=-\dfrac{1}{3}$, $y=1$을 대입하면

$$1=-3\times\left(-\dfrac{1}{3}\right)$$

(6) $y=-3x$에 $x=12$, $y=-4$를 대입하면

$$-4\neq-3\times12=-36$$

**06** (2) $y=-5x$에 $x=-2$, $y=a$를 대입하면

$$a=-5\times(-2)=10$$

(3) $y=\dfrac{2}{3}x$에 $x=a$, $y=-2$를 대입하면

$$-2=\dfrac{2}{3}a \qquad \therefore a=-3$$

(4) $y=-\dfrac{1}{4}x$에 $x=a$, $y=3$을 대입하면

$$3=-\dfrac{1}{4}a \qquad \therefore a=-12$$

(5) $y=-12x$에 $x=a$, $y=36$을 대입하면

$$36=-12a \qquad \therefore a=-3$$

**07** (2) $y=ax$에 $x=1$, $y=3$을 대입하면

$$3=a\times1 \qquad \therefore a=3$$

(3) $y=ax$에 $x=-6$, $y=3$을 대입하면

$$3=a\times(-6) \qquad \therefore a=-\dfrac{1}{2}$$

(4) $y=ax$에 $x=-1$, $y=1$을 대입하면

$$1=a\times(-1) \qquad \therefore a=-1$$

(5) $y=ax$에 $x=3$, $y=9$를 대입하면

$$9=a\times3 \qquad \therefore a=3$$

(6) $y=ax$에 $x=4$, $y=-8$을 대입하면

$$-8=a\times4 \qquad \therefore a=-2$$

(7) $y=ax$에 $x=-\dfrac{1}{2}$, $y=4$를 대입하면

$$4=a\times\left(-\dfrac{1}{2}\right) \qquad \therefore a=-8$$

(8) $y=ax$에 $x=\dfrac{1}{3}$, $y=-2$를 대입하면

$$-2=a\times\dfrac{1}{3} \qquad \therefore a=-6$$

(9) $y=ax$에 $x=-2$, $y=4$를 대입하면

$$4=a\times(-2) \qquad \therefore a=-2$$

(10) $y=ax$에 $x=-3$, $y=1$을 대입하면

$$1=a\times(-3) \qquad \therefore a=-\dfrac{1}{3}$$

**08** $y$가 $x$에 정비례하면 관계식은 $y=ax\,(a\neq0)$의 꼴이다.

③ $xy=5$에서 $y=\dfrac{5}{x}$

따라서 $y$가 $x$에 정비례하는 것은 ①이다.

**01** (1) $-2$, $-1$, $0$, $1$, $2$ / 풀이 참조  (2) 풀이 참조

**02** (1) $0$, $2$ / 풀이 참조  (2) $0$, $1$ / 풀이 참조

**03** (1) ① 풀이 참조 / 제1사분면, 제3사분면
    ② ㄷ  ③ 증가
  (2) ① 풀이 참조 / 제2사분면, 제4사분면
    ② ㄷ  ③ 감소

**04** (1) ㄴ  (2) ㄷ  (3) ㄴ, ㄷ, ㅂ  (4) ㄱ, ㄹ, ㅁ  (5) ㄴ, ㄷ, ㅂ
  (6) ㄱ, ㄹ, ㅁ

**05** (1) $y=2x$  **풀이** ▶ $4$, $2$, $2x$
  (2) $y=-3x$  (3) $y=\dfrac{1}{3}x$

**06** (1) $3$  **풀이** ▶ ❶ $-4$, $-1$, $-x$  ❷ $-x$, $3$
  (2) $-2$  (3) $-3$

**07** (1) $y=-\dfrac{1}{2}x$, $-2$
  **풀이** ▶ ❶ $1$, $-2$, $-\dfrac{1}{2}$, $-\dfrac{1}{2}x$  ❷ $-\dfrac{1}{2}x$, $-\dfrac{1}{2}$, $-2$
  (2) $y=2x$, $-4$  (3) $y=-3x$, $9$  (4) $y=5x$, $3$
  (5) $y=-2x$, $-\dfrac{1}{4}$  (6) $y=\dfrac{4}{3}x$, $12$

**08** ①, ③

**01** (1)

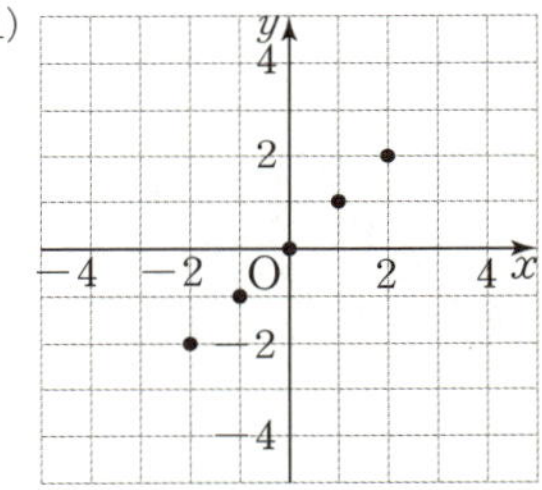

(2)

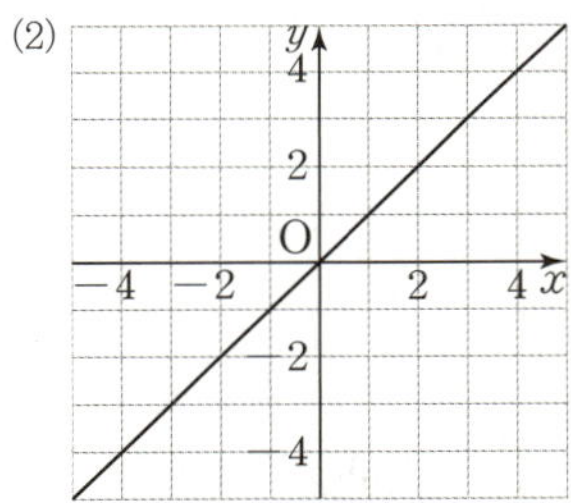

**02** (1)

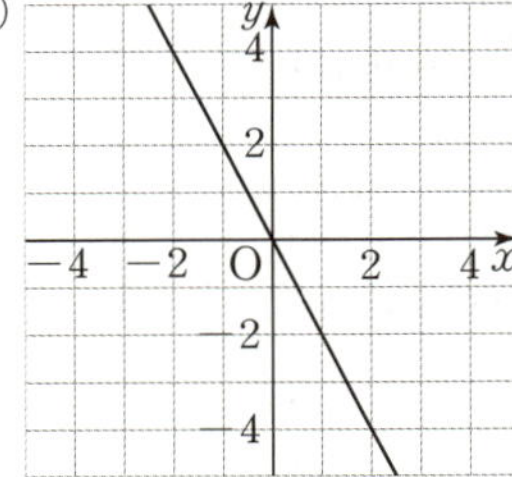

$y=-2x$에 $x=0$을 대입하면 $y=-2\times0=0$   $\therefore$ $(0,0)$
$x=-1$을 대입하면 $y=-2\times(-1)=2$   $\therefore$ $(-1,2)$
따라서 두 점 $(0,0)$, $(-1,2)$를 지나는 직선을 그린다.

(2)

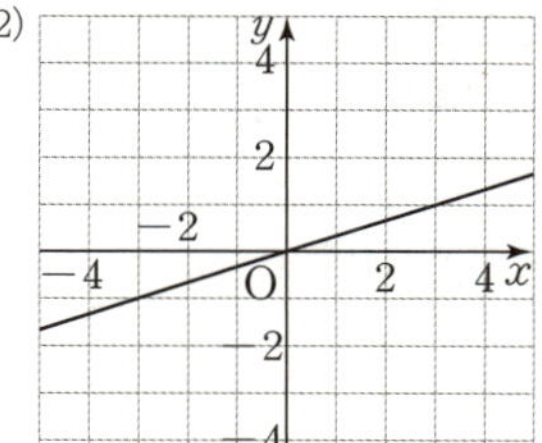

$y=\dfrac{1}{3}x$에 $x=0$을 대입하면 $y=\dfrac{1}{3}\times0=0$   $\therefore$ $(0,0)$
$x=3$을 대입하면 $y=\dfrac{1}{3}\times3=1$   $\therefore$ $(3,1)$
따라서 두 점 $(0,0)$, $(3,1)$을 지나는 직선을 그린다.

**03** (1)

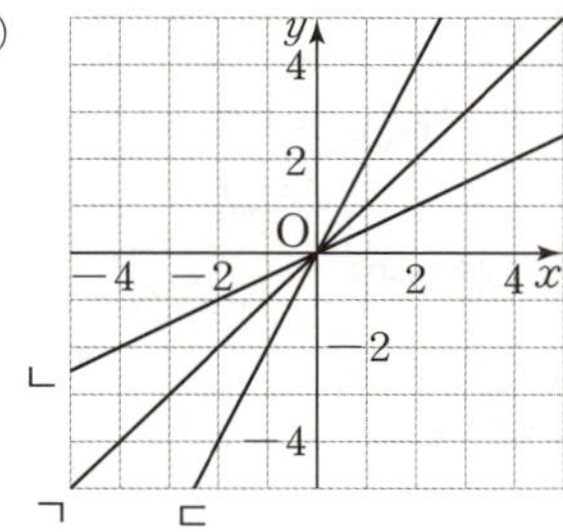

① $y=ax$에서 $a>0$이면 그래프는 제1사분면과 제3사분면을 지난다.
② $y=ax$에서 $a$의 절댓값이 클수록 그래프가 $y$축에 가까워진다.

(2)

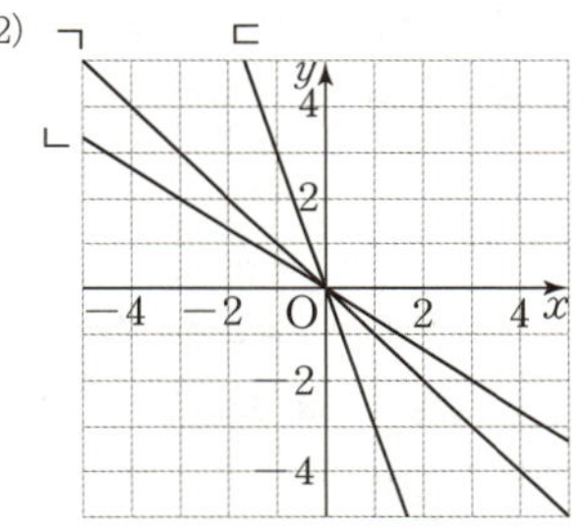

① $y=ax$에서 $a<0$이면 그래프는 제2사분면과 제4사분면을 지난다.
② $y=ax$에서 $a$의 절댓값이 클수록 그래프가 $y$축에 가까워진다.

**04** (1) $y=ax$에서 $a$의 절댓값이 가장 큰 것을 찾으면 ㄴ. $y=4x$이다.
  (2) $y=ax$에서 $a$의 절댓값이 가장 작은 것을 찾으면
    ㄷ. $y=\dfrac{1}{3}x$이다.
  (3) $y=ax$에서 $a>0$이면 $x$의 값이 증가할 때, $y$의 값도 증가한다.
  (4) $y=ax$에서 $a<0$이면 $x$의 값이 증가할 때, $y$의 값은 감소한다.
  (5) $y=ax$에서 $a>0$이면 그래프가 제1사분면과 제3사분면을 지난다.
  (6) $y=ax$에서 $a<0$이면 그래프가 제2사분면과 제4사분면을 지난다.

**05** (2) 그래프가 원점을 지나는 직선이므로
  정비례 관계 $y=ax$의 그래프이다.
  이 그래프가 점 $(2,-6)$을 지나므로
  $y=ax$에 $x=2$, $y=-6$을 대입하면
  $-6=a\times2$   $\therefore$ $a=-3$
  따라서 $x$와 $y$ 사이의 관계식은 $y=-3x$이다.

(3) 그래프가 원점을 지나는 직선이므로
정비례 관계 $y=ax$의 그래프이다.
이 그래프가 점 $(-3, -1)$을 지나므로
$y=ax$에 $x=-3$, $y=-1$을 대입하면
$$-1=a\times(-3) \qquad \therefore a=\frac{1}{3}$$
따라서 $x$와 $y$ 사이의 관계식은 $y=\frac{1}{3}x$이다.

**06** (2) $y=ax$의 그래프가 점 $(3, 3)$을 지나므로
$y=ax$에 $x=3$, $y=3$을 대입하면
$$3=a\times3 \qquad \therefore a=1$$
따라서 $x$와 $y$ 사이의 관계식은 $y=x$이므로
$y=x$에 $x=-2$, $y=b$를 대입하면 $b=-2$
(3) $y=ax$의 그래프가 점 $(-2, 6)$을 지나므로
$y=ax$에 $x=-2$, $y=6$을 대입하면
$$6=a\times(-2) \qquad \therefore a=-3$$
따라서 $x$와 $y$ 사이의 관계식은 $y=-3x$이므로
$y=-3x$에 $x=1$, $y=b$를 대입하면 $b=-3$

**07** (2) $y=ax$의 그래프가 점 $(3, 6)$을 지나므로
$x=3$, $y=6$을 대입하면 $6=a\times3 \qquad \therefore a=2$
따라서 $x$와 $y$ 사이의 관계식은 $y=2x$이므로
$y=2x$에 $x=-2$, $y=b$를 대입하면
$$b=2\times(-2)=-4$$
(3) $y=ax$의 그래프가 점 $(-1, 3)$을 지나므로
$x=-1$, $y=3$을 대입하면 $3=-a \qquad \therefore a=-3$
따라서 $x$와 $y$ 사이의 관계식은 $y=-3x$이므로
$y=-3x$에 $x=-3$, $y=b$를 대입하면
$$b=-3\times(-3)=9$$
(4) $y=ax$의 그래프가 점 $(1, 5)$를 지나므로
$x=1$, $y=5$를 대입하면 $a=5$
따라서 $x$와 $y$ 사이의 관계식은 $y=5x$이므로
$y=5x$에 $x=b$, $y=15$를 대입하면
$$15=5b \qquad \therefore b=3$$
(5) $y=ax$의 그래프가 점 $(1, -2)$를 지나므로
$x=1$, $y=-2$를 대입하면 $a=-2$
따라서 $x$와 $y$ 사이의 관계식은 $y=-2x$이므로
$y=-2x$에 $x=b$, $y=\frac{1}{2}$을 대입하면
$$\frac{1}{2}=-2b \qquad \therefore b=-\frac{1}{4}$$
(6) $y=ax$의 그래프가 점 $(3, 4)$를 지나므로
$x=3$, $y=4$를 대입하면 $4=a\times3 \qquad \therefore a=\frac{4}{3}$
따라서 $x$와 $y$ 사이의 관계식은 $y=\frac{4}{3}x$이므로
$y=\frac{4}{3}x$에 $x=9$, $y=b$를 대입하면
$$b=\frac{4}{3}\times9=12$$

**08** ① $y=3x$에 $x=12$, $y=4$를 대입하면 $4\neq3\times12$이므로
점 $(12, 4)$를 지나지 않는다.
③ 오른쪽 위로 향하는 직선이다.

## 개념 **51** 반비례 관계

• 본문 128~131쪽

**01** (1) 36, 18, 12, 9　(2) 반비례 관계　(3) $y=\dfrac{36}{x}$

**02** (1) 90, 45, 18, 15　(2) 반비례 관계　(3) $y=\dfrac{90}{x}$

**03** (1) ×　(2) ○　(3) ○　(4) ×　(5) ×　(6) ○
　　(7) ×　(8) ○

**04** (1) ○　(2) ×　(3) ×　(4) ○　(5) ○　(6) ○

**05** (1) ○　**풀이** ▶ 4, 2, 점이다
　　(2) ×　(3) ○　(4) ×　(5) ○　(6) ×

**06** (1) $-1$　**풀이** ▶ $-1$　(2) 3　(3) $-3$　(4) $-2$　(5) 6

**07** (1) 3　**풀이** ▶ 1, 3, 3　(2) $-4$　(3) $-5$　(4) $-24$
　　(5) $-6$　(6) 12　(7) $-6$　(8) 6　(9) 10　(10) $-15$

**08** ③

**01** (3) $x$의 값과 $y$의 값의 곱이 36으로 일정하므로
$$xy=36 \qquad \therefore y=\frac{36}{x}$$

**02** (3) $x$의 값과 $y$의 값의 곱이 90으로 일정하므로
$$xy=90 \qquad \therefore y=\frac{90}{x}$$

**04** (1) $y=\dfrac{50}{x}$
(2) (거리)=(속력)×(시간)이므로 $y=5x$
(3) $y=3x$
(4) $xy=40 \Rightarrow y=\dfrac{40}{x}$
(5) (시간)=$\dfrac{(거리)}{(속력)}$이므로 $y=\dfrac{16}{x}$
(6) (설탕물의 농도)=$\dfrac{(설탕의 양)}{(설탕물의 양)}\times100(\%)$이므로
$$y=\frac{30}{x}\times100 \qquad \therefore y=\frac{3000}{x}$$

**05** (2) $y=\dfrac{8}{x}$에 $x=-1$, $y=8$을 대입하면 $8\neq\dfrac{8}{-1}=-8$
(3) $y=\dfrac{8}{x}$에 $x=-4$, $y=-2$를 대입하면 $-2=\dfrac{8}{-4}$
(4) $y=\dfrac{8}{x}$에 $x=8$, $y=-1$을 대입하면 $-1\neq\dfrac{8}{8}=1$
(5) $y=\dfrac{8}{x}$에 $x=1$, $y=8$을 대입하면 $8=\dfrac{8}{1}$
(6) $y=\dfrac{8}{x}$에 $x=-16$, $y=\dfrac{1}{2}$을 대입하면
$$\frac{1}{2}\neq\frac{8}{-16}=-\frac{1}{2}$$

**06** (2) $y=\dfrac{3}{x}$에 $x=1$, $y=a$를 대입하면

$$a=\dfrac{3}{1}=3$$

(3) $y=-\dfrac{9}{x}$에 $x=a$, $y=3$을 대입하면

$$3=-\dfrac{9}{a},\ 3a=-9 \qquad \therefore a=-3$$

(4) $y=\dfrac{12}{x}$에 $x=a$, $y=-6$을 대입하면

$$-6=\dfrac{12}{a},\ -6a=12 \qquad \therefore a=-2$$

(5) $y=-\dfrac{18}{x}$에 $x=a$, $y=-3$을 대입하면

$$-3=-\dfrac{18}{a},\ 3a=18 \qquad \therefore a=6$$

**07** (2) $y=\dfrac{a}{x}$에 $x=2$, $y=-2$를 대입하면

$$-2=\dfrac{a}{2} \qquad \therefore a=-4$$

(3) $y=\dfrac{a}{x}$에 $x=1$, $y=-5$를 대입하면

$$-5=\dfrac{a}{1} \qquad \therefore a=-5$$

(4) $y=\dfrac{a}{x}$에 $x=-8$, $y=3$을 대입하면

$$3=\dfrac{a}{-8} \qquad \therefore a=-24$$

(5) $y=\dfrac{a}{x}$에 $x=-2$, $y=3$을 대입하면

$$3=\dfrac{a}{-2} \qquad \therefore a=-6$$

(6) $y=\dfrac{a}{x}$에 $x=-3$, $y=-4$를 대입하면

$$-4=\dfrac{a}{-3} \qquad \therefore a=12$$

(7) $y=\dfrac{a}{x}$에 $x=4$, $y=-\dfrac{3}{2}$을 대입하면

$$-\dfrac{3}{2}=\dfrac{a}{4},\ 2a=-12 \qquad \therefore a=-6$$

(8) $y=\dfrac{a}{x}$에 $x=-12$, $y=-\dfrac{1}{2}$을 대입하면

$$-\dfrac{1}{2}=\dfrac{a}{-12},\ 2a=12 \qquad \therefore a=6$$

(9) $y=\dfrac{a}{x}$에 $x=-5$, $y=-2$를 대입하면

$$-2=\dfrac{a}{-5} \qquad \therefore a=10$$

(10) $y=\dfrac{a}{x}$에 $x=-3$, $y=5$를 대입하면

$$5=\dfrac{a}{-3} \qquad \therefore a=-15$$

**08** $y$가 $x$에 반비례하면 관계식은 $y=\dfrac{a}{x}\,(a\neq0)$의 꼴이다.

③ $xy=-3$에서 $y=-\dfrac{3}{x}$

④ $\dfrac{y}{x}=5$에서 $y=5x$

따라서 $y$가 $x$에 반비례하는 것은 ③이다.



**01** (1) $-1$, $-2$, $-4$, $4$, $2$, $1$ / 풀이 참조

(2) 풀이 참조

**02** (1) $2$, $3$, $-3$, $-2$ / 풀이 참조

(2) $-2$, $-4$, $4$, $2$ / 풀이 참조

**03** (1) ① 풀이 참조 / 제1사분면, 제3사분면

② ㄷ  ③ 감소

(2) ① 풀이 참조 / 제2사분면, 제4사분면

② ㄷ  ③ 증가

**04** (1) ㅁ  (2) ㅂ  (3) ㄴ, ㅁ, ㅂ  (4) ㄱ, ㄷ, ㄹ  (5) ㄴ, ㅁ, ㅂ

(6) ㄱ, ㄷ, ㄹ

**05** (1) $y=\dfrac{2}{x}$  [풀이] ▶ $1$, $2$, $\dfrac{2}{x}$

(2) $y=\dfrac{6}{x}$  (3) $y=-\dfrac{2}{x}$

**06** (1) $-\dfrac{1}{2}$  [풀이] ▶ ❶ $1$, $3$, $3$, $\dfrac{3}{x}$  ❷ $\dfrac{3}{x}$, $3$, $-\dfrac{1}{2}$

(2) $-\dfrac{1}{2}$  (3) $-4$

**07** (1) $y=-\dfrac{3}{x}$, $-\dfrac{1}{2}$

[풀이] ▶ ❶ $1$, $-3$, $-3$, $-\dfrac{3}{x}$  ❷ $-\dfrac{3}{x}$, $-3$, $-\dfrac{1}{2}$

(2) $y=-\dfrac{4}{x}$, $1$  (3) $y=\dfrac{10}{x}$, $-2$  (4) $y=\dfrac{9}{x}$, $-\dfrac{3}{2}$

(5) $y=-\dfrac{8}{x}$, $-2$  (6) $y=\dfrac{20}{x}$, $10$

**08** ①, ④

**01** (1)

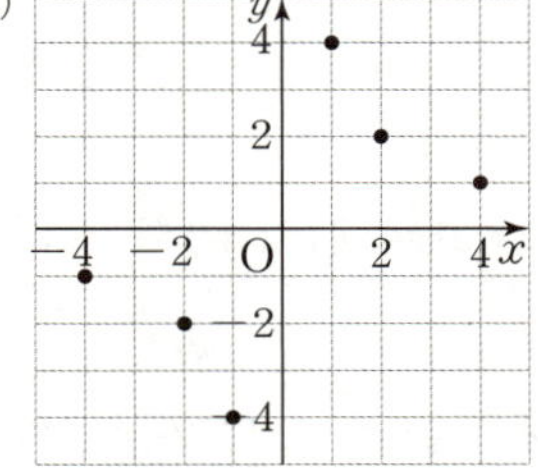

(2)

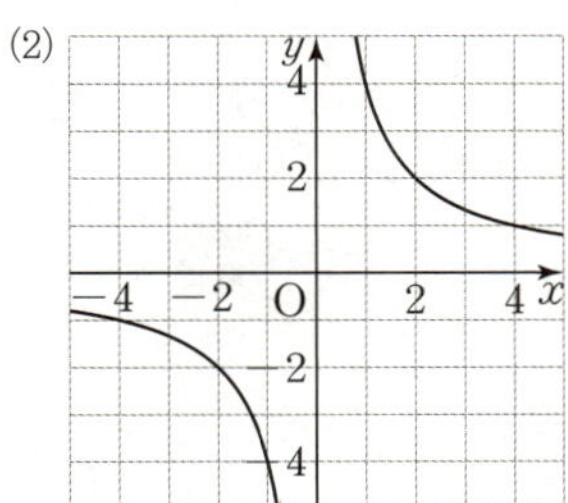

**02** (1)

$y=-\dfrac{6}{x}$에 $x=-3$을 대입하면 $y=-\dfrac{6}{-3}=2$

$x=-2$를 대입하면 $y=-\dfrac{6}{-2}=3$

$x=2$를 대입하면 $y=-\dfrac{6}{2}=-3$

$x=3$을 대입하면 $y=-\dfrac{6}{3}=-2$

(2) 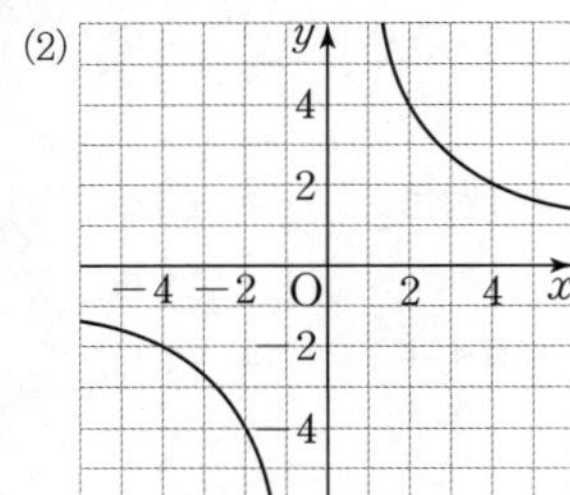

$y=\dfrac{8}{x}$에 $x=-4$를 대입하면 $y=\dfrac{8}{-4}=-2$

$x=-2$를 대입하면 $y=\dfrac{8}{-2}=-4$

$x=2$를 대입하면 $y=\dfrac{8}{2}=4$

$x=4$를 대입하면 $y=\dfrac{8}{4}=2$

**03** (1) 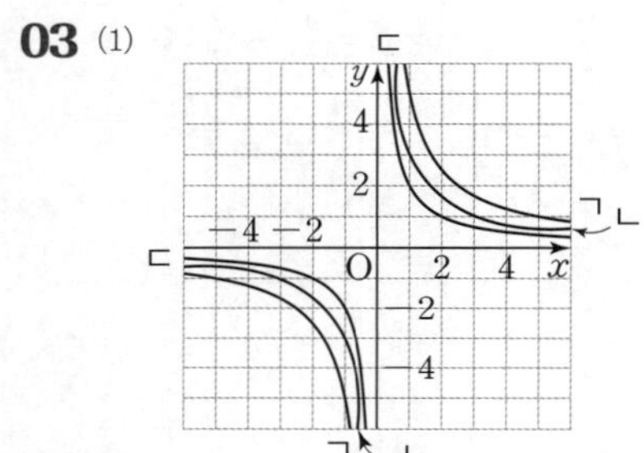

① $y=\dfrac{a}{x}$에서 $a>0$이면 그래프는 제1사분면과 제3사분면을 지난다.

② $y=\dfrac{a}{x}$에서 $a$의 절댓값이 작을수록 그래프가 원점에 가까워진다.

(2) 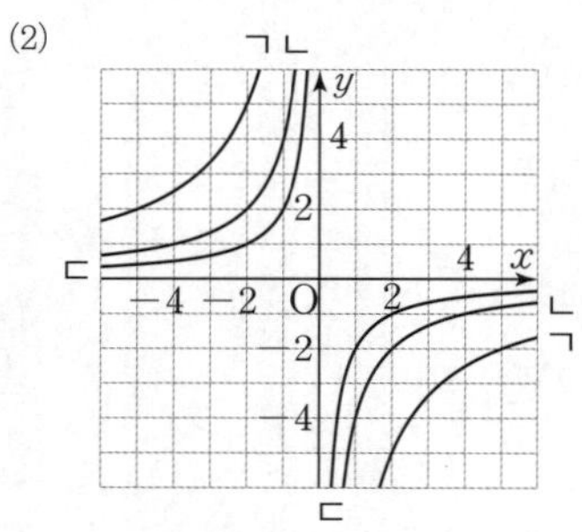

① $y=\dfrac{a}{x}$에서 $a<0$이면 그래프는 제2사분면과 제4사분면을 지난다.

② $y=\dfrac{a}{x}$에서 $a$의 절댓값이 작을수록 그래프가 원점에 가까워진다.

**04** (1) $y=\dfrac{a}{x}$에서 $a$의 절댓값이 가장 큰 것을 찾으면 ㅁ이다.

(2) $y=\dfrac{a}{x}$에서 $a$의 절댓값이 가장 작은 것을 찾으면 ㅂ이다.

(3) $x>0$인 경우 $y=\dfrac{a}{x}$에서 $a<0$이면 $x$의 값이 증가할 때, $y$의 값도 증가한다.

(4) $x<0$인 경우 $y=\dfrac{a}{x}$에서 $a>0$이면 $x$의 값이 증가할 때, $y$의 값은 감소한다.

(5) $y=\dfrac{a}{x}$에서 $a<0$이면 그래프가 제2사분면과 제4사분면을 지난다.

(6) $y=\dfrac{a}{x}$에서 $a>0$이면 그래프가 제1사분면과 제3사분면을 지난다.

**05** (2) 그래프가 원점에 대칭인 한 쌍의 곡선이므로 반비례 관계 $y=\dfrac{a}{x}$의 그래프이다.

이 그래프가 점 $(-3,\ -2)$를 지나므로

$y=\dfrac{a}{x}$에 $x=-3$, $y=-2$를 대입하면 $-2=\dfrac{a}{-3}$  $\therefore a=6$

따라서 $x$와 $y$ 사이의 관계식은 $y=\dfrac{6}{x}$이다.

(3) 그래프가 원점에 대칭인 한 쌍의 곡선이므로 반비례 관계 $y=\dfrac{a}{x}$의 그래프이다.

이 그래프가 점 $\left(\dfrac{1}{2},\ -4\right)$를 지나므로

$y=\dfrac{a}{x}$에 $x=\dfrac{1}{2}$, $y=-4$를 대입하면 $-4=a\div\dfrac{1}{2}$  $\therefore a=-2$

따라서 $x$와 $y$ 사이의 관계식은 $y=-\dfrac{2}{x}$이다.

**06** (2) $y=\dfrac{a}{x}$의 그래프가 점 $(-1,\ 1)$을 지나므로

$y=\dfrac{a}{x}$에 $x=-1$, $y=1$을 대입하면 $1=\dfrac{a}{-1}$  $\therefore a=-1$

따라서 $x$와 $y$ 사이의 관계식은 $y=-\dfrac{1}{x}$이므로

$y=-\dfrac{1}{x}$에 $x=2$, $y=b$를 대입하면 $b=-\dfrac{1}{2}$

(3) $y=\dfrac{a}{x}$의 그래프가 점 $(4,\ 2)$를 지나므로

$y=\dfrac{a}{x}$에 $x=4$, $y=2$를 대입하면 $2=\dfrac{a}{4}$  $\therefore a=8$

따라서 $x$와 $y$ 사이의 관계식은 $y=\dfrac{8}{x}$이므로

$y=\dfrac{8}{x}$에 $x=b$, $y=-2$를 대입하면

$-2=\dfrac{8}{b}$, $-2b=8$  $\therefore b=-4$

**07** (2) $y=\dfrac{a}{x}$의 그래프가 점 $(2,\ -2)$를 지나므로

$y=\dfrac{a}{x}$에 $x=2,\ y=-2$를 대입하면

$-2=\dfrac{a}{2}$   $\therefore a=-4$

따라서 $x$와 $y$ 사이의 관계식은 $y=-\dfrac{4}{x}$이므로

$y=-\dfrac{4}{x}$에 $x=-4,\ y=b$를 대입하면

$b=-\dfrac{4}{-4}=1$

(3) $y=\dfrac{a}{x}$의 그래프가 점 $(5,\ 2)$를 지나므로

$y=\dfrac{a}{x}$에 $x=5,\ y=2$를 대입하면

$2=\dfrac{a}{5}$   $\therefore a=10$

따라서 $x$와 $y$ 사이의 관계식은 $y=\dfrac{10}{x}$이므로

$y=\dfrac{10}{x}$에 $x=b,\ y=-5$를 대입하면

$-5=\dfrac{10}{b},\ -5b=10$   $\therefore b=-2$

(4) $y=\dfrac{a}{x}$의 그래프가 점 $(3,\ 3)$을 지나므로

$y=\dfrac{a}{x}$에 $x=3,\ y=3$을 대입하면

$3=\dfrac{a}{3}$   $\therefore a=9$

따라서 $x$와 $y$ 사이의 관계식은 $y=\dfrac{9}{x}$이므로

$y=\dfrac{9}{x}$에 $x=-6,\ y=b$를 대입하면

$b=\dfrac{9}{-6}=-\dfrac{3}{2}$

(5) $y=\dfrac{a}{x}$의 그래프가 점 $(4,\ -2)$를 지나므로

$y=\dfrac{a}{x}$에 $x=4,\ y=-2$를 대입하면

$-2=\dfrac{a}{4}$   $\therefore a=-8$

따라서 $x$와 $y$ 사이의 관계식은 $y=-\dfrac{8}{x}$이므로

$y=-\dfrac{8}{x}$에 $x=b,\ y=4$를 대입하면

$4=-\dfrac{8}{b},\ 4b=-8$   $\therefore b=-2$

(6) $y=\dfrac{a}{x}$의 그래프가 점 $(4,\ 5)$를 지나므로

$y=\dfrac{a}{x}$에 $x=4,\ y=5$를 대입하면

$5=\dfrac{a}{4}$   $\therefore a=20$

따라서 $x$와 $y$ 사이의 관계식은 $y=\dfrac{20}{x}$이므로

$y=\dfrac{20}{x}$에 $x=b,\ y=2$를 대입하면

$2=\dfrac{20}{b},\ 2b=20$   $\therefore b=10$

**08** ① $y=\dfrac{16}{x}$에 $x=-2,\ y=-8$을 대입하면

$-8=\dfrac{16}{-2}$

즉, 점 $(-2,\ -8)$을 지난다.

② $x$축과 만나지 않는다.

③ 원점을 지나지 않는 한 쌍의 매끄러운 곡선이다.

⑤ $x>0$일 때, $x$의 값이 증가하면 $y$의 값은 감소한다.

따라서 옳은 것은 ①, ④이다.

**기본기 탄탄 문제** (개념 49~52)

• 본문 136쪽

| | | |
|---|---|---|
| **1** ①, ③ | **2** $\dfrac{5}{3}$ | **3** $a=\dfrac{1}{2},\ b=-6$ |
| **4** ④ | **5** 60 | **6** 9 |

**1** $y$가 $x$에 정비례하면 관계식은 $y=ax\ (a\neq0)$의 꼴이다.

① $y=\dfrac{1500}{x}$

② $y=400x$

③ $y=13+x$

④ $y=\dfrac{7}{2}x$

⑤ $y=5x$

따라서 $y$가 $x$에 정비례하지 않는 것은 ①, ③이다.

**2** $y=5x$에 $x=a-1,\ y=2a$를 대입하면

$2a=5(a-1)$에서 $2a=5a-5$

$-3a=-5$   $\therefore a=\dfrac{5}{3}$

**3** $y=ax$의 그래프가 점 $(4,\ 2)$를 지나므로

$y=ax$에 $x=4,\ y=2$를 대입하면

$2=4a$에서 $a=\dfrac{1}{2}$   $\therefore y=\dfrac{1}{2}x$

$y=\dfrac{1}{2}x$의 그래프가 점 $(b,\ -3)$을 지나므로

$y=\dfrac{1}{2}x$에 $x=b,\ y=-3$을 대입하면

$-3=\dfrac{1}{2}b$   $\therefore b=-6$

**4** $y=\dfrac{a}{x}$에서 $a$의 절댓값이 작을수록 좌표축에 가깝다.

① $|-1|=1$   ② $|2|=2$

③ $|-4|=4$   ④ $\left|\dfrac{1}{3}\right|=\dfrac{1}{3}$

⑤ $\left|-\dfrac{5}{2}\right|=\dfrac{5}{2}$

따라서 좌표축에 가장 가까운 것은 ④이다.

**5** $y=-\dfrac{21}{x}$의 그래프가 점 $(7,\ a)$를 지나므로

$y=-\dfrac{21}{x}$에 $x=7,\ y=a$를 대입하면

$a=-\dfrac{21}{7}=-3$

$y=-\dfrac{21}{x}$의 그래프가 점 $\left(b,\ -\dfrac{1}{3}\right)$을 지나므로

$y=-\dfrac{21}{x}$에 $x=b,\ y=-\dfrac{1}{3}$을 대입하면

$-\dfrac{1}{3}=-\dfrac{21}{b}$    $\therefore b=63$

$\therefore a+b=-3+63=60$

**6** $y=ax$의 그래프가 점 $(5,\ 3)$을 지나므로
$y=ax$에 $x=5,\ y=3$을 대입하면

$3=5a$    $\therefore a=\dfrac{3}{5}$

$y=\dfrac{b}{x}$의 그래프가 점 $(5,\ 3)$을 지나므로

$y=\dfrac{b}{x}$에 $x=5,\ y=3$을 대입하면

$3=\dfrac{b}{5}$    $\therefore b=15$

$\therefore ab=\dfrac{3}{5}\times15=9$

MEMO

MEMO